U0286196

软件性能测试、分析与调优实践之路

张永清 著

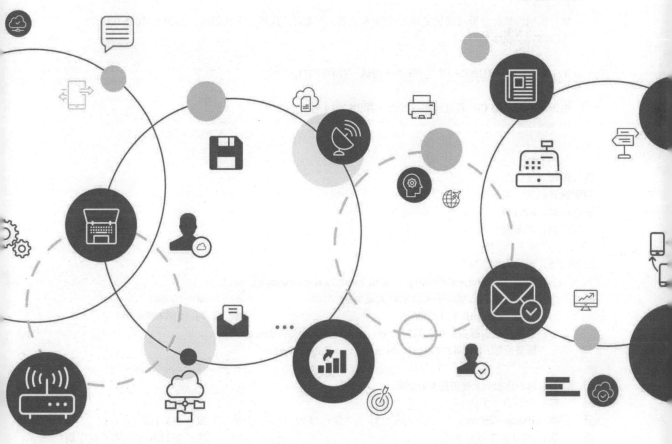

清华大学出版社

北 京

内 容 简 介

本书主要分享作者在多年软件测试从业中积累的关于性能测试、分析诊断与调优的技巧以及实战经验，使读者在性能测试、分析诊断与调优能力上有进一步的提升。

本书分为 8 章，首先从性能测试的基础理论开始介绍，包括性能测试的基本概念、常见的性能指标、性能测试流程等，接着会介绍 Linux 和 Windows 服务器的性能指标监控和性能分析技巧、Web 中间件和应用中间件的常见性能诊断调优方法、Java 应用程序的性能分析诊断调优技巧、MySQL 数据库以及安卓 APP 的常见性能分析诊断方式，最后会结合 LoadRunner、JMeter 等常见性能测试工具以及结合 HTTP、RPC 等常见的传输协议一起来剖析真实的性能测试分析调优案例。

本书适合性能测试初学者、测试工程师、测试经理、研发经理、技术经理作为技术参考书，也适合高等院校与培训学校软件测试相关专业的师生作为教学参考书。

本书封面贴有清华大学出版社防伪标签，无标签者不得销售

版权所有，侵权必究。举报：010-62782989，beiqinquan@tup.tsinghua.edu.cn。

图书在版编目（CIP）数据

软件性能测试、分析与调优实践之路/张永清著. —北京：清华大学出版社，2020.5（2025.1 重印）
ISBN 978-7-302-55431-8

Ⅰ.①软... Ⅱ.①张... Ⅲ.①软件－测试 Ⅳ.①TP311.55

中国版本图书馆 CIP 数据核字（2020）第 082014 号

责任编辑：夏毓彦
封面设计：王　翔
责任校对：闫秀华
责任印制：刘海龙

出版发行：清华大学出版社
网　　址：https://www.tup.com.cn, https://www.wqxuetang.com
地　　址：北京清华大学学研大厦 A 座　　　　　　　　邮　　编：100084
社 总 机：010-83470000　　　　　　　　　　　　　　邮　　购：010-62786544
投稿与读者服务：010-62776969，c-service@tup.tsinghua.edu.cn
质量反馈：010-62772015，zhiliang@tup.tsinghua.edu.cn

印 装 者：涿州市般润文化传播有限公司
经　　销：全国新华书店
开　　本：190mm×260mm　　　　　印　　张：15.75　　　　字　　数：441 千字
版　　次：2020 年 7 月第 1 版　　　　　　　　　　　　印　　次：2025 年 1 月第 6 次印刷
定　　价：69.00 元

产品编号：083695-01

推荐序一

　　和永清认识时他还是一名测试工程师，当时我俩差不多一起入职，后来我发现他除了测试做得很好外，也很有程序员的逻辑思维能力，我就问他想不想转做研发，他没有做任何考虑就同意了，就这样我把他拉入到了研发队伍中，一起共事好几年了。永清给我的印象是一个非常踏实的工程师，非常喜欢钻研技术，虽然平时话很少，但是工作特别认真，喜欢脚踏实地的去做，他的这本书我看完后觉得就和他的为人一样，里面的内容虽然没有华丽的辞藻修饰，但是真的非常实用，都是他平时工作中实践的归纳和总结。

　　这是一本融合了研发和测试在一起的关于性能调优实践的书，可能也和他自身的经历相关，他是一个"多能工"，功能测试、自动化测试、性能测试、Java 开发、大数据开发、系统架构，这些他都做过。所以这本书既适合于软件性能测试工程师，也非常适合于软件研发工程师、技术经理去品读。关于性能调优，我比较认可作者在书中说的，不仅仅是测试工程师一个人的事，应该是架构师、研发、运维等多种不同角色都需要去关注的。

　　我是一个做了多年研发的老工程师，后来又辗转做了多年的架构师，所以从研发和架构的角度来看，我非常喜欢书中关于 JVM 的性能调优部分，讲得非常的透彻，非常适合 Java 研发工程师去多读读。我觉得研发工程师除了写代码外，还需要懂得软件性能的重要性，更需要知道如何去写出高性能的代码。

　　最后作为永清的好朋友，我希望他的这本书可以大卖，也希望这本书能给更多读者带来帮助。

苏宁大数据和人工智能研发中心研发经理兼架构师

刘玉辉

推荐序二

很高兴能为这本关于性能测试、分析与调优的书撰写序言。我和作者是多年的朋友，第一次见面我还是一个青涩的开发人员，作者是一名 Linux 系统玩的很"溜"的测试人员，转眼几个年头作者已成为我公司的架构师，很佩服他的学习能力。

性能测试是一个关注度比较高的话题，尤其在一些大公司，由于访问量巨大，时常会造成系统"瘫痪"。如何避免出现性能问题其实是一直贯穿系统开发始终的。所以无论是产品、开发、测试、运维、DBA 等角色，都要或多或少了解性能测试的方法论、具体的操作方式以及所使用的测试工具。本书不仅仅从测试的视角出发，还从开发的角度分析系统性能问题，其实所有的性能问题本源在于开发和架构的问题。

作者考虑到本书的读者不仅仅是测试，还有其他岗位的读者，因此通过多种表现形式，力争使得本书尽可能地覆盖各个环节，作者以综述的方式突出了性能测试的关键指标，服务器如何监控与优化配置等内容。对于多数读者来说这本书可以作为工具书，以快速从中找到问题的解决方案。

尽管相对简短，但是本书涵盖了关于性能测试的诸多论题。我认为本书适合多种类型的读者，包括想对性能测试有深入了解的，想对架构和开发是如何影响性能测试的，想对服务器监控有更深入了解的，等等。

十分感谢作者能给我这个写序的机会，我也认同他的工作态度和学习能力，因此我非常欣赏本书的内容，希望你们也能喜欢。

紫金普惠信息咨询江苏有限公司产品架构总监

程大伟

前 言

　　系统或者软件性能的重要性自然是无须多言，永远没有哪个用户可以忍受打开一个网站或者软件需要很久才能响应，性能是评估一个系统或者软件最实在的指标，如果一个网站做得再好看、再漂亮，但是性能上不去，那也只是华而不实。

　　笔者在离开测试岗进入研发岗已经有好几个年头了，按理说不应该再去写关于软件测试方面的书，而应该更多地去关注研发工作，但是笔者在研发岗位上奋斗了几年后发现，其实性能并不应该是软件测试工程师一个人的事情，而是一个涉及非常多IT岗位的共同工作，例如架构师、技术经理、研发工程师、网络工程师、运维工程师等，他们都应该去关注性能。为什么这么说呢？因为性能测试的工作不仅仅是为了完成一项性能测试任务来获取系统或者软件的性能指标，而更多的是要去发现性能问题、去分析诊断性能问题、去针对性能问题进行调优。某个性能问题可能是由架构设计缺陷引起的，也有可能是由网络布线不足导致的，当然也可能是由几行代码引发的，所以这是一个和很多IT岗位都相关的工作，是很多IT岗位都需要一起去重视的工作。正因为性能如此重要，所以笔者在转岗后还是对性能念念不忘，从而也就有了这本书的问世，当然笔者也希望借助本书能让不同IT岗位的"同行"都能更多地去关注性能问题。

　　这是一本理论和实践相结合的、同时面向研发和测试岗的关于性能分析诊断调优实践的图书，比起其他的很多性能测试方面的图书，本书的内容更侧重于介绍如何去发现性能问题、分析诊断性能问题以及对发现的性能问题进行调优。书中的内容涵盖了性能测试基础、Linux和Windows服务器的性能分析、Web和应用中间件的性能分析、Java应用程序的性能分析、MySQL数据库的性能分析、安卓APP的性能分析以及具体的性能分析案例实践。这本书主要是面向有一定性能测试基础或者编程语言基础的朋友，对于刚刚接触性能测试的朋友来说可能会稍显吃力，建议在阅读本书的同时可以搭配参考其他的基础书籍，这样学习效果会更好，笔者相信读完本书的朋友以后肯定不会再为"性能问题"而发愁。

特别感谢夏毓彦编辑一直对我的支持和鼓励，正是有了清华大学出版社各位老师的帮助才有了这本关于性能测试分析、诊断调优的书，也特别感谢蒋彪等众多挚友在我最困难的时候给了我很多的帮助。由于作者水平和时间的限制，书中难免会存在一些错误和不足之处，还望见谅并帮忙指正，也恳请读者提出宝贵的意见和建议。

作者于南京

2020 年 3 月

目　录

第 1 章
性能测试、分析与调优基础

随着互联网的高速发展，无论过去、现在还是将来，性能测试和性能分析永远都是一个无法回避的话题。一个网站在上线后，性能的好坏会直接影响用户的体验，没有哪个用户可以忍受打开一个网站需要很长时间才能响应。所以性能测试和性能分析是任何一个网站、系统或者软件在上线前都需要去关注的核心问题。

性能测试除了为获取性能指标外，更多是为了发现性能瓶颈和性能问题，然后针对性能问题和性能瓶颈进行分析和调优。

1.1 性能测试的基础

性能可以理解为一个系统实现其功能的能力，从宏观上可以描述为系统能够稳定运行、高并发访问时系统不会出现宕机、系统处理完成用户请求需要的时间、系统能够同时支撑的并发访问量、系统每秒可以处理完成的事务数等；从微观上可以描述为处理每个事务的资源开销，资源的开销可以包括 CPU、磁盘 I/O、内存、网络传输带宽等，甚至可以体现为服务器连接数、线程数、JVM Heap 等的使用情况，也可以表现为内存的分配回收是否及时、缓存规则的命中率等。

性能到底有多重要呢？我们可以举一个网站访问的例子来说明，一个网页的加载速度如果超过 4~5 秒，可能 25%的人会选择放弃。百度的搜索结果响应时间慢 0.4 秒，一天的搜索量可能会减少千万次左右。所以一个系统、一个网站的性能决定了其能够支撑业务的能力。

不同的群体对性能的理解可能会存在很大的差异，普通的用户更加关心响应时间和稳定性。

- 访问页面响应还要让我等多久才能加载出来？
- 为什么有时候会访问失败？为什么会出现错误 502？

架构师和工程师可能更加关心架构设计和代码编写的性能：

- 应用架构设计是否合理？
- 技术架构设计是否合理？
- 数据架构设计是否合理？
- 部署架构设计是否合理？
- 代码是否存在性能问题？
- JVM 中是否有不合理的内存分配和使用？

- 线程同步和线程锁是否合理？
- 代码的计算算法是否可以进一步优化以减少 CPU 的消耗时间？

运维工程师可能更加关心系统的监控以及稳定性情况：

- 服务器各项资源使用率在正常范围内吗？
- 数据库的链接数在正常范围内吗？
- SQL 执行时间正常吗，是否存在慢查询日志？
- 系统能够支撑 7*24 小时连续不间断的业务访问吗？
- 系统是高可用的吗，服务器节点宕机了会影响用户使用吗？
- 对节点扩容后，可以提高系统的性能吗？

1.1.1　性能测试的分类

性能测试的类型通常包括如下几种：

- 性能测试：寻求系统在正常负载下的各项性能指标，或者通过调整并发用户数，使系统资源的利用率处于正常水平时获取到系统的各项性能指标。
- 负载测试：系统在不同负载下的性能表现，通过该项测试可以寻求到系统在不同负载下的性能变化曲线，从而寻求到性能的拐点。例如负载测试时，在只不断递增并发用户数时，观察各项性能指标的变化规律，找到系统能到达的最大 TPS，并且观察此时系统处理的平均响应时间、各项系统资源和硬件资源的消耗情况。
- 压力测试（在后文也简称为压测）：系统在高负载下的性能表现，该项测试主要为了寻求系统能够承受的最大负载以及此时系统的吞吐率，通过该测试也可以发现系统在超高负载下是否会出现崩溃而无法访问，以及在系统负载减小后，系统性能能否自动恢复。
- 基准测试：针对待测系统开发中的版本执行的测试，采集各项性能指标作为后期版本性能的对比。
- 稳定性测试：以正常负载或者略高于正常负载来对系统进行长时间的测试，检测系统是否可以长久稳定运行，以及系统的各项性能指标会不会随着时间发生明显变化。
- 扩展性测试：通常用于新上线的系统或者新搭建的系统环境，通过先测试单台服务器的处理能力，然后慢慢增加服务器的数量，测试集群环境下单台服务器的处理能力是否有损耗，集群环境的性能处理能力是否可以呈现稳定增加。

1.1.2　性能测试的场景

性能测试的场景类型通常包含如下几种：

- 业务场景：通常指的是系统的业务处理流程，描述具体的用户行为，通过对用户行为进行分析，以划分出不同的业务场景，是性能测试时测试场景设计的重要来源。

- 测试场景：测试场景是对业务场景的真实模拟，测试场景的设计应该尽可能贴近真实的业务场景，有时候由于测试条件的限制，可以适当做一些调整和特殊的设置等。
- 单场景：指的是只涉及单个业务流程的测试场景，目的是测试系统的单个业务处理能力是否达到预期，并且得到系统资源利用正常情况下的最大 TPS、平均响应时间等性能指标。
- 混合场景：测试场景中涉及多个业务流程，并且每个业务流程在混合的业务流程中占的比重会不同，该比重一般根据实际的业务流程来设定，尽可能符合实际的业务需要。该测试场景的目的是为了测试系统的混合业务处理能力是否满足预期要求，并且评估系统的混合业务处理容量最大能达到多少。

1.2 常见的性能测试指标

衡量一个系统性能的好坏，在性能测试中会使用一些性能指标来进行分析和描述，以下是一些最常用的性能指标。

1.2.1 响应时间

请求或者某个操作从发出的时间到收到服务器响应的时间的差值就是响应时间。在性能测试中，一般统计的是事务处理的响应时间。

图 1-2-1 是一次标准 HTTP 请求可能经过的处理路径和节点，那么响应时间的计算方式就是所有路径消耗的时间和每个服务器节点处理时间的累加，通常是网络时间+应用程序的处理时间。

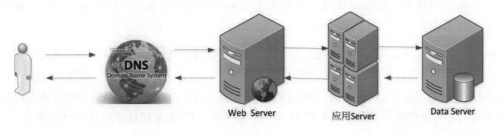

图 1-2-1

1.2.2 TPS/QPS

事务是自定义的某个操作或者一组操作的集合。例如在一个系统的登录页面，输入用户名和密码，从单击"登录"按钮开始到登录完成跳转到页面，并且新的页面完全加载完成，这一个操作我们就可以定义为一个事务。

TPS 是 Transaction Per Second 的缩写，即系统每秒能够处理的交易和事务的数量，一般统计的是每秒处理的事务数。

QPS 是每秒查询率（Query Per Second）的缩写，是对一个特定的查询服务器在规定时间内所处理流量多少的衡量标准。

1.2.3　并发用户

在真实的用户操作中，用户的每个相邻操作之间都会有一定的间隔时间（在性能测试中，我们称为用户思考时间），所以，并发用户一般有绝对并发和相对并发之分，绝对并发是指某个时间点同时一起向服务器发出请求的并发用户数，相对并发是指一段时间内向服务器发出请求的并发用户总数。单就性能指标而言，系统的并发用户数是指系统可以同时承载的、正常使用系统功能的用户总数量。

针对并发用户我们举例说明。在京东购物网站上购买一件商品的流程包括登录，浏览商品，把商品加入购物车，去购物车结算，确认商品清单，确认收货地址信息，最后提交订单去支付。如果 200 人同时按照这个流程购买一件商品，因为每个人购买商品的步骤有快有慢，所以在同一时间点向服务器发出请求的用户肯定不会有 200 人，会远远小于 200 人，如果我们假设为 20 人，那么上面说的 200 个用户就是相对并发用户数，而 20 个用户就是绝对并发用户数。

1.2.4　PV/UV

- PV：Page View 的简写，即页面的浏览量或者点击量，用户每次对系统或者网站中任何页面的访问均会被记录一次，用户如果对同一页面进行多次访问，那么访问量会进行累加。PV 一般是衡量电子商务网站性能容量的重要指标。PV 的统计可以分为全天 PV、每个小时的 PV 以及峰值 PV（高峰 1 小时的 PV）。
- UV：Unique Visitor 的简写，即指系统的独立访客，访问系统网站的一台电脑客户端会称为一个访客，每天 00:00 点到次日 00:00 点内相同的客户端只能被计算一次。同样 UV 的统计也可以分为全天 UV、每个小时的 UV 以及峰值 UV（高峰 1 小时的 UV）。

PV 和 UV 通常是衡量 Web 网站的两个非常重要的指标，PV/s 一般是由 TPS 通过一定的模型转化为 PV 的，比如如果把每一个完整的页面都定义为一个事务，那么 TPS 就可以等同于 PV/s。PV 和 UV 之间一般存在一个比例，PV/UV 可以理解为每个用户平均浏览访问的页面数，这个比值在不同的时间点会有所波动，比如双 11 电商大促销时，PV/UV 的比重会比平时高很多。

1.2.5　点击率

每秒的页面点击数我们称为点击率（也就是通常说的 hit），该性能指标反映了客户端每秒向服务端提交的请求数。通常一个 hit 对应了一次 HTTP 请求，在性能测试中，我们一般不发起静态请求（指的是对静态资源的请求，比如 JS、CSS、图片文件等），所以 hit 通常是指的动态请求。在性能测试中，我们之所以不发起静态请求是因为静态请求一般是可以走缓存，比如 CDN 等，很多静态请求一般都不需要经过应用服务器的处理，要么直接走 CDN 缓存，要么直接请求到 Web 服务器就被处理完成了。

1.2.6　吞吐量

吞吐量是指系统在单位时间内处理客户端请求的数量。从不同的角度看，吞吐量的计算方式可以不一样。

● 从业务角度：吞吐量可以用请求数/s、页面数/s 等来进行衡量计算。
● 从网络角度：吞吐量可以用字节/s 来进行衡量计算。
● 从应用角度：吞吐量指标反映的是服务器承受的压力，即系统的负载能力。

一个系统的吞吐量一般与一个请求处理对 CPU 的消耗、带宽的消耗、IO 和内存资源的消耗情况等紧密相连。

1.2.7　资源开销

每个请求或者事务对系统资源的消耗，用来衡量请求或者事务对资源的消耗程度，例如对 CPU 的消耗可以用占用 CPU 的秒数或者核数来衡量，对内存的消耗可以用内存使用率来衡量，对 IO 的消耗可以用每秒读写磁盘的字节数来衡量。在性能测试中，资源的开销是一个可以量化的概念，资源的开销情况对性能指标有着重要的影响，我们一般做性能优化时，都是尽可能让每一个请求或者事务对系统资源的消耗减少到最小。

1.3　性能测试的目标

性能测试可以发现的问题或者执行的目标描述如下：

● 了解系统的各项性能指标，通过性能压测来了解系统能承受多大的并发访问量、系统的平均响应时间是多少、系统的 TPS 是多少等。
● 发现系统中存在的性能问题，常见的性能问题如下：
  ➢ 系统中是否存在负载均衡不均的情况。负载均衡不均匀一般指的是在并发的情况下，每台服务器接收的并发压力不均匀，从而导致部分服务器因为压力过大而出现性能急剧下降，以及部分服务器因为并发过小而出现资源浪费的情况。
  ➢ 系统中是否存在内存泄漏问题。内存泄漏是指应用程序代码在每次执行完后，不会主动释放内存资源而导致内存使用一直增加，最终会使服务器物理内存全部耗光，程序运行逐渐变慢，最终因为无法申请到内存而退出运行。内存泄漏多数情况下是非常缓慢的增加，不容易被发现，一般需要通过高并发性能压测才能暴露。
  ➢ 系统中是否存在连接泄漏问题。连接泄漏种类非常广泛，可以是数据库连接泄漏、HTTP 连接泄漏或者其他的 TCP/UDP 连接泄漏等。除了系统实际情况需要建立长连接外，一般短连接都应该是用完就需要关闭和释放。

> ➢ 系统中是否存在线程安全问题。线程安全问题是在高并发访问的多线程处理系统中经常会出现的问题，如果系统中存在线程安全问题，就会出现多个线程先后更改数据，造成所得到的数据全部是脏数据，有时候甚至会造成巨大的经济损失。

> ➢ 系统中是否存在死锁问题。死锁问题也是多线程系统中经常会遇到的一个经典问题，一般常见的有系统死锁、数据库死锁等。

> ➢ 系统中是否存在网络架构或者应用架构扩展性问题。扩展性问题一般是指在性能指标无法满足预期的情况下，通过横向或者纵向扩展硬件资源后，系统性能指标无法按照一定的线性规律进行快速递增。

> ➢ 发现系统的性能瓶颈在何处。性能瓶颈一般是指因为某些因素而造成系统的性能无法持续上升。

- 解决性能压测中存在的问题和性能瓶颈，通过不断的性能调优，使得系统可以满足预期的性能指标。

1.4 性能测试的基本流程

通常情况下，性能测试一般会经历如图 1-4-1 所示的多个阶段，这些阶段可以和很多性能测试工具对应起来，比如分析性能测试结果可以用 LoadRunner 的 Analysis 工具来实现。

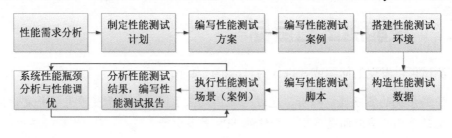

图 1-4-1

1.4.1 性能需求分析

- 熟悉被压测系统的基本业务流程，明确此次性能测试要达到的目标，与产品经理、业务人员、架构师、技术经理一起沟通，找到业务需求的性能点。
- 熟悉系统的应用架构、技术架构、数据架构、部署架构等，找到与其他系统的交互流程，明确系统部署的硬件配置信息、软件配置信息，把对性能测试有重要影响的关键点明确地列举出来，一般包括如下：

> ➢ 用户发起请求的顺序、请求之间的相互调用关系。

> ➢ 业务数据流走向、数据是如何流转的、经过了哪些应用服务、经过了哪些存储服务。

> ➢ 评估被压测系统可能存在的重点资源消耗，是 I/O 消耗型、CPU 消耗型，还是内存消耗型，这样在压测执行时可以重点进行监控。

➢　关注应用的部署架构。如果是集群部署，压测时需要关注应用的负载均衡转发是否均匀，每台应用服务器资源消耗是否大体一致。

➢　和技术经理一起沟通，明确应用的并发架构是采用多线程处理还是多进程处理，重点需要关注是否会死锁、数据是否存在不一致、线程同步锁是否合理（锁的粒度一般不宜过大，过大时可能会影响并发线程的处理）等。

● 明确系统上线后可能会达到的最大并发用户数、用户期望的平均响应时间以及峰值时的业务吞吐量，并将这些信息转化为性能需求指标。

1.4.2　制定性能测试计划

性能测试计划是性能测试的指导，是一系列测试活动的依据，在制定性能测试计划时，需要明确系统的上线时间点、当前项目的进度以及所处的阶段、可以供调配的硬件资源和性能测试人员。一个完整的性能测试计划一般包括如下几个部分：

● 性能测试计划编写的目的：主要是作为整个性能测试过程的指导，让性能测试环境搭建、测试策略的选取、任务与进度事项跟踪、性能测试风险分析等事项有序地进行，同时也需要明确此次性能测试预期需要达到的标准，以及明确性能测试完成而退出测试所需的条件。

● 明确各个阶段的具体执行时间点以及对应的责任人：
➢　预计由谁何时开始性能需求分析，何时结束性能需求分析。
➢　预计由谁何时完成性能测试方案的编写，何时结束性能测试方案的编写。
➢　预计由谁何时完成性能测试案例的编写，何时结束性能测试案例的编写。
➢　预计由谁何时开始搭建性能测试环境，何时结束性能测试环境的搭建。
➢　预计由谁何时开始准备性能测试需要的数据，何时准备完毕。
➢　预计由谁何时开始编写性能测试脚本，何时编写完毕。性能测试脚本的编写一般包含如下步骤：

◆　按照性能测试场景，开始录制性能测试脚本或者直接编写性能测试脚本，此时可能用到的常见性能测试工具包括 LoadRunner、BadBoy、JMeter、nGrinder 等。

◆　根据准备好的测试数据，对性能测试脚本进行参数化，添加集合点、事务分析点等。

◆　对性能脚本进行试运行调试，确保不出现报错，并且可以覆盖到测试场景中所有操作。

➢　预计由谁何时开始性能测试的执行，何时完成性能测试的执行，此阶段一般需要完成如下事项：

◆　完成每一个性能测试场景和案例的执行，记录相关的性能测试结果，明确性能曲线的变化趋势，获取性能的拐点等。

◆　根据性能测试的结果，评估性能数据是否可以满足预期，从性能测试结果数据中分析存在的性能问题。

◆ 针对性能问题，进行性能定位和优化，然后进行二次压测，直至性能数据可以满足预期，性能测试问题得到解决。

◆ 完成性能测试分析报告的编写。

- 性能测试风险的分析和控制：评估可能存在的风险和不可控的因素，以及这些风险和因素对性能测试可能产生的影响，针对这些风险因素需要给出对应的短期和长期的解决方案。性能测试风险一般包括如下：

  ➢ 性能测试环境因素：无法预期完成性能测试环境的搭建，这中间的原因可能是硬件引起也可能是软件引起，硬件原因一般可能包括性能压测服务器无法按时到位、服务器硬件配置无法满足预期（一般要求性能压测服务器硬件配置等同于生产环境，服务器的节点数可以少于生产环境，但是需要保证每个应用服务至少部署了两台节点服务器）。软件原因可能包括性能测试环境软件配置无法和生产环境保持一致（一般要求性能压测环境软件配置，比如软件版本、数据库版本、驱动版本等要和生产环境完全保持一致）。

  ➢ 性能测试人员因素：性能测试人员无法按时到位参与项目的性能测试，如果出现这样的风险，肯定会导致性能测试无法预期进行，需要立即向项目经理进行汇报，以确保可以协调到合适的人员，因为这是一个非常严重的风险。

  ➢ 性能测试结果无法达到预期：即系统的性能无法达到生产预期上线要求或者存在性能问题无法解决。性能调优其实本身就是一个长期不断优化的过程，此时可以看是否通过服务器的横向或者纵向扩容来解决，如果还是无法解决，那么也需要提前上报风险。

1.4.3　编写性能测试方案

在有了性能测试计划后，我们就需要按照性能需求分析的结果来制定性能测试方案，即按照什么样的思路和策略去测试、需要设计哪些测试场景以及测试场景执行的先后顺序、每个测试场景需要重点关注的性能点等，一般包括如下：

- 测试场景的设计

  ➢ 单场景设计：单一业务流程的处理模式设计。

  ➢ 混合场景设计：多个业务流程同时混合处理模式的设计。

- 定义事务：测试方案中需要明确定义好压测事务，方便分析响应时间（特别是在混合场景中，事务的定义可以方便分析每一个场景响应时间的消耗）。比如我们对淘宝网购买商品这一场景进行压测，可以把下订单定义为一个事务，把支付也定义为一个事务，在压测结果中，如果响应时间较长时，就可以对每一个事务进行分析，看哪个事务耗时最长。

- 明确监控对象：针对每个场景，明确可能的性能瓶颈点（比如数据库查询、Web 服务器服务转发、应用服务器等）、需要监控的对象，比如 TPS、平均响应时间、点击率、并发连接数、CPU、内存、IO 等。

- 定义测试策略：

➢ 明确性能测试的类型：需要进行哪些类型的性能测试，比如负载测试、压力测试、稳定性测试等。

➢ 明确性能测试场景的执行顺序，一般是先执行单场景，后执行混合场景测试。

➢ 如果是进行压力测试，还需要明确加压的方式，比如按照开始前 5 分钟，20 个用户，然后每隔 5 分钟，增加 20 个用户来进行加压。

● 性能测试工具的选取：

➢ 性能测试工具有很多，常见的有 LoadRunner、JMeter、nGrinder 等，那么如何来选取合适的性能测试工具呢？

➢ 一般性能测试工具都是基于网络协议开发的，所以我们需要明确待压测系统使用的协议，尽可能和被压测系统的协议保持一致，或者至少要支持被压测系统的协议。

➢ 理解每种工具实现的原理，比如哪些工具适用于同步请求的压测，哪些工具适用于异步请求的压测。

➢ 压测时明确连接的类型，比如属于长连接还是短连接、一般连接多久能释放。

➢ 明确性能测试工具并发加压的方式，比如是多线程加压还是多进程加压，一般采用的都是多线程加压。

● 明确硬件配置和软件配置：

➢ 硬件配置一般包括：服务器的 CPU 配置、内存配置、硬盘存储配置、集群环境下还要包括集群节点的数量配置等。

➢ 软件配置一般包括：

➢ 操作系统配置：操作系统的版本以及参数配置需要同线上保持一致。

➢ 应用版本配置：应用版本要和线上保持一致，特别是中间件、数据库组件等的版本，因为不同版本，其性能可能不一样。

➢ 参数配置：比如 Web 中间件服务器的负载均衡、反向代理参数配置、数据库服务器参数配置等。

● 网络配置：一般为了排除网络瓶颈，除非有特殊要求外，通常建议在局域网下进行性能测试，并且明确压测服务器的网卡类型以及网络交换机的类型，比如网卡属于千兆网卡，或者交换机属于百兆交换机还是千兆交换机等，这对我们以后分析性能瓶颈会有很大的帮助，在网络吞吐量较大的待压测系统中，网络有时候也很容易成为一个性能瓶颈。

1.4.4　编写性能测试案例

性能测试案例一般是对性能测试方案中性能压测场景的进一步细化，一般包括如下：

● 预置条件：一般指执行此案例需要满足何种条件，性能测试案例才可以执行。比如性能测试数据需要准备到位、性能测试环境需要启动成功等。

- 执行步骤：详细描述案例执行的步骤，一般需要描述包括测试脚本的录制和编写、脚本的调试、脚本的执行过程（比如如何加压、每个加压的过程持续多久等）、需要观察和记录的性能指标、需要明确性能曲线的走势、需要监控哪些性能指标等。
- 性能预期结果：描述性能测试预期需要达到的结果，比如 TPS 需要达到多少、平均响应时间需要控制到多少以内、服务器资源的消耗需要控制在多少以内等。

1.5 性能分析调优模型

性能测试除了为获取性能指标外，更多是为了发现性能瓶颈和性能问题，然后针对性能问题和性能瓶颈进行分析和调优。在当今互联网高速发展的时代，结合传统软件系统模型以及互联网网站特征，性能调优的模型可以归纳总结如图 1-5-1 所示。

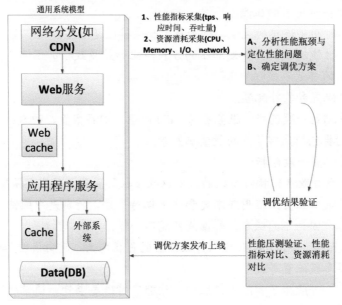

图 1-5-1

系统模型中相关的组件说明如表 1-1 所示。

表 1-1　系统模型中相关的组件说明

组　件	说　明
网络分发	网络分发是高速发展的互联网时代常用的降低网络拥塞、快速响应用户请求的一种技术手段，最常用的网络分发就是 CDN（Content Delivery Network，即内容分发网络），依靠部署在世界各地的边缘服务器，通过中心平台的负载均衡、源服务器内容分发、调度等功能模块，使世界各地用户就近获取所需内容，而不用每次都到中心平台的源服务器获取响应结果。比如，南京的用户直接访问部署在南京的边缘服务器，而不需要访问部署在遥远的北京的服务器
Web 服务器	Web 服务器用于部署 Web 服务，Web 服务器的作用就是负责请求的响应和分发以及静态资源的处理

（续表）

组 件	说 明
Web 服务	Web 服务指运行在 Web 服务器上的服务程序，最常见的 Web 服务就是 Nginx 和 Apache
Web Cache	Web Cache 指 Web 层的缓存，一般都是临时缓存 HTML、CSS、图像等静态资源文件
应用服务器	应用服务器用于部署应用程序，如 Tomcat、WildFly、普通的 Java 应用程序（如 jar 包服务）、IIS 等
应用程序服务	应用程序服务指运行在应用服务器上的程序，比如 Java 应用、C/C++应用、Python 应用，一般用于处理用户的动态请求
应用缓存	应用缓存指应用程序层的缓存服务，常用的应用缓存技术有 Redis、MemCached 等，这些技术手段也是动态扩展的高并发分布式应用架构中经常使用的技术手段
数据库（DB）	用于数据的存储，可以包括关系型数据库以及 NoSQL 数据库（非关系型数据库），常见的关系型数据库有 MySQL、Oracle、SQL Server、DB2 等，常见的 NoSQL 数据库有 HBase、MongoDB、ElasticSearch 等
外部系统	指当前系统依赖于其他的外部系统，需要从其他的外部系统中通过二次请求获取数据，外部系统有时候可能会存在很多个

图 1-5-1 中的系统模型是一个互联网中常见的用户请求的分层转发和处理的过程。这个性能调优就是不断采集系统中的性能指标，以及系统模型中各层的资源消耗，从中发现性能瓶颈和性能问题，然后对瓶颈和问题进行分析诊断来确定性能调优方案，最后通过性能压测来验证调优方案是否有效，如果无效，则继续重复这个过程进行性能分析，直到调优方案有效，瓶颈和问题得到解决。这个过程一般是非常漫长，因为很多时候性能调优方案往往不是一次就能有效，或者一次就能解决所有的瓶颈和问题，或者解决了当前的瓶颈和问题，但是继续执行性能压测又可能会出现新的瓶颈和问题。

1.6 性能分析调优思想

1.6.1 分层分析

分层分析指的是按照系统模型、系统架构以及调用链分层进行监控分析和问题排查，如图 1-6-1 所示。

- 分层分析一般需要对系统的应用架构以及部署架构的层次非常熟悉，需要熟悉请求的处理链过程。
- 分层分析一般需要对每一层建立 checklist（检查清单），然后按照每层的 checklist 逐一进行分析。
- 分层分析来排查问题的效率虽然较低，但是往往能发现更多的性能问题。
- 分层分析可以自上而下，也可以自下而上。

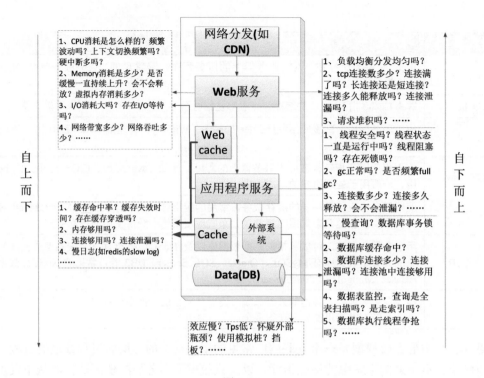

图 1-6-1

1.6.2　科学论证

科学论证是指通过一定的假设和逻辑思维推理来分析性能问题，一般包括发现问题、问题假设、预测、试验论证、分析这 5 个步骤，如图 1-6-2 所示。

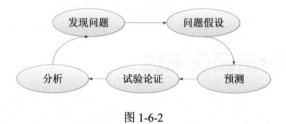

图 1-6-2

- 发现问题：指通过性能采集和监控，发现了性能瓶颈或者性能问题，比如并发用户数增大后 TPS 并不增加、每台应用服务器的 CPU 消耗相差特别大等。
- 问题假设：指根据自己的经验判断，假设是某个因素导致了出现瓶颈和问题。
- 预测：指根据问题假设，预测可能出现的一些现象或者特征。
- 试验论证：根据预测，去检查预期可能出现的现象或者特征
- 分析：根据获取到的实际现象或者特征进行分析，判断假设是否正确，如果不正确，就重新按照这个流程进行分析论证。

科学论证法进行性能分析与调优的示例如图 1-6-3 所示。

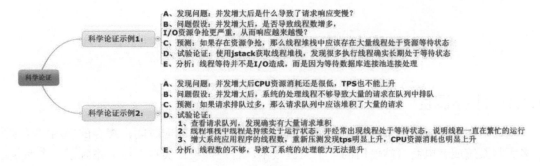

图 1-6-3

1.6.3　问题追溯与归纳总结

问题追溯指的是根据问题去追溯最近系统或者环境发生的变化，一般适用于已上线生产系统的版本发布或者环境变动导致的性能问题。问题追溯的步骤一般如图 1-6-4 所示，问题追溯是通过不断向下追溯问题和根据问题描述去逐步排查可能导致问题的原因。

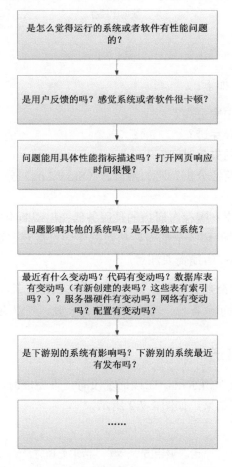

图 1-6-4

归纳总结指根据经验的总结，在出现某种性能瓶颈或者性能问题时，根据以往总结的原因进行逐一排查。

1.7 性能调优技术

1.7.1 缓存调优

互联网高速发展的这个时代，为了提高用户访问请求的响应时间，缓存的使用已经成为很多大型系统或者电商网站使用的一个关键技术，合理地设计缓存直接关系到了一个系统或者网站的并发访问能力和用户体验。缓存按照存放地点的不同，可以分为用户端缓存和服务端缓存，如图 1-7-1 所示。

图 1-7-1

缓存调优的关键点说明如下：

（1）如何让缓存的命中率更高？

（2）如何注意防止缓存穿透？

（3）如何控制好缓存的失效时间？

（4）如何做好缓存的监控分析？比如慢日志（Slow Log）分析、连接数监控、内存使用监控等。

（5）如何防止缓存雪崩？缓存雪崩指的是服务器在出现断电等极端异常情况后，缓存中的数据全部丢失，导致大量的请求全部需要从数据库中直接获取数据，从而使数据库压力过大造成数据库崩溃。防止缓存雪崩需要注意：

● 要处理好缓存数据全部丢失后，如何能快速把数据重新加载到缓存中。

● 缓存数据的分布式冗余备份，当出现数据丢失时，可以迅速切换使用备份数据。

1.7.2 同步转异步推送

同步指的是系统收到一个请求后，在该请求没有处理完成时，就一直不返回响应结果，直到处理完成后才返回响应结果，如图 1-7-2 所示。

图 1-7-2

与同步相比，异步指的是系统收到一个请求后，立即把请求接收成功返回给请求调用方，在请求处理完成后，再异步推送处理结果给调用方，或者请求调用方间隔一定时间之后再重新来获取请求结果，如图 1-7-3 所示。

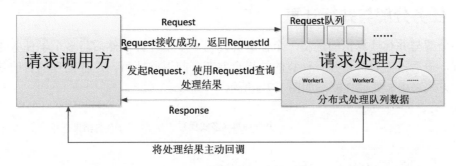

图 1-7-3

同步转异步主要解决同步请求时的阻塞等待问题。一直处于阻塞等待的请求，往往会造成连接不能快速释放，从而导致在高并发处理时连接数不够用，通过队列异步接收请求后，请求处理方再进行分布式的并行处理，从而达到处理能力扩展，并且网络连接也可以快速释放。

1.7.3　拆分

拆分指的是将系统中的复杂业务调用拆分为多个简单的调用，如图 1-7-4 所示，一般遵循的原则如下：

● 对于高并发的业务请求调用都单独拆分为单个的子系统应用。
● 对于并发访问量接近的业务，可以按照产品业务进行拆分，相同的产品业务都归类到一个新的子系统中。

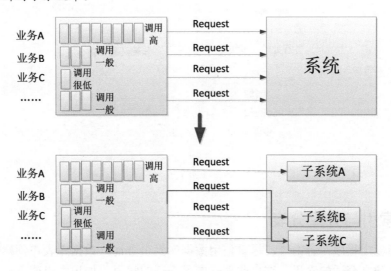

图 1-7-4

系统拆分带来的好处就是高并发的业务不会对低并发业务的性能造成影响，而且系统在硬件扩展时，也可以有针对性地进行扩展，避免资源的浪费。

1.7.4　任务分解与并行计算

任务分解与并行计算指的是将一个任务拆分为多个子任务，然后将多个子任务并行进行计算处理，最后只需要再将并行计算的结果合并在一起返回即可。这样处理的目的是通过并行计算的方式来增加处理性能，如图 1-7-5 所示。

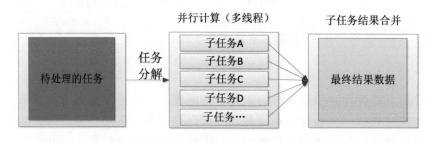

图 1-7-5

另外，对于包含多个处理步骤的串行任务，也可以尽量按照如图 1-7-6 所示的方式转换为并行计算处理。

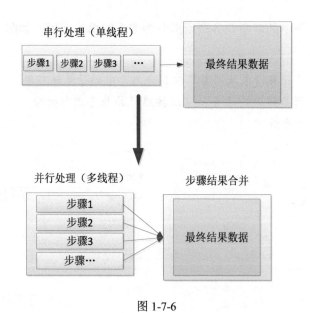

图 1-7-6

1.7.5　索引与分库分表

索引指应用程序在查询时，尽量使用数据库索引查询，数据库表在创建时也尽量对查询条件的字段建立合适的索引。这里强调一定是合适的索引，如果索引建立不合适，不仅对查询效率没有任何的帮助，反而会使数据库表在插入数据时变得更慢，因为一旦建立了索引后，数据在插入时，索引也会自动更新，这样就加大了数据库数据插入时的资源消耗。比如，数据库表中有一个字段为 status，而 status 的取值只有 0、1、2 三个值，这时候如果对 status 建立索引，对查询效率没有任何帮助，因为 status 字段的值只有 0、1、2 这三个值，取值范围太少，建立索引后根据 status 去检索时，需要扫描的数据量还是非常大的。

正确使用索引可以很好地提高查询效率，但是如果一个表的数据量非常庞大，比如达到了亿万级别，此时索引查询很慢，并且新数据插入时也很慢，此时就需要对数据进行分表或者分库。分库一般指的是一个数据库的存储量已经很大了，查询和插入时 I/O 消耗非常大，此时就需要将数据库拆分成 2 个库，以减轻读写时 I/O 的压力，如图 1-7-7 所示。

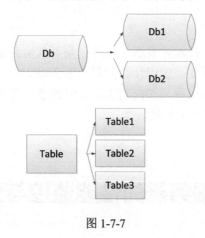

图 1-7-7

常见的分库分表方式如下：

- 按照冷热数据分离的方式：一般将使用频率较高的数据称为热数据，查询频率较低或者几乎不被查询的数据称之为冷数据，冷热数据分离后，热数据单独存储，这样数据量就会下降下来，查询的性能自然也就提升了，而且还可以更方便地单独针对热数据进行 I/O 性能调优。
- 按照时间维度的方式：比如可以按照实时数据和历史数据分库分表，也可以按照年份、月份等时间区间进行分库分表，目的是尽可能地减少每个库表中的数据量。
- 按照一定的算法计算的方式：此种方式一般适用于数据都是热数据的情况，比如数据无法做冷热分离，所有的数据都经常被查询到，而且数据量又非常大。此时就可以根据数据中的某个字段执行算法（注意：这个字段一般是数据查询时的检索条件字段），使得数据插入后能均匀地落到不同的分表中去（由算法决定每条数据是进入哪个分表），查询时再根据查询条件字段执行同样的算法，就可以快速定位到是需要到哪个分表中去进行数据查询。

数据分库分表后，带来的另一个好处就是：如果在单次查询时需要查询多个分表，那么此时就可以通过多线程并行的方式去查询每个分表，最后合并每个分表的查询结果即可，这样也可以使得查询的效率更高。

第 2 章
服务器的性能监控与分析

一个系统或者网站在功能开发完成后，最终都需要部署到服务器上运行，那么服务器的性能监控和分析就显得非常重要。选用什么配置的服务器、如何对服务器进行调优、如何从服务器监控中发现程序的性能问题、如何判断服务器的性能瓶颈在哪里等，就成为服务器性能监控与分析时重点需要去解决的问题。

2.1 Linux 服务器的性能监控与分析

2.1.1 通过 vmstat 深挖服务器的性能问题

vmstat 差不多是性能测试时在 Linux 服务器上执行最多的命令，使用该命令能辅助我们定位很多的性能问题。

我们先来看一下执行 vmstat 命令后，获取到的服务器资源使用的监控数据有哪些，如图 2-1-1 所示。

```
[root@localhost ~]# vmstat 1 10
procs -----------memory---------- ---swap-- -----io---- -system-- ------cpu-----
 r  b   swpd   free   buff  cache   si   so    bi    bo   in   cs us sy id wa st
 1  0      0 1555160   2108 167256    0    0    28     1   40   59  0  0 99  0  0
 0  0      0 1555120   2108 167256    0    0     0     0  104  102  0  1 100  0  0
 0  0      0 1555160   2108 167288    0    0     0     0   97   95  0  0 100  0  0
 0  0      0 1555160   2108 167288    0    0     0     0   81   75  0  0 100  0  0
 0  0      0 1555160   2108 167288    0    0     0     0   85   80  0  0 100  0  0
 0  0      0 1555160   2108 167288    0    0     0     0   83   78  0  0 100  0  0
 0  0      0 1555160   2108 167288    0    0     0     0   90   84  0  0 100  0  0
 0  0      0 1555160   2108 167288    0    0     0     0   86   79  0  0 100  0  0
 0  0      0 1555160   2108 167288    0    0     0     0   83   78  0  0 100  0  0
 0  0      0 1555160   2108 167288    0    0     0     0   87   83  0  0 100  0  0
```

图 2-1-1

在图 2-1-1 中，我们在执行 vmstat 的时候，后面加了两个参数，其中参数 1 代表每隔 1 秒获取一次服务器的资源使用数据，10 代表总共获取 10 次。vmstat 命令的监控数据项如表 2-1 所示。

表 2-1　vmstat 命令的监控数据项及其含义

数 据 项	含　义
r	r 是第一列的监控数据，代表了目前实际在运行的指令队列（也就是有多少任务需要 CPU 来执行）。从图 2-1-1 中数据来看，这台服务器目前 CPU 的资源比较空闲，如果发现这个数据超过了服务器 CPU 的核数，就可能会出现 CPU 瓶颈了（在判断时，还需要结合 CPU 使用的百分比一起来看，也就是图中最后 5 列的数据指标）。一般该数据超出了 CPU 核数的 3 个时，就比较高了，超出了 5 个就很高了，如果都已经超过了 10 时，那就很不正常，服务器的状态就很危险。如果运行队列超过 CPU 核数过多，表示 CPU 很繁忙，通常会造成 CPU 的使用率很高
b	b 是第二列的监控数据，表示目前因为等待资源而阻塞运行的指令个数，比如因为等待 I/O、内存交换、CPU 等资源而造成了阻塞。该值如果过高，就需要检查服务器上 I/O、内存、CPU 等资源是不是出现了瓶颈
swpd	swpd 是第三列的监控数据，表示虚拟内存（swap）已使用的大小。swap 指的是服务器的物理运行内存不够用时，会把服务器物理内存中的部分空间释放出来，以供急需物理内存来运行的程序使用，而那些从物理内存释放出来的内容一般是一些很长时间没有什么实际运行的程序，这些被内容会被临时保存到 swap 中，等到这些程序要实际运行时，再从 swap 中恢复到物理内存中。swap 一般使用的都是磁盘的空间，而磁盘的 I/O 读写一般会比物理内存慢很多，如果存在大量的 swap 读写交换，将会非常影响程序运行的性能。因此虚拟内存已使用的大小也就是已从物理内存切换出来的内容大小（单位为 k）。此处需要注意，如果 swpd 的值大于 0，并不表明服务器的物理内存已经不够用了，通常还需要结合 si 和 so 这两个数据指标来一起分析，如果 si 和 so 还维持在 0 左右，那么服务器的物理内存还是够用的
free	free 是第四列的监控数据，表示空闲的物理内存的大小，就是还有多少物理内存没有被使用（单位为 k）。这个 free 的数据是不包含 buff 和 cache 这两列的数据值在内的
buff	buff 是第五列的监控数据，表示作为 Linux/Unix 系统缓冲区的内存大小（单位为 k），一般对块设备的读写才需要缓冲区。一般内存很大的服务器，这个值一般都会比较大，操作系统也会自动根据服务器的物理内存去调整缓冲区使用内存的大小，以提高读写的速度
cache	cache 是第 6 列的监控数据，表示用来给已经打开的文件作为缓存的内存大小，cache 直接用来缓存我们打开的文件，把空闲的物理内存的一部分拿来作为文件和目录的缓存，这是为了提高程序执行的性能。当程序使用内存时，buffer/cached 会很快地被使用；当空闲的物理内存不足时（即 free 的内存不足），这些缓存占用的内存便会释放出来
si	si 是第 7 列的监控数据，表示每秒从磁盘（虚拟内存 swap）读入到内存中数据或内容的大小，如果这个值长期大于 0，则表示物理内存可能已经不够用了
so	so 是第 8 列的监控数据，表示每秒从物理内存写入磁盘（虚拟内存 swap）的数据或内容的大小。so 刚好和 si 相反，si 是将磁盘空间调入内存，so 是将内存数据写入磁盘
bi	bi 是第 9 列的监控数据，表示数据块（block）设备每秒读取的块数量（从磁盘读取数据，这个值一般表示每秒读取了磁盘的多少个 block），这里的块设备是指系统上所有的磁盘和其他块设备，默认块大小是 1024 字节（Byte）
bo	bo 是第 10 列的监控数据，表示块（block）设备每秒写入的块数量（往磁盘写入数据，这个值一般表示每秒有多少个 block 写入了磁盘）。在随机磁盘读写时，bi 和 bo 这两个值越大（如超出 1024k），CPU 在 I/O 等待的值也会越大
in	in 是第 11 列的监控数据，表示每秒 CPU 的中断次数，包括时钟中断

数 据 项	含 义
cs	cs 是第 12 列的监控数据，表示 CPU 每秒上下文切换次数。例如我们调用系统函数，就会导致上下文切换、包括线程的切换和进程的上下文切换。这个值要越小越好，太大了，要考虑调低线程或者进程的数量，例如在 Apache 或者 Nginx 这种 Web 服务器中到底配置多少个进程和线程呢？一般做性能压测时会进行几千甚至几万的并发调用，配置 Web 服务器的进程数可以由进程数或者线程数的峰值一直慢慢下调，直到性能压测时发现 cs 到一个比较小的值，这个进程和线程数就是比较合适的值了。系统调用也是，每次调用系统函数，我们的代码就会进入内核空间，导致上下文切换，这个很耗资源，也要尽量避免频繁调用系统函数。上下文切换次数过多表示 CPU 大部分运行时间浪费在上下文切换操作上，导致"CPU 干正经事"（CPU 在用户模式运行）的时间少了，CPU 没有充分利用，这是不可取的。系统运行时，如果观察到 in 和 cs 这两个指标非常高，那就需要对系统进行性能调优了
us	us（user time）是第 13 列的监控数据，表示用户模式 CPU 使用时间的百分比。该值一般越高，说明 CPU 被正常利用的越好。笔者曾经在给一个机器学习算法（密集型 CPU 应用）做压力测试时，us 的值可以接近 100，那说明 CPU 已经充分被用于执行算法服务了
sy	sy 是第 14 列的监控数据，表示系统内核进程执行时间的百分比（system time）。sy 的值高时，说明系统内核消耗的 CPU 资源多，这并不是一个服务器性能好的表现，通常 in、cs、I/O 的频繁操作等过高，都会引起 sy 的指标过高，这个时候我们应该要去定位原因了
id	id 是第 15 列的监控数据，表示空闲 CPU 时间的占比，一般来说，id + us + sy = 100。通常可以认为 id 是空闲 CPU 使用率，us 是用户 CPU 使用率，sy 是系统 CPU 使用率
wa	wa 是第 16 列的监控数据，表示 I/O 等待时间百分比。wa 的值高时，说明 I/O 等待比较严重，这可能是由于磁盘大量进行随机访问所造成的，也可能是磁盘出现了瓶颈（块操作非常频繁）
st	st 是第 17 列的监控数据，表示 CPU 等待虚拟机调度的时间占比。这个指标一般在虚拟机中才会有，在物理机中，该值一般维持为 0。我们都知道虚拟机中的 CPU 一般是物理机 CPU 的虚拟核，一台物理机一般会有多个虚拟机同时在运行，那么此时虚拟机之间就会存在 CPU 的争抢情况。比如某台虚拟机上运行着占用 CPU 很高的密集型计算，就会导致其他的虚拟机上的 CPU 需要一直等待密集型计算的虚拟机上 CPU 的释放。st 就是等待时间占 CPU 时间的占比，该值如果一直持续很高，那么表示虚拟服务器需要长期等待 CPU，运行在该服务器的应用程序的性能会受到直接的影响。笔者曾经在做压测时发现，该值越高，也会引起 sy 的值变高（因为操作系统内核需要不断地调度 CPU）

vmstat 还可以支持其他参数，我们可以通过执行 vmstat --help 命令查看到它支持的其他参数，如图 2-1-2 所示。

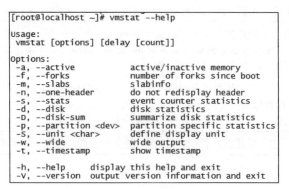

图 2-1-2

- -a, --active：显示活跃和非活跃的内存。
- -f, --forks：显示操作系统从启动至今的 fork 数量，fork 一般指的就是启动过的进程数量，Linux 操作系统用 fork()函数来创建进程。
- -m, --slabs：显示 slab 的相关信息，slab 是 Linux 内核中按照对象大小进行分配的内存分配器，通过 slab 的信息可以来查看各个内核模块占用的内存空间，可以通过 cat /proc/meminfo |grep Slab 命令来查看 slab 占用的总内存大小，如果占用的内存过大，那么可能是内核模块出现了内存泄漏。
- n, --one-header：这个参数表示只显示头部第一行的信息。
- -s, --stats event counter statistics：显示内存相关的统计信息及多种系统操作活动（或事件）发生次数的统计，比如 CPU 时钟中断的次数、CPU 上下文切换的次数等。
- -d, --disk statistics：显示每一块磁盘 I/O 相关的明细信息。
- -D, --disk-sum：显示磁盘 I/O 相关的汇总信息，-D 显示的信息是对-d 参数显示的每个磁盘块信息的汇总。
- -p, --partition <dev> partition specific statistics：显示磁盘中某个分区的 I/O 读写信息。例如执行 vmstat -p /dev/sda1 可以显示/dev/sda1 这个分区的 I/O 读写的相关的信息。
- -S, --unit<char>define display unit：使用指定单位显示。参数有 k、K、m、M，分别代表 1000、1024、1000000、1048576 字节。默认单位为 K（1024 字节）。
- -w, --wide output：这个参数用于调整命令输出结果的显示方式。输出的结果和单独执行 vmstat 命令得到的结果完全一样，只是在输出时，会以更宽的宽度来展示数据。
- -t, --timestamp show timestamp：在 vmstat 命令输出数据的基础上，增加每次获取数据时当前时间戳的输出显示。
- -V, --version output version information and exit：输出 vmstat 命令的版本信息。

2.1.2　如何通过 mpstat 分析服务器的性能指标

在性能测试时，Linux 中的 mpstat 命令也经常用来监控服务器整体性能指标。mpstat 命令和上面我们讲到的 vmstat 命令非常类似，我们来看一下执行 vmstat 命令后，获取到的服务器资源使用的监控数据，如图 2-1-3 所示。

```
Linux 3.10.0-862.el7.x86_64 (localhost.localdomain)     09/08/2019     _x86_64_     (2 CPU)

03:34:49 AM  CPU    %usr   %nice    %sys %iowait    %irq   %soft  %steal  %guest  %gnice   %idle
03:34:50 AM  all    0.00    0.00    0.00    0.00    0.00    0.00    0.00    0.00    0.00  100.00
03:34:51 AM  all    0.00    0.00    0.49    0.00    0.00    0.49    0.00    0.00    0.00   99.02
03:34:52 AM  all    0.00    0.00    0.00    0.00    0.00    0.00    0.00    0.00    0.00  100.00
03:34:53 AM  all    0.00    0.00    0.00    0.00    0.00    0.00    0.00    0.00    0.00  100.00
03:34:54 AM  all    0.00    0.00    0.00    0.00    0.00    0.00    0.00    0.00    0.00  100.00
03:34:55 AM  all    0.00    0.00    0.00    0.00    0.00    0.00    0.00    0.00    0.00  100.00
03:34:56 AM  all    0.00    0.00    0.00    0.00    0.00    0.00    0.00    0.00    0.00  100.00
03:34:57 AM  all    0.00    0.00    0.49    0.00    0.00    0.00    0.00    0.00    0.00   99.51
03:34:58 AM  all    0.00    0.00    0.00    0.00    0.00    0.00    0.00    0.00    0.00  100.00
03:34:59 AM  all    0.00    0.00    0.00    0.00    0.00    0.00    0.00    0.00    0.00  100.00
Average:     all    0.00    0.00    0.10    0.00    0.00    0.05    0.00    0.00    0.00   99.85
```

图 2-1-3

我们在执行 mpstat 的时候，后面同样加了两个参数，其中参数 1 代表每隔 1 秒获取一次服务器的资源使用数据，10 代表总共获取 10 次，这一点和 vmstat 的使用类似。

- %usr: 表示的是用户模式下 CPU 使用时间的百分比，和 vmstat 中得到的 us 数据基本一致。
- %nice: 表示 CPU 在进程优先级调度下 CPU 占用时间的百分比。在操作系统中，进程的运行是可以设置优先级的，Linux 操作系统也是一样，优先级越高的，获取到 CPU 运行的机会越高。这个值一般的时候都会是 0.00，但是一旦我们在程序运行时，修改过默认优先级时，%nice 就会产生占用时间的百分比。在 Linux 中，执行 top 或者 ps 命令时，通常会输出 PRI/PR、NI、%ni/%nice 这三个指标。
  - ➢ PRI: 表示进程执行的优先级。值越小，优先级就越高，会越早获得 CPU 的执行权。
  - ➢ NI: 表示进程的 Nice 值。它表示进程可被执行的优先级的修正数值，PRI 值越小会越早被 CPU 执行，在加入 Nice 值后，将会使得 PRI 的值发生变化，新的 PRI 值=老的 PRI 值+Nice 值，那么可以看出 PRI 的排序是和 Nice 密切相关的。Nice 值越小，PRI 值就会越小，就会越早被 CPU 执行。在 Linux 操作系统中，如果 Nice 值相同，进程 uid 为 root 用户进程的执行优先级会更高。通常情况下，子进程会继承父进程的 Nice 值，在操作系统启动时 init 进程会被赋予 0，其他进程（其他的进程基本都是 init 进程开辟的子进程）会自动继承这个 Nice 值。
  - ➢ %ni/%nice: 可以形象地表示为改变过优先级的进程占用 CPU 的百分比，即可以理解为 Nice 值影响了内核分配给进程的 CPU 时间片的多少。
- %sys: 表示系统内核进程执行时间百分比（system time）。该值越高，说明系统内核消耗的 CPU 资源越多，和 vmstat 命令中的 sy 数据基本一致。
- %iowait: 表示 I/O 等待时间的百分比。该值越高，说明 IO 等待越严重，和 vmstat 命令中的 wa 数据基本一致。
- %irq: 表示用于处理系统中断的 CPU 百分比。和 vmstat 命令中的 in 数据的含义类似。in 越高，%irq 也会越高。
- %soft: 表示用于软件中断的 CPU 百分比。
- %steal: 表示 CPU 等待虚拟机调度的时间占比。这个指标一般在虚拟机中才会有，物理机中该值一般维持为 0，和 vmstat 命令中的 st 数据基本一致。
- %guest: 表示运行 vCPU（virtual processor，虚拟处理器）时所消耗的 CPU 时间百分比。
- %gnice: 表示运行降级虚拟程序所使用的 CPU 占比。
- %idle: 表示空闲 CPU 时间的占比。和 vmstat 命令中的 id 数据基本一致。

我们上面执行 mpstat 1 10 获取到的是服务器中所有的 CPU 核数的汇总数据，所以可以看到在显示时，CPU 列显示的为 all。如果我们需要查看服务器中某一个 CPU 核的资源使用情况，可以在执行 mpstat 命令时，加上-P 这个参数，比如执行 mpstat -P 0 1 10 命令可以获取到服务器中 CPU 核编号为 0 的 CPU 核的资源使用情况（CPU 核的编号是从 0 开始，比如图 2-1-4 中，我们的服务器有 2 个 CPU 核，那么 CPU 核的编号就是 0 和 1）。

```
[root@localhost ~]# mpstat -P 0 1 10
Linux 3.10.0-862.el7.x86_64 (localhost.localdomain)     09/08/2019     _x86_64_     (2 CPU)

04:37:39 AM  CPU   %usr   %nice   %sys %iowait    %irq   %soft  %steal  %guest  %gnice   %idle
04:37:40 AM    0   0.00    0.00   0.99    0.00    0.00    0.00    0.00    0.00    0.00   99.01
04:37:41 AM    0   0.00    0.00   0.00    0.00    0.00    0.00    0.00    0.00    0.00  100.00
04:37:42 AM    0   0.00    0.00   0.00    0.00    0.00    0.00    0.00    0.00    0.00  100.00
04:37:43 AM    0   0.00    0.00   0.00    0.00    0.00    0.00    0.00    0.00    0.00  100.00
04:37:44 AM    0   0.00    0.00   0.00    0.00    0.00    0.00    0.00    0.00    0.00  100.00
04:37:45 AM    0   0.00    0.00   0.00    0.00    0.00    0.00    0.00    0.00    0.00  100.00
04:37:46 AM    0   0.00    0.00   0.00    0.00    0.00    0.00    0.00    0.00    0.00  100.00
04:37:47 AM    0   0.00    0.00   0.00    0.00    0.00    0.00    0.00    0.00    0.00  100.00
04:37:48 AM    0   0.00    0.00   0.00    0.00    0.00    0.00    0.00    0.00    0.00  100.00
04:37:49 AM    0   0.00    0.00   0.00    0.00    0.00    0.00    0.00    0.00    0.00  100.00
Average:       0   0.00    0.00   0.10    0.00    0.00    0.00    0.00    0.00    0.00   99.90
```

图 2-1-4

2.1.3　如何通过 pidstat 发现性能问题

pidstat 是针对 Linux 操作系统中某个进程进行资源监控的一个常用命令。使用该命令可以列出每个进程 id 占用的资源情况，如图 2-1-5 所示。

```
[root@localhost ~]# pidstat
Linux 3.10.0-862.el7.x86_64 (localhost.localdomain)     02/07/2020     _x86_64_     (2 CPU)

02:04:39 AM   UID       PID    %usr %system  %guest    %CPU   CPU  Command
02:04:39 AM     0         1    0.42    5.11    0.00    5.54     1  systemd
02:04:39 AM     0         2    0.00    0.02    0.00    0.02     0  kthreadd
02:04:39 AM     0         3    0.00    0.12    0.00    0.12     0  ksoftirqd/0
02:04:39 AM     0         6    0.00    0.02    0.00    0.02     1  kworker/u256:0
02:04:39 AM     0         7    0.00    0.05    0.00    0.05     0  migration/0
02:04:39 AM     0         9    0.00    1.00    0.00    1.00     0  rcu_sched
02:04:39 AM     0        12    0.05    0.00    0.00    0.05     1  watchdog/1
02:04:39 AM     0        13    0.00    0.02    0.00    0.02     1  migration/1
02:04:39 AM     0        14    0.00    0.03    0.00    0.03     1  ksoftirqd/1
02:04:39 AM     0        27    0.00    0.47    0.00    0.47     1  kworker/1:1
02:04:39 AM     0        44    0.00    0.24    0.00    0.24     0  kworker/u256:1
02:04:39 AM     0        47    0.00    0.05    0.00    0.05     0  kworker/0:1
02:04:39 AM     0        49    0.00    0.18    0.00    0.18     0  kworker/0:2
02:04:39 AM     0       101    0.00    0.24    0.00    0.24     1  kworker/1:2
02:04:39 AM     0       281    0.00    0.02    0.00    0.02     0  scsi_eh_1
02:04:39 AM     0       401    0.00    0.09    0.00    0.09     0  xfsaild/dm-0
02:04:39 AM     0       470    0.09    0.57    0.00    0.66     0  systemd-journal
02:04:39 AM     0       499    0.02    0.05    0.00    0.06     1  lvmetad
02:04:39 AM     0       506    0.29    0.71    0.00    1.00     1  systemd-udevd
02:04:39 AM     0       560    0.18    0.00    0.00    0.18     0  kworker/u257:1
02:04:39 AM     0       633    0.00    0.20    0.00    0.20     1  auditd
02:04:39 AM   999       660    0.27    1.12    0.00    1.39     0  polkitd
02:04:39 AM    81       661    0.27    0.68    0.00    0.95     0  dbus-daemon
02:04:39 AM   998       665    0.03    0.47    0.00    0.50     1  chronyd
02:04:39 AM     0       672    0.03    0.12    0.00    0.15     0  systemd-logind
02:04:39 AM     0       673    0.00    0.12    0.00    0.12     1  irqbalance
02:04:39 AM     0       676    0.12    0.69    0.00    0.81     1  VGAuthService
02:04:39 AM     0       677    0.24    1.07    0.00    1.31     1  vmtoolsd
02:04:39 AM     0       686    0.00    1.36    0.00    1.36     1  crond
02:04:39 AM     0       692    0.00    0.09    0.00    0.09     0  agetty
02:04:39 AM     0       698    0.84    2.94    0.00    3.79     0  firewalld
02:04:39 AM     0       715    0.33    0.72    0.00    1.06     0  NetworkManager
02:04:39 AM     0      1042    0.15    0.29    0.00    0.44     0  rsyslogd
02:04:39 AM     0      1043    0.35    0.66    0.00    1.01     1  tuned
02:04:39 AM     0      1044    0.03    0.15    0.00    0.18     0  sshd
02:04:39 AM     0      1313    0.06    0.08    0.00    0.14     1  master
02:04:39 AM    89      1326    0.00    0.03    0.00    0.03     0  pickup
02:04:39 AM    89      1327    0.00    0.03    0.00    0.03     1  qmgr
02:04:39 AM     0      1494    0.06    0.90    0.00    0.97     0  sshd
02:04:39 AM     0      1498    0.06    0.15    0.00    0.21     0  bash
02:04:39 AM     0      1518    0.00    0.09    0.00    0.09     1  pidstat
```

图 2-1-5

另外，还可以通过在 pidstat 命令后面增加数字参数来轮询获取资源使用的数据，例如执行 pidstat 1 3 可以轮询每隔 1 秒自动获取 3 个活动进程的 CPU 使用情况，如图 2-1-6 所示。

```
[root@localhost ~]# pidstat 1 3
Linux 3.10.0-862.el7.x86_64 (localhost.localdomain)    02/07/2020    _x86_64_    (2 CPU)

04:04:59 AM   UID       PID    %usr %system  %guest    %CPU   CPU  Command
04:05:00 AM     0       677    0.96    0.00    0.00    0.96     0  vmtoolsd
04:05:00 AM     0      1801    0.96    0.00    0.00    0.96     1  pidstat

04:05:00 AM   UID       PID    %usr %system  %guest    %CPU   CPU  Command
04:05:01 AM     0      1042    0.00    0.99    0.00    0.99     0  rsyslogd
04:05:01 AM     0      1801    0.00    1.98    0.00    1.98     1  pidstat

04:05:01 AM   UID       PID    %usr %system  %guest    %CPU   CPU  Command
04:05:02 AM     0      1641    1.00    0.99    0.00    0.99     0  kworker/0:2
04:05:02 AM     0      1801    0.99    1.98    0.00    2.97     1  pidstat

Average:      UID       PID    %usr %system  %guest    %CPU   CPU  Command
Average:        0       677    0.33    0.00    0.00    0.33     -  vmtoolsd
Average:        0      1042    0.00    0.33    0.00    0.33     -  rsyslogd
Average:        0      1641    0.00    0.33    0.00    0.33     -  kworker/0:2
Average:        0      1801    0.65    1.31    0.00    1.96     -  pidstat
```

图 2-1-6

执行 pidstat 后获得的性能监控指标详细说明如表 2-2 所示。

表 2-2　pidstat 性能监控的指标及其含义

指　标	含　义
UID	用户 id
PID	进程 id
%usr	进程对用户模式 CPU 使用时间的百分比
%system	进程对系统模式 CPU 使用时间的百分比
%guest	进程在虚拟机（运行虚拟处理器）中占用的 CPU 百分比
%CPU	指定进程使用 CPU 时间的百分比
CPU	执行指定进程的 CPU 编号
Command	当前进程运行的命令

pidstat 还支持其他的参数，我们可以通过执行 pidstat --help 命令查看到它支持的其他参数，如图 2-1-7 所示。

```
[root@localhost ~]# pidstat --help
Usage: pidstat [ options ] [ <interval> [ <count> ] ]
Options are:
[ -d ] [ -h ] [ -I ] [ -l ] [ -r ] [ -s ] [ -t ] [ -U [ <username> ] ] [ -u ]
[ -V ] [ -w ] [ -C <command> ] [ -p { <pid> [,...] | SELF | ALL } ]
[ -T { TASK | CHILD | ALL } ]
[root@localhost ~]#
```

图 2-1-7

● pidstat -d：展示每个进程的 I/O 使用情况，如图 2-1-8 所示，进程的 I/O 的三个指标如表 2-3 所示。

```
[root@localhost ~]# pidstat -d
Linux 3.10.0-862.el7.x86_64 (localhost.localdomain)    02/07/2020      _x86_64_      (2 CPU)

04:13:33 AM   UID       PID   kB_rd/s   kB_wr/s kB_ccwr/s  Command
04:13:33 AM     0         1      9.04      0.27      0.12  systemd
04:13:33 AM     0       401      0.01      0.00      0.00  xfsaild/dm-0
04:13:33 AM     0       470      0.14      0.00      0.00  systemd-journal
04:13:33 AM     0       499      0.01      0.00      0.00  lvmetad
04:13:33 AM     0       506      1.78      0.00      0.00  systemd-udevd
04:13:33 AM     0       633      0.01      0.02      0.00  auditd
04:13:33 AM   999       660      0.91      0.00      0.00  polkitd
04:13:33 AM    81       661      0.15      0.00      0.00  dbus-daemon
04:13:33 AM   998       665      0.02      0.00      0.00  chronyd
04:13:33 AM     0       672      0.08      0.00      0.00  systemd-logind
04:13:33 AM     0       673      0.02      0.00      0.00  irqbalance
04:13:33 AM     0       676      0.56      0.00      0.00  VGAuthService
04:13:33 AM     0       677      0.59      0.00      0.00  vmtoolsd
04:13:33 AM     0       686      0.04      0.01      0.00  crond
04:13:33 AM     0       692      0.01      0.00      0.00  agetty
04:13:33 AM     0       698      1.33      0.00      0.00  firewalld
04:13:33 AM     0       715      0.70      0.00      0.00  NetworkManager
04:13:33 AM     0      1042      0.11      0.16      0.11  rsyslogd
04:13:33 AM     0      1043      0.31      0.00      0.00  tuned
04:13:33 AM     0      1044      0.11      0.00      0.00  sshd
04:13:33 AM     0      1313      0.12      0.00      0.00  master
04:13:33 AM    89      1327      0.04      0.00      0.00  qmgr
04:13:33 AM     0      1494      0.26      0.00      0.00  sshd
04:13:33 AM     0      1498      0.63      0.00      0.00  bash
04:13:33 AM     0      1533      0.00      0.00      0.00  nginx
04:13:33 AM    99      1535      0.00      0.00      0.00  nginx
04:13:33 AM     0      1577      0.02      0.00      0.00  bash
04:13:33 AM     0      1654      0.32      0.00      0.00  man
04:13:33 AM     0      1665      0.02      0.00      0.00  less
```

图 2-1-8

表 2-3 进程 I/O 的三个指标及其含义

指 标	含 义
kB_rd/s	进程每秒从磁盘读取的数据大小，单位为 KB
kB_wr/s	进程每秒写入磁盘的数据大小，单位为 KB
kB_ccwr/s	进程写入磁盘被取消的数据大小，单位为 KB

● pidstat -p: 如果只需要查看指定进程 id 的资源使用情况，可以通过-p 参数来指定，例如执行 pidstat -p 1533 命令可以看到进程编号为 1533 的进程所占用的 CPU 资源情况，如图 2-1-9 所示。

```
[root@localhost ~]# pidstat -p 1533
Linux 3.10.0-862.el7.x86_64 (localhost.localdomain)    02/07/2020      _x86_64_      (2 CPU)

02:45:06 AM   UID       PID    %usr %system  %guest    %CPU   CPU  Command
02:45:06 AM     0      1533    0.00    0.00    0.00    0.00     1  nginx
```

图 2-1-9

执行 pidstat -d -p 1533 可以看到进程编号为 1533 的进程的 I/O 使用情况，如图 2-1-10 所示。

```
[root@localhost ~]# pidstat -d -p 1533
Linux 3.10.0-862.el7.x86_64 (localhost.localdomain)    02/07/2020      _x86_64_      (2 CPU)

02:46:29 AM   UID       PID   kB_rd/s   kB_wr/s kB_ccwr/s  Command
02:46:29 AM     0      1533      0.00      0.00      0.00  nginx
```

图 2-1-10

● pidstat -r: 展示每个进程的内存使用情况，如图 2-1-11 所示，内存使用情况指标说明如表 2-4 所示。

```
[root@localhost ~]# pidstat -r
Linux 3.10.0-862.el7.x86_64 (localhost.localdomain)     03/28/2020      _x86_64_     (2 CPU)

07:37:03 AM   UID       PID  minflt/s  majflt/s      VSZ     RSS  %MEM  Command
07:37:03 AM     0         1    154.30      0.96   127964    6476  0.35  systemd
07:37:03 AM     0       472     35.69      0.09    39076    2876  0.15  systemd-journal
07:37:03 AM     0       497     22.45      0.01   192792    4092  0.22  lvmetad
07:37:03 AM     0       509     40.25      0.04    48096    5664  0.30  systemd-udevd
07:37:03 AM     0       633      3.29      0.00    55508     908  0.05  auditd
07:37:03 AM     0       660     11.51      0.03    21668    1300  0.07  irqbalance
07:37:03 AM   999       662     36.84      0.79   539208   12924  0.69  polkitd
07:37:03 AM    81       663     12.57      0.09    66388    2488  0.13  dbus-daemon
07:37:03 AM     0       669      9.46      0.06    26376    1748  0.09  systemd-logind
07:37:03 AM     0       672     25.74      0.51    99656    6096  0.33  VGAuthService
07:37:03 AM     0       673     27.32      0.43   298636    6144  0.33  vmtoolsd
07:37:03 AM     0       676      8.89      0.01   126288    1692  0.09  crond
07:37:03 AM     0       683      5.82      0.01   110092     856  0.05  agetty
07:37:03 AM   998       685      6.84      0.04   117752    1728  0.09  chronyd
07:37:03 AM     0       701    327.28      0.73   357944   28896  1.55  firewalld
07:37:03 AM     0       717     47.31      0.75   554080   11244  0.60  NetworkManager
07:37:03 AM     0      1041    158.49      0.07   573824   19060  1.02  tuned
07:37:03 AM     0      1042     19.68      0.12   112796    4316  0.23  sshd
07:37:03 AM     0      1043     24.88      0.13   216376    4704  0.25  rsyslogd
07:37:03 AM     0      1305      5.70      0.00    89616    2096  0.11  master
07:37:03 AM    89      1312     17.21      0.01    89720    4076  0.22  pickup
07:37:03 AM    89      1313     17.40      0.01    89788    4104  0.22  qmgr
07:37:03 AM     0      1493     27.10      0.10   158804    5584  0.30  sshd
07:37:03 AM     0      1497     17.27      0.01   115556    2128  0.11  bash
07:37:03 AM     0      1516      8.13      0.01   108328    1028  0.06  pidstat
```

图 2-1-11

表 2-4　每个进程的内存使用情况的指标及其含义

指　标	含　义
minflt/s	进程读取内存数据时，每秒出现的次要错误的数量。这些错误指的是不需要从磁盘载入内存的数据，一般是虚拟内存地址映射成物理内存地址所产生的 page fault（页面数据错误）次数
majflt/s	进程读取内存数据时，每秒出现的主要错误的数量。这些错误指的是需要从磁盘载入内存的数据。当虚拟内存地址映射成物理内存地址时，相应的 page 数据在 swap 中，这样的 page fault（页面数据错误）为 major page fault（主要页面数据错误），一般在物理内存使用紧张时才会产生。
VSZ	进程占用的虚拟内存的大小，单位为 KB
RSS	进程占用的物理内存的大小，单位为 KB
%MEM	进程占用的内存百分比

- pidstat -u: 和执行 pidstat 命令获取的数据一致。
- pidstat -w: 展示每个进程的 CPU 上下文切换次数，如图 2-1-12 所示，CPU 上下文切换次数指标说明如表 2-5 所示。

```
[root@localhost ~]# pidstat -w
Linux 3.10.0-862.el7.x86_64 (localhost.localdomain)     02/07/2020      _x86_64_     (2 CPU)

03:21:25 AM   UID       PID   cswch/s nvcswch/s  Command
03:21:25 AM     0         1      0.26      0.58  systemd
03:21:25 AM     0         2      0.03      0.00  kthreadd
03:21:25 AM     0         3      0.26      0.00  ksoftirqd/0
03:21:25 AM     0         5      0.00      0.00  kworker/0:0H
03:21:25 AM     0         7      0.05      0.00  migration/0
03:21:25 AM     0         8      0.00      0.00  rcu_bh
03:21:25 AM     0         9      5.74      0.00  rcu_sched
03:21:25 AM     0        10      0.00      0.00  lru-add-drain
03:21:25 AM     0        11      0.25      0.00  watchdog/0
03:21:25 AM     0        12      0.25      0.00  watchdog/1
03:21:25 AM     0        13      0.06      0.00  migration/1
03:21:25 AM     0        14      0.27      0.00  ksoftirqd/1
03:21:25 AM     0        16      0.00      0.00  kworker/1:0H
03:21:25 AM     0        18      0.03      0.00  kdevtmpfs
03:21:25 AM     0        19      0.00      0.00  netns
03:21:25 AM     0        20      0.01      0.00  khungtaskd
03:21:25 AM     0        21      0.00      0.00  writeback
03:21:25 AM     0        22      0.00      0.00  kintegrityd
03:21:25 AM     0        23      0.00      0.00  bioset
03:21:25 AM     0        24      0.00      0.00  kblockd
03:21:25 AM     0        25      0.00      0.00  md
03:21:25 AM     0        26      0.00      0.00  edac-poller
03:21:25 AM     0        27      3.92      0.00  kworker/1:1
03:21:25 AM     0        32      0.00      0.00  kswapd0
03:21:25 AM     0        33      0.00      0.00  ksmd
03:21:25 AM     0        34      0.10      0.00  khugepaged
03:21:25 AM     0        35      0.00      0.00  crypto
03:21:25 AM     0        43      0.00      0.00  kthrotld
03:21:25 AM     0        45      0.00      0.00  kmpath_rdacd
03:21:25 AM     0        46      0.00      0.00  kaluad
03:21:25 AM     0        48      0.00      0.00  kpsmoused
03:21:25 AM     0        50      0.00      0.00  ipv6_addrconf
03:21:25 AM     0        63      0.00      0.00  deferwq
03:21:25 AM     0        94      0.00      0.00  kauditd
03:21:25 AM     0       273      0.00      0.00  ata_sff
03:21:25 AM     0       274      0.00      0.00  mpt_poll_0
03:21:25 AM     0       275      0.00      0.00  mpt/0
03:21:25 AM     0       277      0.00      0.00  scsi_eh_0
03:21:25 AM     0       279      0.00      0.00  scsi_tmf_0
03:21:25 AM     0       281      0.00      0.00  scsi_eh_1
03:21:25 AM     0       283      0.00      0.00  scsi_tmf_1
03:21:25 AM     0       286      0.00      0.00  scsi_eh_2
03:21:25 AM     0       288      0.00      0.00  scsi_tmf_2
03:21:25 AM     0       291      0.00      0.00  ttm_swap
03:21:25 AM     0       293      0.00      0.00  irq/16-vmwgfx
03:21:25 AM     0       367      0.00      0.00  kdmflush
03:21:25 AM     0       368      0.00      0.00  bioset
03:21:25 AM     0       377      0.00      0.00  kdmflush
```

图 2-1-12

表 2-5　每个进程的 CPU 上下文切换次数的指标及其含义

指　标	含　义
cswch/s	每秒主动进行 CPU 上下文切换的数量。一般由于需要的资源不可用而发生阻塞时，会自愿主动进行上下文切换
nvcswch/s	每秒被动进行 CPU 上下文切换的数量。比如当进程在其 CPU 时间片内执行，然后由于 CPU 时间片调度被迫放弃该 CPU 处理器时，会发生被动非自愿的上下文切换

- pidstat-l：显示进程正在执行的命令以及该命令对应的所有参数，如图 2-1-13 所示。

```
[root@localhost ~]# pidstat -l
Linux 3.10.0-862.el7.x86_64 (localhost.localdomain)     02/07/2020      _x86_64_        (2 CPU)

03:32:07 AM   UID       PID    %usr %system  %guest    %CPU   CPU  Command
03:32:07 AM     0         1    0.01    0.07    0.00    0.08     1  /usr/lib/systemd/systemd --switched-root --system --deserialize 2
2
03:32:07 AM     0         2    0.00    0.00    0.00    0.00     0  kthreadd
03:32:07 AM     0         3    0.00    0.00    0.00    0.00     0  ksoftirqd/0
03:32:07 AM     0         7    0.00    0.00    0.00    0.00     0  migration/0
03:32:07 AM     0         9    0.00    0.02    0.00    0.02     0  rcu_sched
03:32:07 AM     0        11    0.00    0.00    0.00    0.00     0  watchdog/0
03:32:07 AM     0        12    0.00    0.00    0.00    0.00     1  watchdog/1
03:32:07 AM     0        13    0.00    0.00    0.00    0.00     1  migration/1
03:32:07 AM     0        14    0.00    0.00    0.00    0.00     1  ksoftirqd/1
03:32:07 AM     0        27    0.00    0.02    0.00    0.02     1  kworker/1:1
03:32:07 AM     0        34    0.00    0.00    0.00    0.00     0  khugepaged
03:32:07 AM     0       281    0.00    0.00    0.00    0.00     0  scsi_eh_1
03:32:07 AM     0       401    0.00    0.01    0.00    0.01     1  xfsaild/dm-0
03:32:07 AM     0       470    0.00    0.01    0.00    0.01     0  /usr/lib/systemd/systemd-journald
03:32:07 AM     0       499    0.00    0.00    0.00    0.00     1  /usr/sbin/lvmetad -f
03:32:07 AM     0       506    0.00    0.01    0.00    0.01     1  /usr/lib/systemd/systemd-udevd
03:32:07 AM     0       519    0.00    0.00    0.00    0.00     1  kworker/1:1H
03:32:07 AM     0       560    0.00    0.00    0.00    0.00     0  kworker/u257:1
03:32:07 AM     0       633    0.00    0.00    0.00    0.00     1  /sbin/auditd
03:32:07 AM   999       660    0.00    0.01    0.00    0.02     0  /usr/lib/polkit-1/polkitd --no-debug
03:32:07 AM    81       661    0.00    0.01    0.00    0.02     1  /usr/bin/dbus-daemon --system --address=systemd: --nofork --nopid
file --systemd-activation
03:32:07 AM   998       665    0.00    0.01    0.00    0.01     0  /usr/sbin/chronyd
03:32:07 AM     0       672    0.00    0.00    0.00    0.01     1  /usr/lib/systemd/systemd-logind
03:32:07 AM     0       673    0.00    0.01    0.00    0.01     1  /usr/sbin/irqbalance --foreground
03:32:07 AM     0       676    0.00    0.01    0.00    0.01     1  /usr/bin/VGAuthService -s
03:32:07 AM     0       677    0.06    0.08    0.00    0.14     1  /usr/bin/vmtoolsd
03:32:07 AM     0       686    0.00    0.02    0.00    0.02     0  /usr/sbin/crond -n
03:32:07 AM     0       692    0.00    0.00    0.00    0.00     0  /sbin/agetty --noclear tty1 linux
03:32:07 AM     0       698    0.01    0.04    0.00    0.05     1  /usr/bin/python -Es /usr/sbin/firewalld --nofork --nopid
03:32:07 AM     0       715    0.00    0.01    0.00    0.02     0  /usr/sbin/NetworkManager --no-daemon
03:32:07 AM     0      1042    0.00    0.01    0.00    0.01     0  /usr/sbin/rsyslogd -n
03:32:07 AM     0      1043    0.01    0.02    0.00    0.03     1  /usr/bin/python -Es /usr/sbin/tuned -l -P
03:32:07 AM     0      1044    0.00    0.00    0.00    0.00     0  /usr/sbin/sshd -D
03:32:07 AM     0      1313    0.00    0.00    0.00    0.00     0  /usr/libexec/postfix/master -w
03:32:07 AM    89      1326    0.00    0.00    0.00    0.00     1  pickup -l -t unix -u
03:32:07 AM    89      1327    0.00    0.00    0.00    0.00     1  qmgr -l -t unix -u
03:32:07 AM     0      1494    0.00    0.02    0.00    0.02     0  sshd: root@pts/0,pts/1
03:32:07 AM     0      1498    0.00    0.01    0.00    0.01     0  -bash
03:32:07 AM    99      1535    0.00    0.00    0.00    0.00     1  nginx: worker process
03:32:07 AM     0      1553    0.00    0.00    0.00    0.00     1  kworker/1:2
03:32:07 AM     0      1574    0.00    0.01    0.00    0.01     1  kworker/1:0
03:32:07 AM     0      1577    0.00    0.00    0.00    0.00     1  -bash
03:32:07 AM     0      1641    0.00    0.03    0.00    0.03     0  kworker/0:2
03:32:07 AM     0      1654    0.00    0.01    0.00    0.01     0  man pidstat
03:32:07 AM     0      1665    0.00    0.00    0.00    0.00     1  less -s
03:32:07 AM     0      1689    0.00    0.00    0.00    0.00     1  /usr/sbin/anacron -s
03:32:07 AM     0      1703    0.00    0.00    0.00    0.00     0  kworker/u256:2
03:32:07 AM     0      1745    0.00    0.00    0.00    0.00     1  pidstat -l
```

图 2-1-13

- pidstat -t：展示进程以及进程对应线程的资源使用情况，如图 2-1-14 所示。

```
[root@localhost ~]# pidstat -t
Linux 3.10.0-862.el7.x86_64 (localhost.localdomain)     02/07/2020      _x86_64_        (2 CPU)

03:36:06 AM   UID      TGID       TID    %usr %system  %guest    %CPU   CPU  Command
03:36:06 AM     0         1         -    0.01    0.07    0.00    0.07     1  systemd
03:36:06 AM     0         -         1    0.01    0.07    0.00    0.07     1  |__systemd
03:36:06 AM     0         2         -    0.00    0.00    0.00    0.00     0  kthreadd
03:36:06 AM     0         -         2    0.00    0.00    0.00    0.00     0  |__kthreadd
03:36:06 AM     0         3         -    0.00    0.00    0.00    0.00     0  ksoftirqd/0
03:36:06 AM     0         -         3    0.00    0.00    0.00    0.00     0  |__ksoftirqd/0
03:36:06 AM     0         7         -    0.00    0.00    0.00    0.00     0  migration/0
03:36:06 AM     0         -         7    0.00    0.00    0.00    0.00     0  |__migration/0
03:36:06 AM     0         9         -    0.00    0.02    0.00    0.02     1  rcu_sched
03:36:06 AM     0         -         9    0.00    0.02    0.00    0.02     1  |__rcu_sched
03:36:06 AM     0        11         -    0.00    0.00    0.00    0.00     0  watchdog/0
03:36:06 AM     0         -        11    0.00    0.00    0.00    0.00     0  |__watchdog/0
03:36:06 AM     0        12         -    0.00    0.00    0.00    0.00     1  watchdog/1
03:36:06 AM     0         -        12    0.00    0.00    0.00    0.00     1  |__watchdog/1
03:36:06 AM     0        13         -    0.00    0.00    0.00    0.00     1  migration/1
03:36:06 AM     0         -        13    0.00    0.00    0.00    0.00     1  |__migration/1
03:36:06 AM     0        14         -    0.00    0.00    0.00    0.00     1  ksoftirqd/1
03:36:06 AM     0         -        14    0.00    0.00    0.00    0.00     1  |__ksoftirqd/1
03:36:06 AM     0        27         -    0.00    0.02    0.00    0.02     1  kworker/1:1
03:36:06 AM     0         -        27    0.00    0.02    0.00    0.02     1  |__kworker/1:1
03:36:06 AM     0        34         -    0.00    0.00    0.00    0.00     0  khugepaged
03:36:06 AM     0         -        34    0.00    0.00    0.00    0.00     0  |__khugepaged
03:36:06 AM     0       281         -    0.00    0.00    0.00    0.00     0  scsi_eh_1
03:36:06 AM     0         -       281    0.00    0.00    0.00    0.00     0  |__scsi_eh_1
03:36:06 AM     0       401         -    0.00    0.01    0.00    0.01     1  xfsaild/dm-0
03:36:06 AM     0         -       401    0.00    0.01    0.00    0.01     1  |__xfsaild/dm-0
03:36:06 AM     0       470         -    0.00    0.01    0.00    0.01     0  systemd-journal
03:36:06 AM     0         -       470    0.00    0.01    0.00    0.01     0  |__systemd-journal
03:36:06 AM     0       499         -    0.00    0.00    0.00    0.00     1  lvmetad
03:36:06 AM     0         -       499    0.00    0.00    0.00    0.00     1  |__lvmetad
03:36:06 AM     0       506         -    0.00    0.01    0.00    0.01     1  systemd-udevd
03:36:06 AM     0         -       506    0.00    0.01    0.00    0.01     1  |__systemd-udevd
03:36:06 AM     0       519         -    0.00    0.00    0.00    0.00     1  kworker/1:1H
03:36:06 AM     0         -       519    0.00    0.00    0.00    0.00     1  |__kworker/1:1H
03:36:06 AM     0       560         -    0.00    0.00    0.00    0.00     0  kworker/u257:1
03:36:06 AM     0         -       560    0.00    0.00    0.00    0.00     0  |__kworker/u257:1
03:36:06 AM     0       633         -    0.00    0.00    0.00    0.00     1  auditd
03:36:06 AM     0         -       633    0.00    0.00    0.00    0.00     1  |__auditd
```

图 2-1-14

图中的 TGID 表示的就是进程 id，而 TID 表示的是对应的进程 id 下的线程 id。

例如还可以执行 pidstat -r -t -p 1533 来查看进程 id 为 1533 的进程以及该进程对应的线程的内存使用情况，如图 2-1-15 所示。

```
[root@localhost ~]# pidstat -r -t -p 1533
Linux 3.10.0-862.el7.x86_64 (localhost.localdomain)     02/07/2020     _x86_64_     (2 CPU)

03:43:21 AM   UID      TGID       TID  minflt/s  majflt/s      VSZ    RSS   %MEM  Command
03:43:21 AM     0      1533         -      0.02      0.00    20552    628   0.03  nginx
03:43:21 AM     0         -      1533      0.02      0.00    20552    628   0.03  |__nginx
```

图 2-1-15

- pidstat -s：展示每个进程的堆栈使用情况，如图 2-1-16 所示。堆栈使用情况指标说明如表 2-6 所示。

```
[root@localhost ~]# pidstat -s
Linux 3.10.0-862.el7.x86_64 (localhost.localdomain)     02/07/2020     _x86_64_     (2 CPU)

03:46:46 AM   UID      PID StkSize  StkRef  Command
03:46:46 AM     0        1     132      48  systemd
03:46:46 AM     0      470     132      32  systemd-journal
03:46:46 AM     0      499     132      24  lvmetad
03:46:46 AM     0      506     132      40  systemd-udevd
03:46:46 AM     0      633     132      36  auditd
03:46:46 AM   999      660     132      16  polkitd
03:46:46 AM    81      661     132      12  dbus-daemon
03:46:46 AM   998      665     132      16  chronyd
03:46:46 AM     0      672     132      28  systemd-logind
03:46:46 AM     0      673     132      24  irqbalance
03:46:46 AM     0      676     132      16  VGAuthService
03:46:46 AM     0      677     132      28  vmtoolsd
03:46:46 AM     0      686     520     292  crond
03:46:46 AM     0      692     132      28  agetty
03:46:46 AM     0      698     132      36  firewalld
03:46:46 AM     0      715     132      48  NetworkManager
03:46:46 AM     0     1042     132      24  rsyslogd
03:46:46 AM     0     1043     132      48  tuned
03:46:46 AM     0     1044     132      20  sshd
03:46:46 AM     0     1313     132      20  master
03:46:46 AM    89     1327     132      16  qmgr
03:46:46 AM     0     1494     132      40  sshd
03:46:46 AM     0     1498     132      24  bash
03:46:46 AM     0     1533     132      12  nginx
03:46:46 AM    99     1534     132      12  nginx
03:46:46 AM    99     1535     132      12  nginx
03:46:46 AM     0     1577     132      24  bash
03:46:46 AM     0     1654     132      20  man
03:46:46 AM     0     1665     132      24  less
03:46:46 AM     0     1689     132      20  anacron
03:46:46 AM    89     1762     132      20  pickup
03:46:46 AM     0     1763     132      20  pidstat
```

图 2-1-16

表 2-6　每个进程堆栈使用情况的指标及其含义

指　标	含　义
StkSize	进程保留在内存中的堆栈占用的内存大小，单位为 KB，这些堆栈数据并不一定全部会被进程使用
StkRef	进程实际引用的用作堆栈的内存大小（即实际使用的堆栈空间大小），单位为 KB

- pidstat-U：展示进程的资源使用数据时同时展示进程 id 对应的用户名称，如图 2-1-17 所示，USER 列可以看到用户的名称。

```
[root@localhost ~]# pidstat -U
Linux 3.10.0-862.el7.x86_64 (localhost.localdomain)     02/07/2020     _x86_64_     (2 CPU)

03:59:52 AM     USER       PID    %usr %system  %guest    %CPU   CPU  Command
03:59:52 AM     root         1    0.01    0.06    0.00    0.06     0  systemd
03:59:52 AM     root         2    0.00    0.00    0.00    0.00     0  kthreadd
03:59:52 AM     root         3    0.00    0.00    0.00    0.00     0  ksoftirqd/0
03:59:52 AM     root         7    0.00    0.00    0.00    0.00     0  migration/0
03:59:52 AM     root         9    0.00    0.02    0.00    0.02     0  rcu_sched
03:59:52 AM     root        11    0.00    0.00    0.00    0.00     1  watchdog/0
03:59:52 AM     root        12    0.00    0.00    0.00    0.00     1  watchdog/1
03:59:52 AM     root        13    0.00    0.00    0.00    0.00     1  migration/1
03:59:52 AM     root        14    0.00    0.00    0.00    0.00     1  ksoftirqd/1
03:59:52 AM     root        27    0.00    0.02    0.00    0.02     1  kworker/1:1
03:59:52 AM     root        34    0.00    0.00    0.00    0.00     0  khugepaged
03:59:52 AM     root       281    0.00    0.00    0.00    0.00     0  scsi_eh_1
03:59:52 AM     root       401    0.00    0.01    0.00    0.01     1  xfsaild/dm-0
03:59:52 AM     root       402    0.00    0.00    0.00    0.00     0  kworker/0:1H
03:59:52 AM     root       470    0.00    0.01    0.00    0.01     1  systemd-journal
03:59:52 AM     root       499    0.00    0.00    0.00    0.00     1  lvmetad
03:59:52 AM     root       506    0.00    0.01    0.00    0.01     1  systemd-udevd
03:59:52 AM     root       519    0.00    0.01    0.00    0.01     1  kworker/1:1H
03:59:52 AM     root       560    0.00    0.00    0.00    0.00     0  kworker/u257:1
03:59:52 AM     root       633    0.00    0.00    0.00    0.00     0  auditd
03:59:52 AM     polkitd    660    0.00    0.01    0.00    0.01     0  polkitd
03:59:52 AM     dbus       661    0.00    0.01    0.00    0.01     0  dbus-daemon
03:59:52 AM     chrony     665    0.00    0.01    0.00    0.01     0  chronyd
03:59:52 AM     root       672    0.00    0.00    0.00    0.00     1  systemd-logind
03:59:52 AM     root       673    0.00    0.01    0.00    0.01     1  irqbalance
03:59:52 AM     root       676    0.00    0.01    0.00    0.01     1  VGAuthService
03:59:52 AM     root       677    0.06    0.07    0.00    0.13     1  vmtoolsd
03:59:52 AM     root       686    0.00    0.01    0.00    0.01     1  crond
03:59:52 AM     root       692    0.00    0.00    0.00    0.00     0  agetty
03:59:52 AM     root       698    0.01    0.03    0.00    0.04     0  firewalld
03:59:52 AM     root       715    0.00    0.01    0.00    0.01     0  NetworkManager
03:59:52 AM     root      1042    0.00    0.01    0.00    0.01     0  rsyslogd
03:59:52 AM     root      1043    0.01    0.02    0.00    0.03     1  tuned
03:59:52 AM     root      1044    0.00    0.00    0.00    0.00     0  sshd
03:59:52 AM     root      1313    0.00    0.00    0.00    0.00     0  master
03:59:52 AM     postfix   1327    0.00    0.00    0.00    0.00     0  qmgr
03:59:52 AM     root      1494    0.00    0.02    0.00    0.02     0  sshd
03:59:52 AM     root      1498    0.00    0.01    0.00    0.01     0  bash
03:59:52 AM     nobody    1535    0.00    0.00    0.00    0.00     1  nginx
03:59:52 AM     root      1553    0.00    0.00    0.00    0.00     1  kworker/1:2
03:59:52 AM     root      1574    0.00    0.01    0.00    0.01     1  kworker/1:0
03:59:52 AM     root      1577    0.00    0.00    0.00    0.00     0  bash
03:59:52 AM     root      1641    0.00    0.03    0.00    0.03     0  kworker/0:2
03:59:52 AM     root      1654    0.00    0.01    0.00    0.01     0  man
03:59:52 AM     root      1665    0.00    0.00    0.00    0.00     0  less
03:59:52 AM     root      1703    0.00    0.00    0.00    0.00     0  kworker/u256:2
03:59:52 AM     postfix   1762    0.00    0.00    0.00    0.00     0  pickup
03:59:52 AM     root      1779    0.00    0.00    0.00    0.00     1  pidstat
```

图 2-1-17

2.1.4　从 lsof 中能看到什么

lsof 是 Linux 操作系统中对文件进行监控的一个常用命令。使用该命令可以列出当前系统打开了哪些文件、系统中某个进程打开了哪些文件等信息。

1. lsof 命令

我们直接执行 lsof 命令即可以显示当前操作系统打开了哪些文件。lsof 命令必须运行在 root 用户下，这是因为 lsof 命令执行时需要访问核心内存和内核文件。如图 2-1-18 所示，这是我们直接执行 lsof 命令后得到的结果。

```
nginx   6890     root   cwd    DIR              253,0      135   33574977  /root
nginx   6890     root   rtd    DIR              253,0       64   64         /
nginx   6890     root   txt    REG              253,0  3830144   51349847  /usr/local/nginx/sbin/nginx
nginx   6890     root   mem    REG              253,0    61624   22797     /usr/lib64/libnss_files-2.17.so
nginx   6890     root   mem    REG              253,0    11464   33551     /usr/lib64/libfreebl3.so
nginx   6890     root   mem    REG              253,0  2151672   22779     /usr/lib64/libc-2.17.so
nginx   6890     root   mem    REG              253,0    90248   67122     /usr/lib64/libz.so.1.2.7
nginx   6890     root   mem    REG              253,0   402384   73640     /usr/lib64/libpcre.so.1.2.0
nginx   6890     root   mem    REG              253,0    40664   22783     /usr/lib64/libcrypt-2.17.so
nginx   6890     root   mem    REG              253,0   141968   22805     /usr/lib64/libpthread-2.17.so
nginx   6890     root   mem    REG              253,0    19288   22785     /usr/lib64/libdl-2.17.so
nginx   6890     root   mem    REG              253,0   163400   22772     /usr/lib64/ld-2.17.so
nginx   6890     root   DEL    REG              0,4               33762     /dev/zero
nginx   6890     root   0u     CHR              1,3       0t0     1028      /dev/null
nginx   6890     root   1u     CHR              1,3       0t0     1028      /dev/null
nginx   6890     root   2w     REG              253,0       0     17404219  /usr/local/nginx/logs/error.log
nginx   6890     root   3u     unix  0xffff915e4c6e2400    0t0     33763     socket
nginx   6890     root   4w     REG              253,0       0     17404222  /usr/local/nginx/logs/access.log
nginx   6890     root   5w     REG              253,0       0     17404219  /usr/local/nginx/logs/error.log
nginx   6890     root   6u     IPV4             33761     0t0               TCP *:http (LISTEN)
nginx   6890     root   7u     unix  0xffff915e4c6e2800    0t0     33764     socket
nginx   6891     nobody cwd    DIR              253,0      135   33574977  /root
```

图 2-1-18

（1）第 1 列展示的为进程的名称，图中显示的进程名称为 nginx。

（2）第 2 列展示的为进程的 id 编号，也就是 Linux 操作系统中常说的 PID。

（3）第 3 列展示的为进程的所有者，也就是这个进程是运行在哪个 Linux 用户下的，可以看到图中的进程基本都是运行在 root 用户下，这是因为在启动 Nginx 程序时，就是在 root 用户下启动的。

（4）第 4 列展示的为文件描述符（File Descriptor Number），常见的类型如表 2-7 所示。

表 2-7 文件描述符常见的类型说明

文件描述符简称	英文全称	中文解释
cwd	current working directory	当前工作的目录
mem	memory-mapped file	代表把磁盘文件映射到内存中
txt	program text	进程运行的程序文件，包括编译后的代码文件以及产生的数据文件等。图中的 nginx 命令文件就属于 txt 类型
rtd	root directory	代表 root 目录
pd	parent directory	父目录
ltx	shared library text (code and data)	共享的 lib 数据
m86	DOS Merge mapped file	合并映射文件
mmap	memory-mapped device	代表把磁盘设备映射到内存中
err	FD information error	文件描述信息错误
tr	kernel trace file	内核跟踪文件
DEL	a Linux map file that has been deleted	代表已经删除的 Linux 映射文件
数字+字符，如 0u、1w、2w 等		0：表示标准输出 1：表示标准输入 2：表示标准错误 u：表示该文件被打开并处于读取/写入模式 r：表示该文件被打开并处于只读模式 w：表示该文件被打开并处于只写入模式

（5）第 5 列展示的为打开的文件类型，常见的类型如表 2-8 所示。

表 2-8 常见的文件类型

类 型	英文全称	解 释
DIR	Directory	代表了一个文件目录
CHR	character special file	特殊字符文件
LINK	symbolic link file	链接文件
IPv4	IPv4 socket	IPv4 套接字文件
IPv6	IPv6 network file	打开了一个 IPv6 的网络文件
REG	regular file	普通文件

（续表）

类 型	英文全称	解 释
FIFO	FIFO special file	先进先出的队列文件
unix	Unix domain socket	Unix 下的域套接字，也称 inter-process communication socket，也就是常说的 IPC socket（进程间的通信 socket），在开发中经常会被使用的一种通信方式
MPB	multiplexed block file	多路复用的块文件
MPC	multiplexed character file	多路复用的字符文件
inet	an Internet domain socket	Intent 域套接字

（6）第 6 列展示的是设备号，以逗号分隔，一般使用 character special、block special、regular、directory 等来表示设备号，在有些时候也会以地址或者设备名称来表示。

（7）第 7 列展示的是文件的大小（前提是文件有效）。

（8）第 8 列展示的是操作系统本地文件的 node number 或者服务器主机中 NFS 文件的 inode number 或者协议类型（在网络通信的情况下会展示通信协议类型，比如图 2-1-19 所示 Nginx 的 LISTEN 监听进程就是一个 TCP 协议）等。

```
nginx     6891     nobody     6u     IPv4          33761          0t0          TCP *:http (LISTEN)
```

图 2-1-19

（9）第 9 列展示的是文件的绝对路径或者网络通信链接的地址、端口、状态或者挂载点等。

2. lsof 还可以使用其他的参数

lsof 还可以支持其他的参数使用，常见的使用方式如下：

（1）lsof -c：查看某个进程名称当前打开了哪些文件，例如执行 lsof -c nginx 命令可以查看 nginx 进程当前打开了哪些文件，如图 2-1-20 所示。

```
[root@localhost ~]# lsof -c nginx
COMMAND  PID    USER    FD    TYPE    DEVICE SIZE/OFF        NODE NAME
nginx    6890   root    cwd   DIR     253,0       135    33574977 /root
nginx    6890   root    rtd   DIR     253,0       224          64 /
nginx    6890   root    txt   REG     253,0   3830144    51349847 /usr/local/nginx/sbin/nginx
nginx    6890   root    mem   REG     253,0     61624       22797 /usr/lib64/libnss_files-2.17.so
nginx    6890   root    mem   REG     253,0     11464       33551 /usr/lib64/libfreebl3.so
nginx    6890   root    mem   REG     253,0   2151672       22779 /usr/lib64/libc-2.17.so
nginx    6890   root    mem   REG     253,0     90248       67122 /usr/lib64/libz.so.1.2.7
nginx    6890   root    mem   REG     253,0    402384       73640 /usr/lib64/libpcre.so.1.2.0
nginx    6890   root    mem   REG     253,0     40664       22783 /usr/lib64/libcrypt-2.17.so
nginx    6890   root    mem   REG     253,0    141968       22805 /usr/lib64/libpthread-2.17.so
nginx    6890   root    mem   REG     253,0     19288       22785 /usr/lib64/libdl-2.17.so
nginx    6890   root    mem   REG     253,0    163400       22772 /usr/lib64/ld-2.17.so
nginx    6890   root    DEL   REG       0,4                 33762 /dev/zero
nginx    6890   root    0u    CHR       1,3       0t0        1028 /dev/null
nginx    6890   root    1u    CHR       1,3       0t0        1028 /dev/null
nginx    6890   root    2w    REG     253,0         0    17404219 /usr/local/nginx/logs/error.log
nginx    6890   root    3u    unix  0xffff915e4c6e2400  0t0   33763 socket
nginx    6890   root    4w    REG     253,0         0    17404222 /usr/local/nginx/logs/access.log
nginx    6890   root    5w    REG     253,0         0    17404219 /usr/local/nginx/logs/error.log
nginx    6890   root    6u    IPv4    33761       0t0             TCP *:http (LISTEN)
nginx    6890   root    7u    unix  0xffff915e4c6e2800  0t0   33764 socket
nginx    6891   nobody  cwd   DIR     253,0       135    33574977 /root
nginx    6891   nobody  rtd   DIR     253,0       224          64 /
nginx    6891   nobody  txt   REG     253,0   3830144    51349847 /usr/local/nginx/sbin/nginx
nginx    6891   nobody  mem   REG     253,0     61624       22797 /usr/lib64/libnss_files-2.17.so
nginx    6891   nobody  mem   REG     253,0     11464       33551 /usr/lib64/libfreebl3.so
nginx    6891   nobody  mem   REG     253,0   2151672       22779 /usr/lib64/libc-2.17.so
nginx    6891   nobody  mem   REG     253,0     90248       67122 /usr/lib64/libz.so.1.2.7
nginx    6891   nobody  mem   REG     253,0    402384       73640 /usr/lib64/libpcre.so.1.2.0
nginx    6891   nobody  mem   REG     253,0     40664       22783 /usr/lib64/libcrypt-2.17.so
nginx    6891   nobody  mem   REG     253,0    141968       22805 /usr/lib64/libpthread-2.17.so
nginx    6891   nobody  mem   REG     253,0     19288       22785 /usr/lib64/libdl-2.17.so
nginx    6891   nobody  mem   REG     253,0    163400       22772 /usr/lib64/ld-2.17.so
nginx    6891   nobody  DEL   REG       0,4                 33762 /dev/zero
nginx    6891   nobody  0u    CHR       1,3       0t0        1028 /dev/null
nginx    6891   nobody  1u    CHR       1,3       0t0        1028 /dev/null
nginx    6891   nobody  2w    REG     253,0         0    17404219 /usr/local/nginx/logs/error.log
nginx    6891   nobody  4w    REG     253,0         0    17404222 /usr/local/nginx/logs/access.log
nginx    6891   nobody  5w    REG     253,0         0    17404219 /usr/local/nginx/logs/error.log
nginx    6891   nobody  6u    IPv4    33761       0t0             TCP *:http (LISTEN)
nginx    6891   nobody  7u    unix  0xffff915e4c6e2800  0t0   33764 socket
nginx    6891   nobody  8u    a_inode   0,10      0        7239 [eventpoll]
nginx    6891   nobody  9u    a_inode   0,10      0        7239 [eventfd]
```

图 2-1-20

（2）lsof -p：查看某个进程 id 当前打开了哪些文件，例如，执行 lsof -p 1 命令可以查看进程 id 为 1 的进程当前打开了哪些文件，如图 2-1-21 所示。

```
[root@localhost ~]# lsof -p 1
COMMAND PID USER   FD   TYPE     DEVICE SIZE/OFF   NODE NAME
systemd   1 root  cwd    DIR      253,0      224     64 /
systemd   1 root  rtd    DIR      253,0      224     64 /
systemd   1 root  txt    REG      253,0  1612152 50483671 /usr/lib/systemd/systemd
systemd   1 root  mem    REG      253,0    20112    73775 /usr/lib64/libuuid.so.1.3.0
systemd   1 root  mem    REG      253,0   261456    73777 /usr/lib64/libblkid.so.1.1.0
systemd   1 root  DEL    REG      253,0            73569 /usr/lib64/libz.so.1.2.7;5d7b0d91
systemd   1 root  mem    REG      253,0   157424    73768 /usr/lib64/liblzma.so.5.2.2
systemd   1 root  mem    REG      253,0    23968    73804 /usr/lib64/libcap-ng.so.0.0.0
systemd   1 root  mem    REG      253,0    19896    73620 /usr/lib64/libattr.so.1.1.0
systemd   1 root  DEL    REG      253,0            44664 /usr/lib64/libdl-2.17.so;5d7b0d0e
systemd   1 root  mem    REG      253,0   402384    73640 /usr/lib64/libpcre.so.1.2.0
systemd   1 root  DEL    REG      253,0            44658 /usr/lib64/libc-2.17.so;5d7b0d0e
systemd   1 root  DEL    REG      253,0            44684 /usr/lib64/libpthread-2.17.so;5d7b0d0e
systemd   1 root  DEL    REG      253,0               84 /usr/lib64/libgcc_s-4.8.5-20150702.so.1;5d7b0d0e
systemd   1 root  DEL    REG      253,0            44688 /usr/lib64/librt-2.17.so;5d7b0d0e
systemd   1 root  mem    REG      253,0   273616    73860 /usr/lib64/libmount.so.1.1.0
systemd   1 root  mem    REG      253,0    91800    77544 /usr/lib64/libkmod.so.2.2.10
systemd   1 root  mem    REG      253,0   127096    73808 /usr/lib64/libaudit.so.1.0.0
systemd   1 root  mem    REG      253,0    61672    73915 /usr/lib64/libpam.so.0.83.1
systemd   1 root  mem    REG      253,0    20032    73625 /usr/lib64/libcap.so.2.22
systemd   1 root  mem    REG      253,0   155784    73639 /usr/lib64/libselinux.so.1
systemd   1 root  DEL    REG      253,0            44651 /usr/lib64/ld-2.17.so;5d7b0d0e
systemd   1 root  mem    REG      253,0    43245 50657436 /etc/selinux/targeted/contexts/files/file_contexts.homedirs.bin
systemd   1 root  mem    REG      253,0  1357405 50657434 /etc/selinux/targeted/contexts/files/file_contexts.bin
systemd   1 root   0u    CHR        1,3      0t0   1028 /dev/null
systemd   1 root   1u    CHR        1,3      0t0   1028 /dev/null
systemd   1 root   2u    CHR        1,3      0t0   1028 /dev/null
systemd   1 root   3u a_inode    0,10        0   7239 [timerfd]
systemd   1 root   4u a_inode    0,10        0   7239 [eventpoll]
systemd   1 root   5u a_inode    0,10        0   7239 [signalfd]
systemd   1 root   6r    DIR       0,21        0   1326 /sys/fs/cgroup/systemd
systemd   1 root   7u a_inode    0,10        0   7239 [timerfd]
systemd   1 root   8u netlink                  0t0  13486 KOBJECT_UEVENT
systemd   1 root   9r    REG        0,3             1554 /proc/1/mountinfo
systemd   1 root  10r a_inode    0,10        0   7239 inotify
systemd   1 root  11r    REG        0,3       0 4026532019 /proc/swaps
systemd   1 root  12u   unix 0xffff915e762c5800  0t0  13487 /run/systemd/private
systemd   1 root  13u   unix 0xffff915e69d2e400  0t0  32809 /run/systemd/journal/stdout
systemd   1 root  14r a_inode    0,10        0   7239 inotify
systemd   1 root  15u   unix 0xffff915e79304400  0t0  20099 /run/systemd/journal/stdout
systemd   1 root  16u   unix 0xffff915e7718e400  0t0  20154 /run/systemd/journal/stdout
```

图 2-1-21

（3）lsof -i：查看 IPv4、IPv6 下打开的文件，此时看到的大部分都是网络的链接通信，会包括服务端的 LISTEN 监听或者客户端和服务端的网络通信，如图 2-1-22 所示。

```
[root@localhost ~]# lsof -i:80
COMMAND  PID   USER   FD  TYPE DEVICE SIZE/OFF NODE NAME
nginx   6890   root    6u IPv4 33761      0t0  TCP *:http (LISTEN)
nginx   6891 nobody    3u IPv4 53507      0t0  TCP localhost.localdomain:http->192.168.1.100:53151 (ESTABLISHED)
nginx   6891 nobody    6u IPv4 33761      0t0  TCP *:http (LISTEN)
nginx   6891 nobody   10u IPv4 53508      0t0  TCP localhost.localdomain:http->192.168.1.100:53152 (ESTABLISHED)
[root@localhost ~]# lsof -i
COMMAND   PID   USER   FD  TYPE DEVICE SIZE/OFF NODE NAME
chronyd    674 chrony   1u IPv4 17143      0t0  UDP localhost:323
chronyd    674 chrony   2u IPv6 17144      0t0  UDP localhost:323
sshd      1043   root    3u IPv4 20369      0t0  TCP *:ssh (LISTEN)
sshd      1043   root    4u IPv6 20378      0t0  TCP *:ssh (LISTEN)
master    1325   root   13u IPv4 21703      0t0  TCP localhost:smtp (LISTEN)
master    1325   root   14u IPv6 21704      0t0  TCP localhost:smtp (LISTEN)
sshd      1536   root    3u IPv4 23304      0t0  TCP localhost.localdomain:ssh->192.168.1.100:63004 (ESTABLISHED)
sshd      1674   root    3u IPv4 31523      0t0  TCP localhost.localdomain:ssh->192.168.1.100:64684 (ESTABLISHED)
nginx     6890   root    6u IPv4 33761      0t0  TCP *:http (LISTEN)
nginx     6891 nobody    3u IPv4 53507      0t0  TCP localhost.localdomain:http->192.168.1.100:53151 (ESTABLISHED)
nginx     6891 nobody    6u IPv4 33761      0t0  TCP *:http (LISTEN)
```

图 2-1-22

在 lsof -i 后加上 "：（冒号）端口号" 时，可以定位到某个端口下的 IPv4、IPv6 模式打开的文件和该端口下的网络链接通信，例如，执行 lsof -i:80 命令可以查看 80 端口下的网络链接通信情况，如图 2-1-13 所示。

```
[root@localhost ~]# lsof -i:80
COMMAND  PID   USER   FD  TYPE DEVICE SIZE/OFF NODE NAME
nginx   6890   root    6u IPv4 33761      0t0  TCP *:http (LISTEN)
nginx   6891 nobody    3u IPv4 53507      0t0  TCP localhost.localdomain:http->192.168.1.100:53151 (ESTABLISHED)
nginx   6891 nobody    6u IPv4 33761      0t0  TCP *:http (LISTEN)
nginx   6891 nobody   10u IPv4 53508      0t0  TCP localhost.localdomain:http->192.168.1.100:53152 (ESTABLISHED)
```

图 2-1-23

从这个展示的通信情况可以看到，80 端口下启动了两个 LISTEN 监听进程，分别是在 root 用户下和 nobody 用户下，并且可以看到 ip 为 192.168.1.100 的电脑和 80 端口进行了 TCP

通信连接，TCP 通信连接的状态为 ESTABLISHED，并且连接时占用了服务器上的 53151 和 53152 这两个端口。

　　TCP 通信连接是在做性能测试时经常需要关注的，尤其是在高并发的情况下如何优化 TCP 连接数和 TCP 连接的快速释放，是性能调优的一个关注点。连接的常用状态如表 2-9 所示。

表 2-9　连接的常用状态及其说明

状　态	说　明
LISTEN	监听状态。这个一般应用程序启动时，会启动监听，比如 Nginx 程序启动后，就会产生监听进程。一般情况下，监听进程的端口都可以自己进行设置，以防止端口冲突
ESTABLISHED	连接已经正常建立。表示客户端和服务端正在通信中
CLOSE_WAIT	客户端主动关闭连接或者网络异常导致连接中断。此时这次连接下服务端的状态会变成 CLOSE_WAIT，需要服务端来主动关闭该连接
TIME_WAIT	服务端主动断开连接。收到客户端确认后，连接状态变为 TIME_WAIT，但是服务端并不会马上彻底关闭该连接，只是修改了状态。TCP 协议规定 TIME_WAIT 状态会一直持续 2MSL 的时间才会彻底关闭，以防止之前连接中的网络数据包因为网络延迟等原因而延迟出现。处于 TIME_WAIT 状态的连接占用的资源不会被内核释放，所以性能测试中如果服务端出现了大量的 TIME_WAIT 状态的连接，就需要分析原因了，一般不建议服务端主动去断开连接
SYN_SENT	表示请求正在连接中。当客户端要访问服务器上的服务时，一般都需要发送一个同步信号给服务端的端口，在此时连接的状态就为 SYN_SENT。一般 SYN_SENT 状态的时间都非常短，除非是在非常高的并发调用下，不然一般 SYN_SENT 状态的连接都非常少
SYN_RECV	表示服务端收到了客户端发出的 SYN 请求，同时表示服务器在给客户端回复 SYN＋ACK 后此时服务端所处的中间状态
LAST_ACK	表示 TCP 连接关闭过程中的一种中间状态。关闭一个 TCP 连接需要发送方和接收方分别都进行关闭，双方都是通过发送 FIN（关闭连接标志）来表示单方向数据的关闭，当通信双方发送了最后一个 FIN 的时候，发送方此时处于 LAST_ACK 状态
CLOSING	表示 TCP 连接关闭过程中的一种中间状态。一般存在的时间很短，不是经常可以看到。在发送方和接收方都主动发送 FIN，并且在收到对方对自己发送的 FIN 之前收到了对方发送的 FIN 的时候，两边就都进入了 CLOSING 状态
FIN_WAIT1	同样是表示 TCP 连接关闭过程中的一种中间状态。存在的时间很短，一般几乎看不到。发送方或者调用方主动调用 close 函数关闭连接后，会立刻进入 FIN_WAIT1 状态，此时只要收到对端的 ACK 确认后马上会进入 FIN_WAIT2 状态
FIN_WAIT2	同样是表示 TCP 连接关闭过程中的一种中间状态。主动关闭连接的一方在等待对端 FIN 到来的过程中通常会一直保持这个状态。一般网络中断或者对端服务很忙还没及时发送 FIN，或者对端程序有 Bug 忘记关闭连接等，都会导致主动关闭连接的一方长时间处于 FIN_WAIT2 状态。如果主动关闭连接的一方发现大量 FIN_WAIT2 状态时，应该需要去检查是不是网络不稳定或者对端的程序存在连接泄漏的情况
CLOSED	表示连接的初始状态。表示 TCP 连接是"关闭着的"或"未打开的"

　　在 TCP 协议层中有一个 FLAGS 字段，这个字段一般包含 SYN（建立连接标志）、FIN（关闭连接标志）、ACK（响应确认标志）、PSH（DATA 数据传输标志）、RST（连接重

置标志）、URG（紧急标志）这几种标志，每种标志代表一种连接信号。

不管是什么状态下的 TCP 连接，都会占用服务器的大量资源，而且每个连接都会占用一个端口，Linux 服务器的 TCP 和 UDP 的端口总数是有限制的（0~65535），超过这个范围就没有端口可以用了，程序会无法启动，连接也会无法进行。所以如果服务端出现了大量的 CLOSE_WAIT 和 TIME_WAIT 的链接时，就需要及时去查找原因并进行优化。CLOSE_WAIT 状态大多数都是由自己编写的代码或者程序出现了明显的问题所造成的。

针对如果出现了大量的 TIME_WAIT 状态的连接，可以从服务器端进行一些优化以让服务器快速地释放 TIME_WAIT 状态的连接所占用的资源。优化的方式说明如下。

① 使用 vim /etc/sysctl.conf 来编辑 sysctl.conf 文件，以优化 Linux 操作系统的文件内核参数设置，加入如下配置：

```
net.ipv4.tcp_syncookies = 1
net.ipv4.tcp_tw_reuse = 1
net.ipv4.tcp_tw_recycle = 1
net.ipv4.tcp_fin_timeout = 30
net.ipv4.tcp_keepalive_time=600
net.ipv4.tcp_max_tw_buckets = 5000
fs.file-max = 900000
net.ipv4.tcp_max_syn_backlog = 2000
net.core.somaxconn = 2048
net.ipv4.tcp_synack_retries = 1
net.ipv4.ip_local_port_range =2048    65535
net.core.rmem_max = 2187154
net.core.wmem_max = 2187154
net.core.rmem_default = 250000
net.core.wmem_default = 250000
```

② 然后执行 sysctl -p 命令可以让内核参数立即生效，这种调优一般在 Nginx、Apache 这种 Web 服务器上会经常用到。

- net.ipv4.tcp_syncookies = 1 表示开启 syn cookies，当出现 syn 等待队列溢出时启用 cookies 来处理，默认情况下是关闭状态。客户端向 Linux 服务器建立 TCP 通信连接时会首先发送 SYN 包，发送完后客户端会等待服务端回复 SYN + ACK，服务器在给客户端回复 SYN + ACK 后，服务器端会将此时处于 SYN_RECV 状态的连接保存到半连接队列中，以等待客户端继续发送 ACK 请求给服务器端，直到最终连接完全建立。在出现大量的并发请求时，这个半连接队列中可能会缓存了大量的 SYN_RECV 状态的连接，从而导致队列溢出。队列的长度可以通过内核参数 net.ipv4.tcp_max_syn_backlog 进行设置，在开启 cookies 后服务端就不需要将 SYN_RECV 状态的半状态连接保存到队列中，而是在回复 SYN + ACK 时，将连接信息保存到 ISN 中返回给客户端。当客户端进行 ACK 请求时，通过 ISN 来获取连接信息，以完成最终的 TCP 通信连接。
- net.ipv4.tcp_tw_reuse = 1 表示开启连接重用，即允许操作系统将 TIME-WAIT socket 的连接重新用于新的 TCP 连接请求。默认为关闭状态。
- net.ipv4.tcp_tw_recycle = 1 表示开启操作系统中 TIME-WAIT socket 连接的快速回收。默认为关闭状态。

- net.ipv4.tcp_fin_timeout = 30 设置服务器主动关闭连接时，socket 连接保持等待状态的最大时间。
- net.ipv4.tcp_keepalive_time = 600 表示请求在开启 keepalive（现在一般客户端的 HTTP 请求都是开启了 keepalive 选项）时，TCP 发送 keepalive 消息的时间间隔。默认是 7200 秒，在设置短一些后可以更快地清理掉无效的请求。
- net.ipv4.tcp_max_tw_buckets = 5000 表示连接为 TIME_WAIT 状态时，Linux 操作系统允许其接收的套接字数量的最大值。过多的 TIME_WAIT 套接字会使 Web 服务器变慢。
- fs.file-max = 900000 表示 Linux 操作系统可以同时打开的最大句柄数。在 Web 服务器中，这个参数有时候会直接限制了 Web 服务器可以支持的最大连接数。需要注意的是这个参数是对整个操作系统生效的。而 ulimit -n 可以用来查看进程能够打开的最大句柄数。在句柄数不够时一般会出现类似 "Too many open files" 的报错。在 CentOS7 中，可以使用 cat /proc/sys/fs/file-max 命令来查看操作系统能够打开的最大句柄数。

```
[root@localhost ~]# cat /proc/sys/fs/file-max
181168
```

③ 使用 vi /etc/security/limits.conf 编辑 limits.conf 配置文件，可以修改进程能够打开的最大句柄数，在 limits.conf 增加如下配置即可。

```
soft nofile 65535
hard nofile 65535
```

- net.ipv4.tcp_max_syn_backlog 表示服务器能接受 SYN 同步包的最大客户端连接数，也就是上面说的半连接的最大数量。默认值为 128。
- net.core.somaxconn = 2048 表示服务器能处理的最大客户端连接数，这里的连接指的是能同时完成连接建立的最大数量。默认值为 128。
- net.ipv4.tcp_synack_retries = 1 表示服务器在发送 SYN + ACK 回复后，在未继续收到客户端的 ACK 请求时，服务器端重新尝试发送 SYN + ACK 回复的重试次数。
- net.ipv4.ip_local_port_range = 2048 - 65535 修改可以用于和客户端建立连接的端口范围。默认为 32768 到 61000。修改后，可以避免建立连接时端口不够用的情况。
- net.core.rmem_max = 2187154 表示 Linux 操作系统内核 socket 接收缓冲区的最大值，单位为字节。
- net.core.wmem_max = 2187154 表示 Linux 操作系统内核 socket 发送缓冲区的最大值，单位为字节。
- net.core.rmem_default = 250000 表示 Linux 操作系统内核 socket 接收缓冲区的默认大小，单位为字节。
- net.core.wmem_default = 250000 表示 Linux 操作系统内核 socket 发送缓冲区的默认大小，单位为字节。

（4）lsof +d：列出指定目录下被使用的文件，例如执行 lsof +d /usr/lib/locale/ 命令，查看 /usr/lib/locale/ 目录下有哪些文件被打开使用了，如图 2-1-24 所示。

```
[root@localhost locale]# lsof +d /usr/lib/locale/
COMMAND     PID USER   FD   TYPE DEVICE  SIZE/OFF      NODE NAME
vmtoolsd    661 root   mem   REG  253,0 106075056  50342304 /usr/lib/locale/locale-archive
crond       684 root   mem   REG  253,0 106075056  50342304 /usr/lib/locale/locale-archive
agetty      690 root   mem   REG  253,0 106075056  50342304 /usr/lib/locale/locale-archive
firewalld   697 root   mem   REG  253,0 106075056  50342304 /usr/lib/locale/locale-archive
NetworkMa   711 root   mem   REG  253,0 106075056  50342304 /usr/lib/locale/locale-archive
tuned      1040 root   mem   REG  253,0 106075056  50342304 /usr/lib/locale/locale-archive
bash       1605 root   mem   REG  253,0 106075056  50342304 /usr/lib/locale/locale-archive
bash       1762 root   cwd   DIR  253,0        55  50332873 /usr/lib/locale
bash       1762 root   mem   REG  253,0 106075056  50342304 /usr/lib/locale/locale-archive
lsof       1838 root   cwd   DIR  253,0        55  50332873 /usr/lib/locale
lsof       1838 root   mem   REG  253,0 106075056  50342304 /usr/lib/locale/locale-archive
lsof       1839 root   cwd   DIR  253,0        55  50332873 /usr/lib/locale
lsof       1839 root   mem   REG  253,0 106075056  50342304 /usr/lib/locale/locale-archive
```

图 2-1-24

（5）lsof+D：和上面+d 参数的作用类似，也是列出指定目录下被使用的文件，不同的是 +D 会以递归的形式列出，也就是会列出指定目录下所有子目录中被使用的文件，而-d 参数只会 列出当前指定目录下被使用的文件，而不会继续去列出子目录下被使用的文件。例如执行 lsof+D/usr/lib/命令查看/usr/lib/ 目录以及子目录下有哪些文件被打开使用了，如图 2-1-25 所示。

```
[root@localhost locale]# lsof +D /usr/lib
COMMAND      PID    USER   FD   TYPE DEVICE  SIZE/OFF      NODE NAME
systemd        1    root   txt   REG  253,0  1612152  50483671 /usr/lib/systemd/systemd
systemd-j    472    root   txt   REG  253,0   346216  50507365 /usr/lib/systemd/systemd-journald
systemd-u    505    root   txt   REG  253,0   416304  50507384 /usr/lib/systemd/systemd-udevd
systemd-u    505    root   mem   REG  253,0   469711  17118806 /usr/lib/modules/3.10.0-862.el7.x86_64/modules.symbols.bin
systemd-u    505    root   mem   REG  253,0   784670  17118803 /usr/lib/modules/3.10.0-862.el7.x86_64/modules.alias.bin
systemd-u    505    root   mem   REG  253,0   387291  17118802 /usr/lib/modules/3.10.0-862.el7.x86_64/modules.dep.bin
systemd-u    505    root   mem   REG  253,0     8965  17118807 /usr/lib/modules/3.10.0-862.el7.x86_64/modules.builtin.bin
vmtoolsd     661    root   mem   REG  253,0 106075056 50342304 /usr/lib/locale/locale-archive
systemd-l    662    root   txt   REG  253,0   635784  50507030 /usr/lib/systemd/systemd-logind
polkitd      667 polkitd   txt   REG  253,0   120424  33792713 /usr/lib/polkit-1/polkitd
crond        684    root   mem   REG  253,0 106075056 50342304 /usr/lib/locale/locale-archive
agetty       690    root   mem   REG  253,0 106075056 50342304 /usr/lib/locale/locale-archive
firewalld    697    root   mem   REG  253,0 106075056 50342304 /usr/lib/locale/locale-archive
NetworkMa    711    root   mem   REG  253,0 106075056 50342304 /usr/lib/locale/locale-archive
tuned       1040    root   mem   REG  253,0 106075056 50342304 /usr/lib/locale/locale-archive
bash        1605    root   mem   REG  253,0 106075056 50342304 /usr/lib/locale/locale-archive
bash        1762    root   cwd   DIR  253,0        55 50332873 /usr/lib/locale
bash        1762    root   mem   REG  253,0 106075056 50342304 /usr/lib/locale/locale-archive
lsof        1843    root   cwd   DIR  253,0        55 50332873 /usr/lib/locale
lsof        1843    root   mem   REG  253,0 106075056 50342304 /usr/lib/locale/locale-archive
lsof        1844    root   cwd   DIR  253,0        55 50332873 /usr/lib/locale
lsof        1844    root   mem   REG  253,0 106075056 50342304 /usr/lib/locale/locale-archive
```

图 2-1-25

（6）lsof 后面可以直接指定一个全路径的文件以列出该文件正在被哪些进程所使用，例 如，执行 lsof /usr/lib/modules/3.10.0-862.el7.x86_64/modules.symbols.bin 命令，可以查看到 modules.symbols.bin 文件目前正在被哪个进程使用，如图 2-1-26 所示。

```
[root@localhost locale]# lsof /usr/lib/modules/3.10.0-862.el7.x86_64/modules.symbols.bin
COMMAND   PID USER   FD   TYPE DEVICE SIZE/OFF     NODE NAME
systemd-u 505 root   mem   REG  253,0   469711 17118806 /usr/lib/modules/3.10.0-862.el7.x86_64/modules.symbols.bin
```

图 2-1-26

（7）lsof-i:@ip：可以列出某个指定 ip 上的所有网络连接通信，例如，执行 lsof-i@192.168.1.221 命令，可以查看到 192.168.1.221 这个 ip 上的所有网络连接通信，如图 2-1-27 所示。

```
[root@localhost locale]# lsof -i@192.168.1.221
COMMAND   PID   USER   FD   TYPE DEVICE SIZE/OFF NODE NAME
sshd     1601   root    3u  IPv4  29209      0t0  TCP localhost.localdomain:ssh->192.168.1.101:57267 (ESTABLISHED)
sshd     1758   root    3u  IPv4  38321      0t0  TCP localhost.localdomain:ssh->192.168.1.101:53400 (ESTABLISHED)
nginx    1921 nobody    3u  IPv4  44056      0t0  TCP localhost.localdomain:http->192.168.1.101:55948 (ESTABLISHED)
nginx    1921 nobody   10u  IPv4  44057      0t0  TCP localhost.localdomain:http->192.168.1.101:55949 (ESTABLISHED)
```

图 2-1-27

（8）lsof -i 网络协议：可以列出某个指定协议下的网络连接信息。

● lsof -i tcp：可以列出 tcp 下所有的网络连接信息，如图 2-1-28 所示。

```
[root@localhost locale]# lsof -i tcp
COMMAND  PID   USER   FD   TYPE DEVICE SIZE/OFF NODE NAME
sshd     1037  root   3u   IPv4 20313     0t0   TCP *:ssh (LISTEN)
sshd     1037  root   4u   IPv6 20323     0t0   TCP *:ssh (LISTEN)
master   1312  root   13u  IPv4 21705     0t0   TCP localhost:smtp (LISTEN)
master   1312  root   14u  IPv6 21706     0t0   TCP localhost:smtp (LISTEN)
sshd     1601  root   3u   IPv4 29209     0t0   TCP localhost.localdomain:ssh->192.168.1.101:57267 (ESTABLISHED)
sshd     1758  root   3u   IPv4 38321     0t0   TCP localhost.localdomain:ssh->192.168.1.101:53400 (ESTABLISHED)
nginx    1920  root   6u   IPv4 40786     0t0   TCP *:http (LISTEN)
nginx    1921  nobody 6u   IPv4 40786     0t0   TCP *:http (LISTEN)
```

图 2-1-28

● lsof -i tcp:80：可以列出 tcp 下 80 端口所有的网络连接信息，如图 2-1-29 所示。

```
[root@localhost locale]# lsof -i tcp:80
COMMAND  PID   USER   FD   TYPE DEVICE SIZE/OFF NODE NAME
nginx    1920  root   6u   IPv4 40786     0t0   TCP *:http (LISTEN)
nginx    1921  nobody 6u   IPv4 40786     0t0   TCP *:http (LISTEN)
```

图 2-1-29

● lsof -i udp：可以列出 udp 下所有的网络连接信息，如图 2-1-30 所示。

```
[root@localhost locale]# lsof -i udp
COMMAND PID   USER   FD   TYPE DEVICE SIZE/OFF NODE NAME
chronyd 673   chrony 1u   IPv4 17133     0t0   UDP localhost:323
chronyd 673   chrony 2u   IPv6 17134     0t0   UDP localhost:323
```

图 2-1-30

● lsof -i udp:323：可以列出 udp 下 323 端口所有的网络连接信息，如图 2-1-31 所示。

```
[root@localhost locale]# lsof -i udp:323
COMMAND PID   USER   FD   TYPE DEVICE SIZE/OFF NODE NAME
chronyd 673   chrony 1u   IPv4 17133     0t0   UDP localhost:323
chronyd 673   chrony 2u   IPv6 17134     0t0   UDP localhost:323
```

图 2-1-31

2.1.5　如何通过 free 看懂内存的真实使用

free 命令是 Linux 操作系统中对内存进行查看和监控的一个常用命令。我们可以直接执行 free 命令来获取操作系统内存使用的相关数据，如图 2-1-32 所示。

```
[root@localhost locale]# free
              total      used      free    shared buff/cache available
Mem:        1865308    126856   1529928      9748    208524   1533568
Swap:       2097148         0   2097148
```

图 2-1-32

默认直接执行 free 获取到的内存数据的单位都是 k，Mem 这一行展示的是物理内存的使用情况，Swap 这一行展示的是内存交换区（通常也叫虚拟内存）的整体使用情况。

● total 列：显示的是系统总的可用物理内存和交换区的大小，单位为 k。
● used 列：显示的是已经被使用的物理内存和交换区的大小，单位为 k。
● free 列：显示的是还有多少物理内存和交换区没有被使用，单位为 k。

- shared 列：显示的是共享区占用的物理内存大小，单位为 k。
- buff/cache 列：显示的是被缓冲区和 page 缓存合计使用的物理内存大小，单位为 k。
  - buff 在操作系统中指的是缓冲区，负责磁盘块设备的读写缓冲，会直接占用系统的物理内存。
  - cache 指的是操作系统中的 page 缓存，这个缓存是 Linux 内核实现的磁盘缓存，就是将磁盘中的数据缓存到物理内存中，以减少内核对磁盘的 I/O 读写操作，这样对磁盘的访问就会变为对物理内存的访问，从而大大提高了系统对磁盘的读写速度。cache 类似于应用程序中使用 Redis 来实现缓存一样，其实就是把一些经常需要访问的数据存储到物理内存中来提高数据访问的速度。
- available 列：显示的是可用物理内存的大小，单位为 k。通常情况下，available 的值等于 free+ buff/cache。Linux 内核为了提高磁盘读写的速度会使用一部分物理内存来缓存经常要使用的磁盘数据，所以 buffer 和 cache 对于 Linux 操作系统的内核来说，都属于已经被使用的内存，而 free 列显示的是真正未被使用的物理内存。不过，如果物理内存不够用了并且应用程序恰巧又需要使用物理内存时，内核就会从 buffer 和 cache 中回收被它们占用的物理内存来满足应用程序的需要，也就是说 buffer 和 cache 占用的物理内存是可以被内核释放的。

2.1.6 如何通过 top 发现问题

在性能测试时，Linux 操作系统中还可以通过 top 命令来发现和定位服务器性能消耗的问题。执行 top 命令后获取到的数据如图 2-1-33 所示。

```
top - 02:11:13 up 41 min,  2 users,  load average: 0.00, 0.01, 0.05
Tasks: 108 total,   1 running, 107 sleeping,   0 stopped,   0 zombie
%Cpu(s):  0.0 us,  0.2 sy,  0.0 ni, 99.8 id,  0.0 wa,  0.0 hi,  0.0 si,  0.0 st
KiB Mem :  1865308 total,  1457604 free,   198808 used,   208896 buff/cache
KiB Swap:  2097148 total,  2097148 free,        0 used.  1479036 avail Mem

  PID USER      PR  NI    VIRT    RES    SHR S  %CPU %MEM     TIME+ COMMAND
 2167 root      20   0  161980   2268   1564 R   0.3  0.1   0:00.13 top
    1 root      20   0  127964   6544   4092 S   0.0  0.4   0:04.22 systemd
    2 root      20   0       0      0      0 S   0.0  0.0   0:00.00 kthreadd
    3 root      20   0       0      0      0 S   0.0  0.0   0:00.10 ksoftirqd/0
    5 root       0 -20       0      0      0 S   0.0  0.0   0:00.00 kworker/0:0H
    6 root      20   0       0      0      0 S   0.0  0.0   0:00.22 kworker/u256:0
    7 root      rt   0       0      0      0 S   0.0  0.0   0:00.14 migration/0
    8 root      20   0       0      0      0 S   0.0  0.0   0:00.00 rcu_bh
    9 root      20   0       0      0      0 S   0.0  0.0   0:00.81 rcu_sched
   10 root       0 -20       0      0      0 S   0.0  0.0   0:00.00 lru-add-drain
   11 root      rt   0       0      0      0 S   0.0  0.0   0:00.01 watchdog/0
   12 root      rt   0       0      0      0 S   0.0  0.0   0:00.13 watchdog/1
   13 root      rt   0       0      0      0 S   0.0  0.0   0:00.18 migration/1
   14 root      20   0       0      0      0 S   0.0  0.0   0:00.05 ksoftirqd/1
   16 root       0 -20       0      0      0 S   0.0  0.0   0:00.00 kworker/1:0H
   18 root      20   0       0      0      0 S   0.0  0.0   0:00.01 kdevtmpfs
   19 root       0 -20       0      0      0 S   0.0  0.0   0:00.00 netns
   20 root      20   0       0      0      0 S   0.0  0.0   0:00.00 khungtaskd
   21 root       0 -20       0      0      0 S   0.0  0.0   0:00.00 writeback
   22 root       0 -20       0      0      0 S   0.0  0.0   0:00.00 kintegrityd
   23 root       0 -20       0      0      0 S   0.0  0.0   0:00.00 bioset
   24 root       0 -20       0      0      0 S   0.0  0.0   0:00.00 kblockd
   25 root       0 -20       0      0      0 S   0.0  0.0   0:00.00 md
   26 root       0 -20       0      0      0 S   0.0  0.0   0:00.00 edac-poller
   27 root      20   0       0      0      0 S   0.0  0.0   0:01.21 kworker/0:1
   33 root      20   0       0      0      0 S   0.0  0.0   0:00.00 kswapd0
   34 root      25   5       0      0      0 S   0.0  0.0   0:00.00 ksmd
   35 root      39  19       0      0      0 S   0.0  0.0   0:00.29 khugepaged
   36 root       0 -20       0      0      0 S   0.0  0.0   0:00.00 crypto
   44 root       0 -20       0      0      0 S   0.0  0.0   0:00.00 kthrotld
   45 root      20   0       0      0      0 S   0.0  0.0   0:00.12 kworker/u256:1
   46 root       0 -20       0      0      0 S   0.0  0.0   0:00.00 kmpath_rdacd
   47 root       0 -20       0      0      0 S   0.0  0.0   0:00.00 kaluad
   48 root       0 -20       0      0      0 S   0.0  0.0   0:00.00 kpsmoused
   50 root       0 -20       0      0      0 S   0.0  0.0   0:00.00 ipv6_addrconf
   63 root       0 -20       0      0      0 S   0.0  0.0   0:00.00 deferwq
   94 root      20   0       0      0      0 S   0.0  0.0   0:00.01 kauditd
  274 root       0 -20       0      0      0 S   0.0  0.0   0:00.00 ata_sff
  275 root      20   0       0      0      0 S   0.0  0.0   0:00.01 scsi_eh_0
  276 root       0 -20       0      0      0 S   0.0  0.0   0:00.00 scsi_tmf_0
  277 root      20   0       0      0      0 S   0.0  0.0   0:00.00 scsi_eh_1
  278 root       0 -20       0      0      0 S   0.0  0.0   0:00.00 scsi_tmf_1
  279 root       0 -20       0      0      0 S   0.0  0.0   0:00.00 mpt_poll_0
  281 root       0 -20       0      0      0 S   0.0  0.0   0:00.00 mpt/0
  290 root      20   0       0      0      0 S   0.0  0.0   0:00.00 scsi_eh_2
  291 root       0 -20       0      0      0 S   0.0  0.0   0:00.00 scsi_tmf_2
  292 root       0 -20       0      0      0 S   0.0  0.0   0:00.00 ttm_swap
  293 root     -51   0       0      0      0 S   0.0  0.0   0:00.00 irq/16-vmwgfx
  367 root       0 -20       0      0      0 S   0.0  0.0   0:00.00 kdmflush
```

图 2-1-33

从图 2-1-33 中可以看到：

- 第 1 行显示的是系统运行信息：系统当前时间为 02:11:13、系统运行了 41 分钟、当前登录的用户有 2 个、系统的平均负载压力情况为：0.00（1 分钟的平均负载压力），0.01（5 分钟的平均负载压力）和 0.05（15 分钟的平均负载压力）。这个平均负载压力（load average）的数值是每隔 5 秒钟检查一次活跃的进程数，然后按特定算法计算出来的。一般当这个数值除以 CPU 的核数得到的值大于 3~5 时，就表明系统的负载压力已经超高了。

- 第 2 行显示的是任务信息：总共 108 个进程、1 个进程正在占用 CPU 处于运行状态、107 个进程正在休眠中、0 个进程停止、0 个进程假死。

- 第 3 行显示的是 CPU 的运行信息：0.0 us 表示用户模式下 CPU 占用比为 0.0%，0.2 sy 表示系统模式下 CPU 占用比为 0.2%，0.0 ni 表示改变过优先级的进程的 CPU 占用比为 0.0%，99.8 id 表示空闲状态的 CPU 占用比为 99.8%，0.0 wa 表示因为 I/O 等待造成的 CPU 占用比为 0.0%，0.0 hi 表示硬中断的 CPU 占用比，0.0 si 表示软中断的 CPU 的占用比。0.0 st 表示 CPU 等待虚拟机调度的时间占比，这个指标一般在虚拟机中才会有，在物理机中该值一般维持为 0。

- 第 4 行显示的是内存的使用信息：1865308 total 表示物理内存的总量，1457604 free 表示物理内存的空闲大小，198808 used 表示已使用的物理内存的大小，208896 buff/cache 表示用于缓存的物理内存的大小。

- 第 5 行显示的是虚拟内存（swap）的使用信息：2097148 total 表示虚拟内存空间的大小，2097148 free 表示空闲的虚拟内存空间的大小，0 used 表示已使用的虚拟内存空间的大小，1479036 avail Mem 表示可供使用的内存大小。

- 第 7 行显示的是每个进程的资源消耗信息，详情如表 2-10 所示。

表 2-10　每个进程的资源消耗信息说明

列　名	说　明
PID	进程 id 编号
USER	进程的持有用户
PR	进程运行的优先级，值越小优先级就越高，会越早获得 CPU 的执行权
NI	进程的 nice 值，表示进程可被执行的优先级的修正数值
VIRT	进程使用的虚拟内存总大小，单位为 KB
RES	进程使用的并且未被虚拟内存换出的物理内存大小，一般也称为常驻内存，单位为 KB
SHR	进程使用的共享内存大小，单位为 KB
S	进程当前的运行状态。 D：不可中断的睡眠状态 R：运行中 S：休眠中 T：跟踪/停止 Z：假死中

列 名	说 明
%CPU	进程运行时 CPU 的占用比
%MEM	进程使用的内存占用比
TIME+	进程占用的 CPU 总时长
COMMAND	正在运行的命令

top 命令支持的其他常用参数如下：

- top -p：查看指定进程 id 的 top 信息，例如执行 top -p 2081 可以查看进程编号为 2081 的 top 信息，如图 2-1-34 所示。

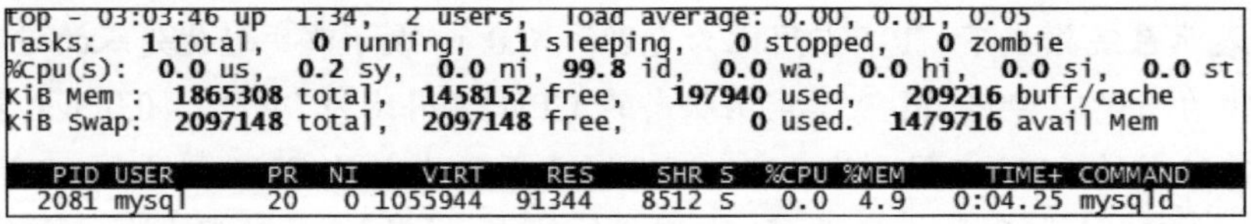

```
top - 03:03:46 up  1:34,  2 users,  load average: 0.00, 0.01, 0.05
Tasks:   1 total,   0 running,   1 sleeping,   0 stopped,   0 zombie
%Cpu(s):  0.0 us,  0.2 sy,  0.0 ni, 99.8 id,  0.0 wa,  0.0 hi,  0.0 si,  0.0 st
KiB Mem :  1865308 total,  1458152 free,   197940 used,   209216 buff/cache
KiB Swap:  2097148 total,  2097148 free,        0 used.  1479716 avail Mem

  PID USER      PR  NI    VIRT    RES    SHR S  %CPU %MEM     TIME+ COMMAND
 2081 mysql     20   0 1055944  91344   8512 S   0.0  4.9   0:04.25 mysqld
```

图 2-1-34

- top -H -p：查看指定进程 id 的所有线程的 top 信息，例如执行 top -H -p 2081 可以查看进程编号为 2081 的所有线程的 top 信息，如图 2-1-35 所示，此时图中的 PID 显示的是线程的 id 编号。

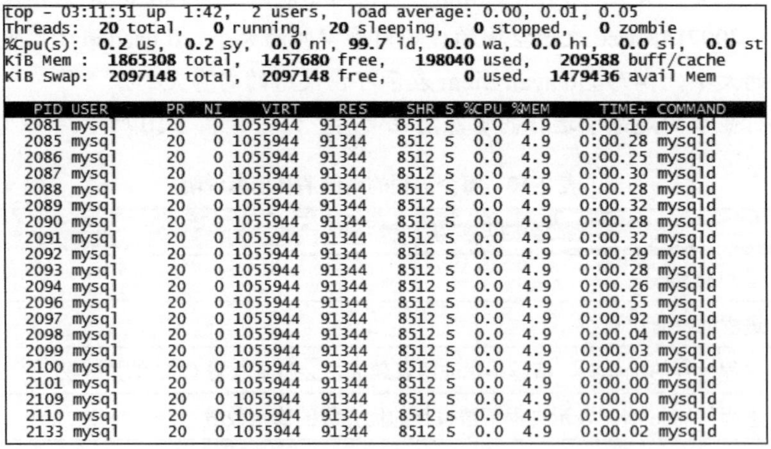

```
top - 03:11:51 up  1:42,  2 users,  load average: 0.00, 0.01, 0.05
Threads:  20 total,   0 running,  20 sleeping,   0 stopped,   0 zombie
%Cpu(s):  0.2 us,  0.2 sy,  0.0 ni, 99.7 id,  0.0 wa,  0.0 hi,  0.0 si,  0.0 st
KiB Mem :  1865308 total,  1457680 free,   198040 used,   209588 buff/cache
KiB Swap:  2097148 total,  2097148 free,        0 used.  1479436 avail Mem

  PID USER      PR  NI    VIRT    RES    SHR S  %CPU %MEM     TIME+ COMMAND
 2081 mysql     20   0 1055944  91344   8512 S   0.0  4.9   0:00.10 mysqld
 2085 mysql     20   0 1055944  91344   8512 S   0.0  4.9   0:00.28 mysqld
 2086 mysql     20   0 1055944  91344   8512 S   0.0  4.9   0:00.25 mysqld
 2087 mysql     20   0 1055944  91344   8512 S   0.0  4.9   0:00.30 mysqld
 2088 mysql     20   0 1055944  91344   8512 S   0.0  4.9   0:00.28 mysqld
 2089 mysql     20   0 1055944  91344   8512 S   0.0  4.9   0:00.32 mysqld
 2090 mysql     20   0 1055944  91344   8512 S   0.0  4.9   0:00.28 mysqld
 2091 mysql     20   0 1055944  91344   8512 S   0.0  4.9   0:00.32 mysqld
 2092 mysql     20   0 1055944  91344   8512 S   0.0  4.9   0:00.29 mysqld
 2093 mysql     20   0 1055944  91344   8512 S   0.0  4.9   0:00.28 mysqld
 2094 mysql     20   0 1055944  91344   8512 S   0.0  4.9   0:00.26 mysqld
 2096 mysql     20   0 1055944  91344   8512 S   0.0  4.9   0:00.55 mysqld
 2097 mysql     20   0 1055944  91344   8512 S   0.0  4.9   0:00.92 mysqld
 2098 mysql     20   0 1055944  91344   8512 S   0.0  4.9   0:00.04 mysqld
 2099 mysql     20   0 1055944  91344   8512 S   0.0  4.9   0:00.03 mysqld
 2100 mysql     20   0 1055944  91344   8512 S   0.0  4.9   0:00.00 mysqld
 2101 mysql     20   0 1055944  91344   8512 S   0.0  4.9   0:00.00 mysqld
 2109 mysql     20   0 1055944  91344   8512 S   0.0  4.9   0:00.00 mysqld
 2110 mysql     20   0 1055944  91344   8512 S   0.0  4.9   0:00.00 mysqld
 2133 mysql     20   0 1055944  91344   8512 S   0.0  4.9   0:00.02 mysqld
```

图 2-1-35

通过 top --help 还可以查看到更多的关于 top 命令的参数使用信息。

2.1.7　网络流量如何监控

在 Linux 中，可以使用 iftop 命令来对服务器网卡的网络流量进行监控，iftop 并不是 Linux 操作系统中本身就有的工具，需要单独进行安装，可以从 http://www.ex-parrot.com/~pdw/iftop/ 网站中下载 iftop 工具，如图 2-1-36 所示。

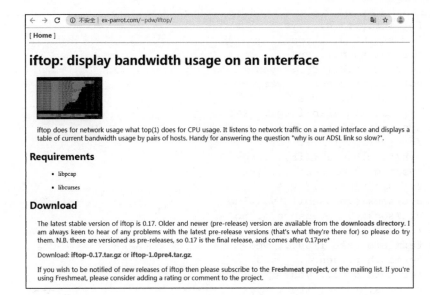

图 2-1-36

下载完成后，首先执行./configure 命令进行安装前的自动安装配置检查。

```
[root@localhost iftop-1.0pre4]# ./configure
checking build system type... x86_64-unknown-linux-gnu
checking host system type... x86_64-unknown-linux-gnu
checking target system type... x86_64-unknown-linux-gnu
checking for a BSD-compatible install... /usr/bin/install -c
checking whether build environment is sane... yes
checking for a thread-safe mkdir -p... /usr/bin/mkdir -p
checking for gawk... gawk
checking whether make sets $(MAKE)... yes
checking whether make supports nested variables... yes
checking for gcc... gcc
checking whether the C compiler works... yes
checking for C compiler default output file name... a.out
checking for suffix of executables...
checking whether we are cross compiling... no
checking for suffix of object files... o
checking whether we are using the GNU C compiler... yes
checking whether gcc accepts -g... yes
checking for gcc option to accept ISO C89... none needed
checking whether gcc understands -c and -o together... yes
checking for style of include used by make... GNU
checking dependency style of gcc... gcc3
checking how to run the C preprocessor... gcc -E
checking for grep that handles long lines and -e... /usr/bin/grep
checking for egrep... /usr/bin/grep -E
checking for ANSI C header files... yes
checking for sys/types.h... yes
checking for sys/stat.h... yes
checking for stdlib.h... yes
checking for string.h... yes
checking for memory.h... yes
checking for strings.h... yes
```

```
checking for inttypes.h... yes
checking for stdint.h... yes
checking for unistd.h... yes
checking sgtty.h usability... yes
checking sgtty.h presence... yes
checking for sgtty.h... yes
checking sys/ioctl.h usability... yes
checking sys/ioctl.h presence... yes
checking for sys/ioctl.h... yes
checking sys/time.h usability... yes
checking sys/time.h presence... yes
checking for sys/time.h... yes
checking sys/sockio.h usability... no
checking sys/sockio.h presence... no
checking for sys/sockio.h... no
checking termio.h usability... yes
checking termio.h presence... yes
checking for termio.h... yes
checking termios.h usability... yes
checking termios.h presence... yes
checking for termios.h... yes
checking for unistd.h... (cached) yes
checking for an ANSI C-conforming const... yes
checking for size_t... yes
checking whether time.h and sys/time.h may both be included... yes
checking sys/dlpi.h usability... no
checking sys/dlpi.h presence... no
checking for sys/dlpi.h... no
checking for regcomp... yes
checking for select... yes
checking for strdup... yes
checking for strerror... yes
checking for strspn... yes
checking for library containing socket... none required
checking for library containing log... -lm
checking for gethostbyname... yes
checking for library containing inet_aton... none required
checking for library containing inet_pton... none required
checking for inet_aton... yes
checking for inet_pton... yes
checking size of u_int8_t... unknown type
checking size of u_int16_t... unknown type
checking size of u_int32_t... unknown type
checking for stdint.h... (cached) yes
checking for library containing getnameinfo... none required
checking for library containing gethostbyaddr_r... none required
checking how to call gethostbyaddr_r... 8 args, int return
checking gethostbyaddr_r usability... yes
checking where to find pcap.h... /include
checking for pcap_open_live in -lpcap... yes
checking pcap.h usability... yes
checking pcap.h presence... yes
checking for pcap.h... yes
checking for a curses library containing mvchgat... -lcurses
checking POSIX threads compilation... CFLAGS= and LIBS=-lpthread
```

```
checking POSIX threads usability... yes
checking if we need to enable promiscuous mode by default... no
checking that generated files are newer than configure... done
configure: creating ./config.status
config.status: creating Makefile
config.status: creating config/Makefile
config.status: creating config.h
config.status: executing depfiles commands
configure: WARNING:
****************************************************************************

This is a pre-release version.  Pre-releases are subject to limited
announcements, and therefore limited circulation, as a means of testing
the more widely circulated final releases.

Please do not be surprised if this release is broken, and if it is broken, do
not assume that someone else has spotted it.  Instead, please drop a note on
the mailing list, or a brief email to me on pdw@ex-parrot.com

Thank you for taking the time to be the testing phase of this development
process.

Paul Warren


****************************************************************************
```

配置安装检查通过后，执行 make && make install 命令对源码先进行编译，然后再进行安装：

```
[root@localhost iftop-1.0pre4]# make && make install
make  all-recursive
make[1]: Entering directory `/home/iftop/iftop-1.0pre4'
Making all in config
make[2]: Entering directory `/home/iftop/iftop-1.0pre4/config'
make[2]: Nothing to be done for `all'.
make[2]: Leaving directory `/home/iftop/iftop-1.0pre4/config'
make[2]: Entering directory `/home/iftop/iftop-1.0pre4'
gcc -DHAVE_CONFIG_H -I.    -g -O2  -MT addr_hash.o -MD -MP -
MF .deps/addr_hash.Tpo -c -o addr_hash.o addr_hash.c
mv -f .deps/addr_hash.Tpo .deps/addr_hash.Po
gcc -DHAVE_CONFIG_H -I.    -g -O2  -MT edline.o -MD -MP -MF .deps/edline.Tpo
-c -o edline.o edline.c
mv -f .deps/edline.Tpo .deps/edline.Po
gcc -DHAVE_CONFIG_H -I.    -g -O2  -MT hash.o -MD -MP -MF .deps/hash.Tpo -c -
o hash.o hash.c
mv -f .deps/hash.Tpo .deps/hash.Po
gcc -DHAVE_CONFIG_H -I.    -g -O2  -MT iftop.o -MD -MP -MF .deps/iftop.Tpo -c
-o iftop.o iftop.c
mv -f .deps/iftop.Tpo .deps/iftop.Po
gcc -DHAVE_CONFIG_H -I.    -g -O2  -MT ns_hash.o -MD -MP -
MF .deps/ns_hash.Tpo -c -o ns_hash.o ns_hash.c
mv -f .deps/ns_hash.Tpo .deps/ns_hash.Po
gcc -DHAVE_CONFIG_H -I.    -g -O2  -MT options.o -MD -MP -
MF .deps/options.Tpo -c -o options.o options.c
mv -f .deps/options.Tpo .deps/options.Po
```

```
gcc -DHAVE_CONFIG_H -I.    -g -O2  -MT resolver.o -MD -MP -
MF .deps/resolver.Tpo -c -o resolver.o resolver.c
mv -f .deps/resolver.Tpo .deps/resolver.Po
gcc -DHAVE_CONFIG_H -I.    -g -O2  -MT screenfilter.o -MD -MP -
MF .deps/screenfilter.Tpo -c -o screenfilter.o screenfilter.c
mv -f .deps/screenfilter.Tpo .deps/screenfilter.Po
gcc -DHAVE_CONFIG_H -I.    -g -O2  -MT serv_hash.o -MD -MP -
MF .deps/serv_hash.Tpo -c -o serv_hash.o serv_hash.c
mv -f .deps/serv_hash.Tpo .deps/serv_hash.Po
gcc -DHAVE_CONFIG_H -I.    -g -O2  -MT sorted_list.o -MD -MP -
MF .deps/sorted_list.Tpo -c -o sorted_list.o sorted_list.c
mv -f .deps/sorted_list.Tpo .deps/sorted_list.Po
gcc -DHAVE_CONFIG_H -I.    -g -O2  -MT threadprof.o -MD -MP -
MF .deps/threadprof.Tpo -c -o threadprof.o threadprof.c
mv -f .deps/threadprof.Tpo .deps/threadprof.Po
gcc -DHAVE_CONFIG_H -I.    -g -O2  -MT ui_common.o -MD -MP -
MF .deps/ui_common.Tpo -c -o ui_common.o ui_common.c
mv -f .deps/ui_common.Tpo .deps/ui_common.Po
gcc -DHAVE_CONFIG_H -I.    -g -O2  -MT ui.o -MD -MP -MF .deps/ui.Tpo -c -o
ui.o ui.c
mv -f .deps/ui.Tpo .deps/ui.Po
gcc -DHAVE_CONFIG_H -I.    -g -O2  -MT tui.o -MD -MP -MF .deps/tui.Tpo -c -o
tui.o tui.c
mv -f .deps/tui.Tpo .deps/tui.Po
gcc -DHAVE_CONFIG_H -I.    -g -O2  -MT util.o -MD -MP -MF .deps/util.Tpo -c -
o util.o util.c
mv -f .deps/util.Tpo .deps/util.Po
gcc -DHAVE_CONFIG_H -I.    -g -O2  -MT addrs_ioctl.o -MD -MP -
MF .deps/addrs_ioctl.Tpo -c -o addrs_ioctl.o addrs_ioctl.c
mv -f .deps/addrs_ioctl.Tpo .deps/addrs_ioctl.Po
gcc -DHAVE_CONFIG_H -I.    -g -O2  -MT addrs_dlpi.o -MD -MP -
MF .deps/addrs_dlpi.Tpo -c -o addrs_dlpi.o addrs_dlpi.c
mv -f .deps/addrs_dlpi.Tpo .deps/addrs_dlpi.Po
gcc -DHAVE_CONFIG_H -I.    -g -O2  -MT dlcommon.o -MD -MP -
MF .deps/dlcommon.Tpo -c -o dlcommon.o dlcommon.c
mv -f .deps/dlcommon.Tpo .deps/dlcommon.Po
gcc -DHAVE_CONFIG_H -I.    -g -O2  -MT stringmap.o -MD -MP -
MF .deps/stringmap.Tpo -c -o stringmap.o stringmap.c
mv -f .deps/stringmap.Tpo .deps/stringmap.Po
gcc -DHAVE_CONFIG_H -I.    -g -O2  -MT cfgfile.o -MD -MP -
MF .deps/cfgfile.Tpo -c -o cfgfile.o cfgfile.c
mv -f .deps/cfgfile.Tpo .deps/cfgfile.Po
gcc -DHAVE_CONFIG_H -I.    -g -O2  -MT vector.o -MD -MP -MF .deps/vector.Tpo
-c -o vector.o vector.c
mv -f .deps/vector.Tpo .deps/vector.Po
gcc  -g -O2    -o iftop addr_hash.o edline.o hash.o iftop.o ns_hash.o
options.o resolver.o screenfilter.o serv_hash.o sorted_list.o threadprof.o
ui_common.o ui.o tui.o util.o addrs_ioctl.o addrs_dlpi.o dlcommon.o
stringmap.o cfgfile.o vector.o -lpcap -lm -lcurses -lpthread
make[2]: Leaving directory '/home/iftop/iftop-1.0pre4'
make[1]: Leaving directory '/home/iftop/iftop-1.0pre4'
Making install in config
make[1]: Entering directory '/home/iftop/iftop-1.0pre4/config'
make[2]: Entering directory '/home/iftop/iftop-1.0pre4/config'
make[2]: Nothing to be done for 'install-exec-am'.
```

```
make[2]: Nothing to be done for 'install-data-am'.
make[2]: Leaving directory '/home/iftop/iftop-1.0pre4/config'
make[1]: Leaving directory '/home/iftop/iftop-1.0pre4/config'
make[1]: Entering directory '/home/iftop/iftop-1.0pre4'
make[2]: Entering directory '/home/iftop/iftop-1.0pre4'
 /usr/bin/mkdir -p '/usr/local/sbin'
  /usr/bin/install -c iftop '/usr/local/sbin'
 /usr/bin/mkdir -p '/usr/local/share/man/man8'
 /usr/bin/install -c -m 644 iftop.8 '/usr/local/share/man/man8'
make[2]: Leaving directory '/home/iftop/iftop-1.0pre4'
make[1]: Leaving directory '/home/iftop/iftop-1.0pre4'
```

命令执行完成后，可以看到 iftop 已经被安装到/usr/local/sbin 目录下，如图 2-1-37 所示。

```
[root@localhost iftop-1.0pre4]# whereis iftop
iftop: /usr/local/sbin/iftop
```

图 2-1-37

完成 iftop 的安装后，就可以直接执行 iftop 命令。这个命令执行后，就可以看到网络流量使用信息，如图 2-1-38 所示。

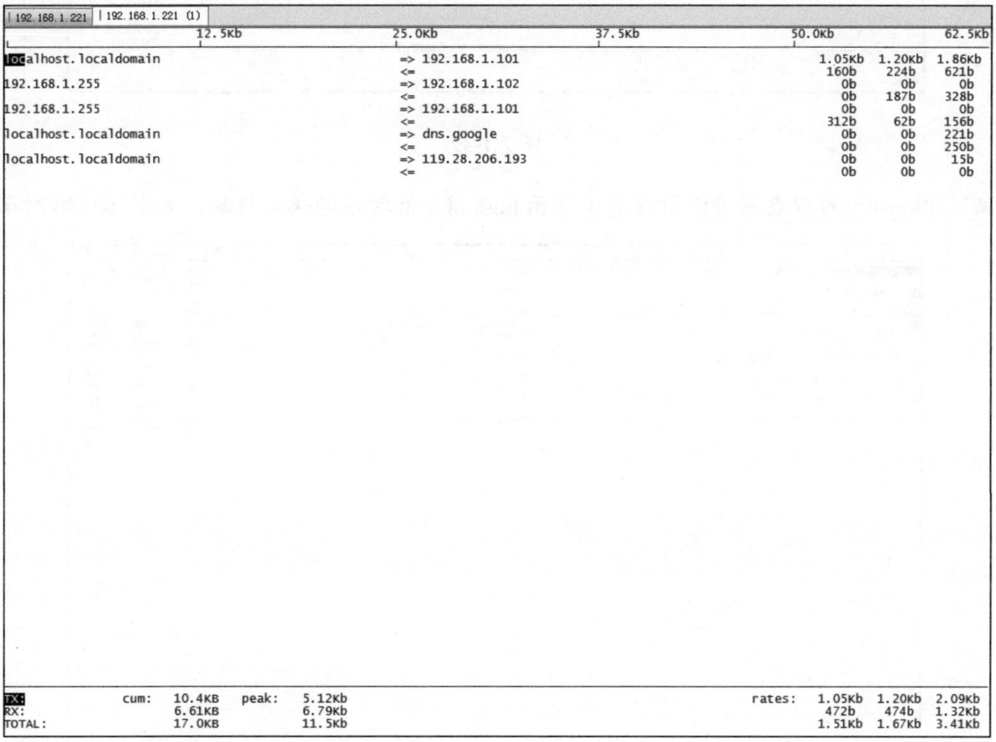

图 2-1-38

● ⇒ / ⇐：代表了网络流量的流转方向。
● TX：表示发送的总流量。
● RX：表示接收的总流量。

- TOTAL: 表示总流量。
- peak: 表示每秒流量的峰值。
- rates: 分别表示过去 2 秒、10 秒、40 秒的平均流量。

iftop 命令还可以支持添加其他参数的使用：

- iftop -i 指定网卡名：可以用来监控指定网卡的网络流量信息，例如，执行 iftop -i ens33 命令，可以监控 ens33 这块网卡的网络流量使用，如图 2-1-39 所示。

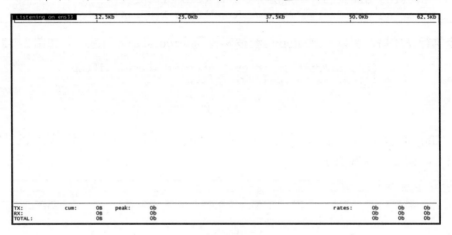

图 2-1-39

- iftop-P: 可以在网络流量信息中显示 host 信息和对应的端口信息，如图 2-1-40 所示。

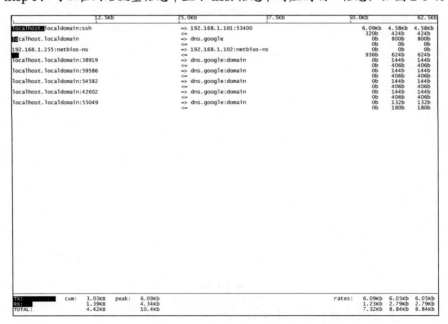

图 2-1-40

2.1.8　nmon 对 Linux 服务器的整体性能监控

nmon 是一个监控 Aix 和 Linux 服务器性能的免费工具。nmon 可以监控的数据主要包括：CPU 使用信息、内存使用信息，内核统计信息、运行队列信息、磁盘 I/O 速率、传输和读/写速率、网络 I/O 速率、传输和读/写速率、消耗资源最多的进程、虚拟内存使用信息等，它配合 nmon_analyser 一起可以把 nmon 的监控数据转换为 excel 形式的报表。nmon 也不是操作系统自带的监控工具，需要单独进行安装，可以从 https://sourceforge.net/projects/nmon/ 网站下载 nmon 并进行安装，如图 2-1-41 所示。

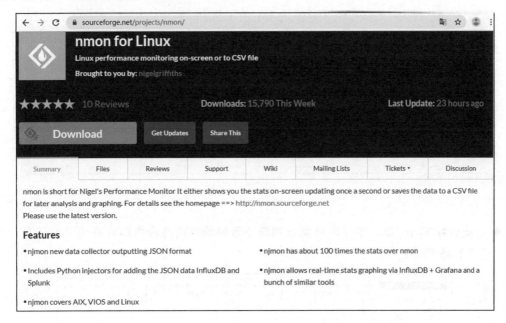

图 2-1-41

安装完成后，执行 nmon 命令后，可以进入 nmon 的监控选项视图，如图 2-1-42 所示。

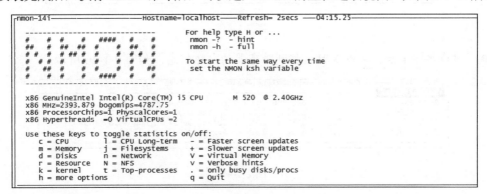

图 2-1-42

● 键盘按下 c 后，可以实时监控到服务器 CPU 中每一个 CPU 核的使用信息，如图 2-1-43 所示。

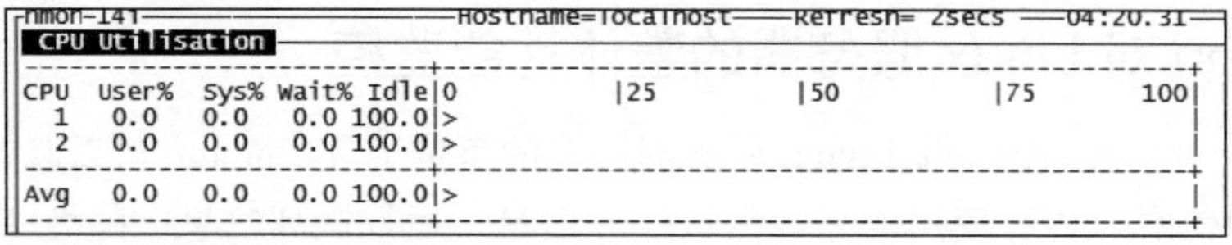

```
nmon-141                          Hostname=localhost   Refresh= 2secs   04:20.31
 CPU Utilisation
CPU User% Sys% Wait% Idle|0          |25      |50      |75      100|
  1   0.0   0.0   0.0 100.0|>                                       |
  2   0.0   0.0   0.0 100.0|>                                       |
                           +----------------------------------------+
Avg   0.0   0.0   0.0 100.0|>                                       |
                           +----------------------------------------+
```

图 2-1-43

● 键盘按下 1 后，可以实时监控 CPU 的整体使用信息。此时显示的不再是单个 CPU 核的使用信息，而是所有 CPU 核整体的平均使用信息，如图 2-1-44 所示。

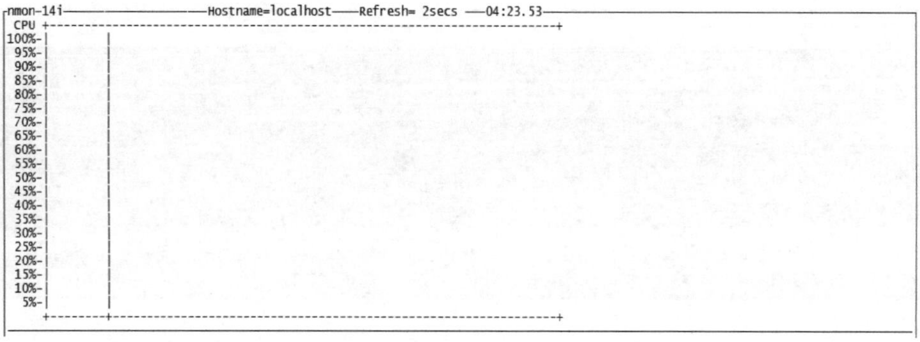

```
nmon-14i                          Hostname=localhost   Refresh= 2secs   04:23.53
 CPU                                                                            +
100%-                                                                           +
 95%-
 90%-
 85%-
 80%-
 75%-
 70%-
 65%-
 60%-
 55%-
 50%-
 45%-
 40%-
 35%-
 30%-
 25%-
 20%-
 15%-
 10%-
  5%-
     +--------------------------------------------------------------------------+
```

图 2-1-44

● 键盘按下 m 后，可以实时监控到服务器的物理内存和虚拟内存的使用信息，如图 2-1-45 所示。

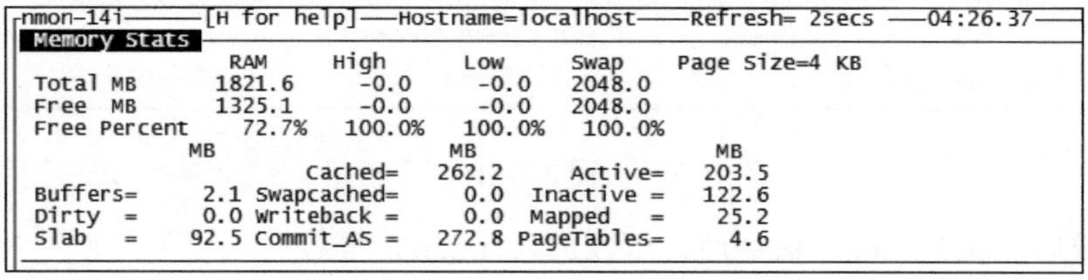

```
nmon-14i        [H for help]  Hostname=localhost   Refresh= 2secs   04:26.37
 Memory Stats
                RAM      High      Low      Swap    Page Size=4 KB
Total MB      1821.6      -0.0      -0.0    2048.0
Free  MB      1325.1      -0.0      -0.0    2048.0
Free Percent   72.7%    100.0%    100.0%    100.0%
                 MB                           MB                MB
                       Cached=    262.2     Active=    203.5
Buffers=    2.1 Swapcached=    0.0     Inactive=  122.6
Dirty =    0.0 Writeback =    0.0     Mapped  =   25.2
Slab  =   92.5 Commit_AS =  272.8     PageTables=    4.6
```

图 2-1-45

● 键盘按下 k 后，可以实时监控到服务器的内核信息，如图 2-1-46 所示。

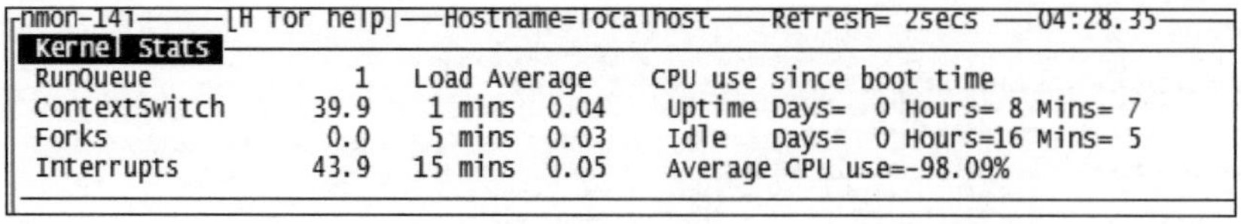

```
nmon-141        [H for help]  Hostname=localhost   Refresh= 2secs   04:28.35
 Kernel Stats
RunQueue          1   Load Average    CPU use since boot time
ContextSwitch  39.9   1 mins  0.04    Uptime Days=  0 Hours= 8 Mins= 7
Forks           0.0   5 mins  0.03    Idle   Days=  0 Hours=16 Mins= 5
Interrupts     43.9  15 mins  0.05    Average CPU use=-98.09%
```

图 2-1-46

内核监控中可以看到操作系统内核中的运行队列（RunQueue）大小、每秒 CPU 上下文切换（ContextSwitch）的次数、每秒 CPU 的中断（Interrupts）次数、每秒调用 Forks 的次数（Linux 操作系统创建新的进程一般都是调用 fork 函数进行创建，从中可以看到每秒创建了多少新的进程）以及 CPU 的使用信息等。

● 键盘按下 d 后，可以实时监控到服务器的磁盘 I/O 的读写信息，如图 2-1-47 所示。

```
─nmon─14i──────────────Hostname=localhost──Refresh= 2secs ──04:37.59─
 Disk I/O──/proc/diskstats──mostly in KB/s──Warning:contains duplicates─
DiskName Busy  Read WriteKB|0        |25      |50      |75      100|
sda       0%    0.0   0.0|>                                        |
sda1      0%    0.0   0.0|>                                        |
sda2      0%    0.0   0.0|>                                        |
sr0       0%    0.0   0.0|>                                        |
dm-0      0%    0.0   0.0|>                                        |
dm-1      0%    0.0   0.0|>                                        |
Totals Read-MB/s=0.0    Writes-MB/s=0.0    Transfers/sec=0.0
```

图 2-1-47

● 键盘按下 j 后，可以实时监控到服务器的文件系统的相关信息，如图 2-1-48 所示。

```
─nmon─14i─────[H for help]──Hostname=localhost──────Refresh= 2secs ──04:40.18─
 Filesystems
Filesystem              SizeMB  FreeMB   Use% Type    MountPoint
rootfs                   17394   16138    8% rootfs   /
/sys                         -       -    - sysfs    not a real filesystem
/proc                        -       -    - proc     not a real filesystem
/dev                         -       -    - devtmpfs not a real filesystem
/sys/kernel/security         -       -    - security not a real filesystem
/dev/shm                     -       -    - tmpfs    not a real filesystem
/dev/pts                     -       -    - devpts   not a real filesystem
tmpfs                      911     901    2% tmpfs    /run
/sys/fs/cgroup               -       -    - tmpfs    not a real filesystem
/sys/fs/cgroup/systemd       -       -    - cgroup   not a real filesystem
/sys/fs/pstore               -       -    - pstore   not a real filesystem
/sys/fs/cgroup/cpuset        -       -    - cgroup   not a real filesystem
/sys/fs/cgroup/pids          -       -    - cgroup   not a real filesystem
/sys/fs/cgroup/memory        -       -    - cgroup   not a real filesystem
/sys/fs/cgroup/blkio         -       -    - cgroup   not a real filesystem
/sys/fs/cgroup/freezer       -       -    - cgroup   not a real filesystem
/sys/fs/cgroup/devices       -       -    - cgroup   not a real filesystem
/sys/fs/cgroup/hugetlb       -       -    - cgroup   not a real filesystem
/sys/fs/cgroup/perf_event    -       -    - cgroup   not a real filesystem
/sys/fs/cgroup/net_cls,net_-rio  -   -    - cgroup   not a real filesystem
/sys/fs/cgroup/cpu,cpuacct   -       -    - cgroup   not a real filesystem
/sys/kernel/config           -       -    - configfs not a real filesystem
v/mapper/centos-root     17394   16138    8% xfs      /
/sys/fs/selinux              -       -    - selinuxf not a real filesystem
/proc/sys/fs/binfmt_misc     -       -    - autofs   not a real filesystem
/sys/kernel/debug            -       -    - debugfs  not a real filesystem
/dev/mqueue                  -       -    - mqueue   not a real filesystem
/dev/hugepages               -       -    - hugetlbf not a real filesystem
/dev/sda1                 1014     872   15% xfs      /boot
tmpfs                      182     182    1% tmpfs    /run/user/0
/dev/sr0                  4262       0  100% iso9660  /media
/proc/sys/fs/binfmt_misc     -       -    - binfmt_m not a real filesystem
```

图 2-1-48

● 键盘按下 n 后，可以实时监控到服务器网卡流量的相关信息，如图 2-1-49 所示。

```
─nmon─14i─────[H for help]──Hostname=localhost──────Refresh= 2secs ──04:43.04─
 Network I/O
I/F Name Recv=KB/s Trans=KB/s packin packout insize outsize Peak->Recv Trans
     lo      0.0      0.0      0.0     0.0    0.0    0.0        0.0    0.0
   ens33     0.2      1.6      2.0     2.5   83.0  646.8        0.2    1.6
 Network Error Counters
I/F Name iErrors iDrop iOverrun iFrame oErrors  oDrop oOverrun oCarrier oColls
     lo       0      0       0      0       0      0       0        0      0
   ens33      0      0       0      0       0      0       0        0      0
```

图 2-1-49

● 键盘按下 t 后，可以实时监控 top process 的相关资源使用信息，如图 2-1-50 所示。

```
nmon-14i                        Hostname=localhost    Refresh= 2secs    04:46.45
Top Processes Procs=110 mode=3 (1=Basic, 3=Perf 4=Size 5=I/O)
 PID    %CPU   Size    Res    Res    Res    Res    Shared     Faults  Command
        Used    KB     Set    Text   Data   Lib     KB       Min  Maj
 5122   1.0    24984  13872   112    14296   0     1132       53    0 nmon_x86_64_cen
    1   0.0    127952  6492   1408   84320   0     4068        0    0 systemd
    2   0.0        0      0      0       0   0        0        0    0 kthreadd
    3   0.0        0      0      0       0   0        0        0    0 ksoftirqd/0
    5   0.0        0      0      0       0   0        0        0    0 kworker/0:0H
    7   0.0        0      0      0       0   0        0        0    0 migration/0
    8   0.0        0      0      0       0   0        0        0    0 rcu_bh
    9   0.0        0      0      0       0   0        0        0    0 rcu_sched
   10   0.0        0      0      0       0   0        0        0    0 lru-add-drain
   11   0.0        0      0      0       0   0        0        0    0 watchdog/0
   12   0.0        0      0      0       0   0        0        0    0 watchdog/1
   13   0.0        0      0      0       0   0        0        0    0 migration/1
   14   0.0        0      0      0       0   0        0        0    0 ksoftirqd/1
   16   0.0        0      0      0       0   0        0        0    0 kworker/1:0H
   18   0.0        0      0      0       0   0        0        0    0 kdevtmpfs
   19   0.0        0      0      0       0   0        0        0    0 netns
   20   0.0        0      0      0       0   0        0        0    0 khungtaskd
   21   0.0        0      0      0       0   0        0        0    0 writeback
   22   0.0        0      0      0       0   0        0        0    0 kintegrityd
   23   0.0        0      0      0       0   0        0        0    0 bioset
   24   0.0        0      0      0       0   0        0        0    0 kblockd
   25   0.0        0      0      0       0   0        0        0    0 md
   26   0.0        0      0      0       0   0        0        0    0 edac-poller
   33   0.0        0      0      0       0   0        0        0    0 kswapd0
   34   0.0        0      0      0       0   0        0        0    0 ksmd
   35   0.0        0      0      0       0   0        0        0    0 khugepaged
   36   0.0        0      0      0       0   0        0        0    0 crypto
   44   0.0        0      0      0       0   0        0        0    0 kthrotld
   46   0.0        0      0      0       0   0        0        0    0 kmpath_rdacd
   47   0.0        0      0      0       0   0        0        0    0 kaluad
   48   0.0        0      0      0       0   0        0        0    0 kpsmoused
   49   0.0        0      0      0       0   0        0        0    0 kworker/0:2
   50   0.0        0      0      0       0   0        0        0    0 ipv6_addrconf
   63   0.0        0      0      0       0   0        0        0    0 deferwq
   94   0.0        0      0      0       0   0        0        0    0 kauditd
  273   0.0        0      0      0       0   0        0        0    0 mpt_poll_0
  274   0.0        0      0      0       0   0        0        0    0 ata_sff
  275   0.0        0      0      0       0   0        0        0    0 mpt/0
  277   0.0        0      0      0       0   0        0        0    0 scsi_eh_0
  279   0.0        0      0      0       0   0        0        0    0 scsi_tmf_0
  282   0.0        0      0      0       0   0        0        0    0 scsi_eh_1
  285   0.0        0      0      0       0   0        0        0    0 scsi_tmf_1
  286   0.0        0      0      0       0   0        0        0    0 scsi_eh_2
  287   0.0        0      0      0       0   0        0        0    0 scsi_tmf_2
  289   0.0        0      0      0       0   0        0        0    0 kworker/u256:3
  295   0.0        0      0      0       0   0        0        0    0 ttm_swap
  296   0.0        0      0      0       0   0        0        0    0 irq/16-vmwgfx
  367   0.0        0      0      0       0   0        0        0    0 kdmflush
  368   0.0        0      0      0       0   0        0        0    0 bioset
  379   0.0        0      0      0       0   0        0        0    0 kdmflush
  380   0.0        0      0      0       0   0        0        0    0 bioset
warning: Some Statistics may not shown
```

图 2-1-50

2.2　Windows 服务器的性能监控与分析

2.2.1　Windows 性能监视器

Windows 服务器在安装完 Windows 操作系统后，操作系统中默认就自带了性能监控工具，通过访问操作系统的"控制面板→所有控制面板项→管理工具→性能监视器"就能打开系统自带的这个性能监控工具。也可以通过在命令行中运行 Perfmon.msc 命令来打开自带的性能监控工具，打开后的界面如图 2-2-1 所示。

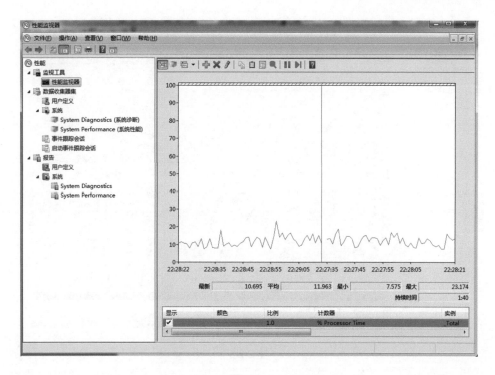

图 2-2-1

在 Windows 2003 服务器操作系统中，这个性能监控工具名字就叫性能，如图 2-2-2 所示。

图 2-2-2

在 Windows 2003 中，打开性能监控工具的界面如图 2-2-3 所示，界面显示内容略有不同，但是包含的功能基本一致。

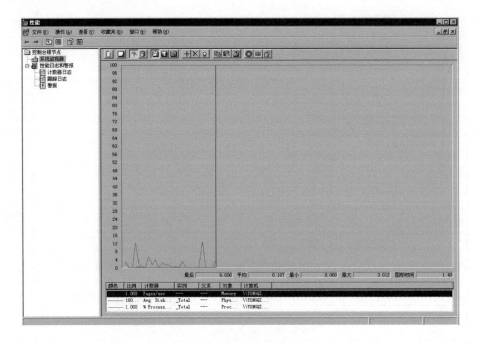

图 2-2-3

针对 Processor、Process、Memory、TCP/UDP/IP/ICMP、PhysicalDisk 等监控对象，Windows 自带的性能监视器提供了数百个性能计数器对这些对象进行监控，计数器可以提供应用程序、Windows 服务、操作系统等相关的性能信息，以辅助分析程序性能瓶颈和对系统及应用程序性能进行诊断和调优。

在进入性能监视器界面后，可以通过单击 按钮来添加对应的计数器，如图 2-2-4 所示。

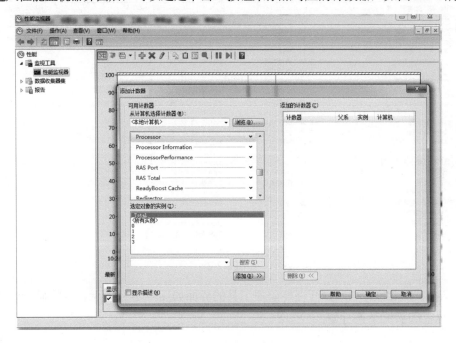

图 2-2-4

常见的计数器如下。

（1）Processor：指的就是 Windows 服务器的 CPU，在添加时要选择实例，每一个实例代表了 CPU 的每一个核，比如 4 核 CPU 的服务器就会有 4 个实例，可以根据需要选择对应的实例，在选择了 Processor 后，可以看到该实例下所有和 Processor 相关的计数器，如图 2-2-5 所示。

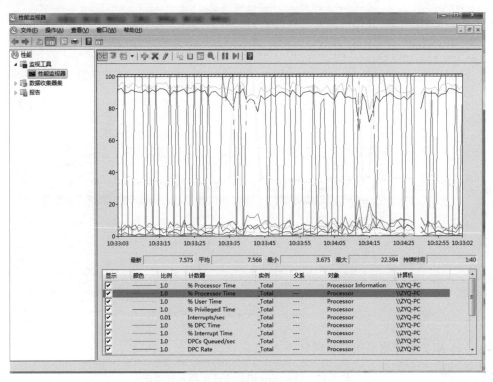

图 2-2-5

Processor 相关的计数器指标说明如表 2-11 所示。

表 2-11　Processor 相关的计数器及其说明

计 数 器	说　明
%Processor Time	CPU 执行非闲置进程和线程时间的百分比（可以通俗地理解为 CPU 处于繁忙使用状态的时间占比）。该计数器一般可以用来作为 CPU 的整体利用率指标
%User Time	CPU 处于用户模式下的使用时间占比。该计数器和 Linux 下的%usr 指标含义类似
%Privileged Time	CPU 在特权模式下处理线程所花的时间占比。该计数器一般可以作为系统服务、操作系统自身模式下耗费的 CPU 时间占比。这个指标一般不会太高，如果太高就需要去定位原因。通常情况下%User Time 越高，说明 CPU 利用得越好
Interrupts/sec	CPU 每秒的中断次数，该计数器和 Linux 下的 in 指标的含义类似
%Interrupt Time	CPU 中断时间占比，该计数器和 Linux 下的%irq 指标的含义类似
%Idle Time	CPU 空闲时间占比，该计数器和 Linux 下的%idle 指标的含义类似
%DPC Time	CPU 处理网络传输等待的时间占比

（2）Memory：指的就是 Windows 服务器的物理内存。在选择了 Memory 后，可以看到该实例下所有和 Memory 相关的计数器，如图 2-2-6 所示。

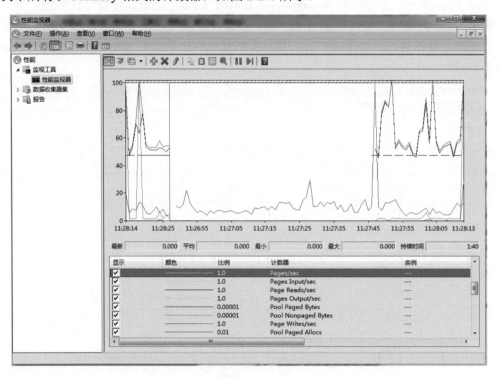

图 2-2-6

Memory 相关的计数器指标说明如表 2-12 所示。

表 2-12　Memory 相关的计数器及其说明

计　数　器	说　　明
Available Bytes	服务器剩余的可用物理内存的大小（单位为字节）。如果该值很小，说明服务器总的内存可能不够，或者部分应用一直都没有及时释放内存。 服务器的可用物理内存是通过将程序释放的内存、空闲内存、备用内存相加在一起计算出来的
Committed Bytes	已被提交的虚拟内存字节数。内存分配时会先在虚拟地址空间上保留一段空间并保留一段时间，此时系统还没有分配真正的物理内存，只是分配了一段内存地址，在这一步操作成功后，再提交分配的这段内存地址，操作系统接收到提交的内存地址后才会分配真正的物理内存
Page Faults/sec	每秒缺页中断或者页面错误的数量。一般内存中不存在需要访问的数据，导致需要从硬盘读取，可能会导致此指标较高
Reads/sec	每秒为了解决硬错误（一般指引用的页面在内存中不存在）而从硬盘上读取页面的次数
Writes/sec	每秒为了释放物理内存空间而需要将页面写入磁盘的次数
Input/sec	每秒为了解决硬错误而从硬盘读取的页面数量。一般是指内存引用时，如果页面不在内存，为解决这种情况而从磁盘读取的页面数量

（续表）

计 数 器	说　明
Output/sec	每秒内存中的页面发生了修改从而需要写入磁盘的页面数量
Pages/sec	每秒为了解决硬错误（一般指引用的页面在内存中不存在）而从硬盘上读取或写入硬盘的页面数量
Cache Bytes	Windows 文件系统的缓存。这块也是占用服务器的物理内存，但是在物理内存不够时是可以释放的。Windows 在释放内存时，一般会使用页交换的方式进行，页交换会将固定大小的代码和数据块从物理内存移动到磁盘
Pool Nonpaged Allocs	在非分页池中分配空间的调用数。这个计数器是以调用分配空间的次数来衡量的，而不会管每次调用分配的空间量是多少。 一般内核或者设备驱动使用非分页池来保存可能访问的数据，一旦加载到该池就始终驻留在物理内存中，并且在访问的时候又不能出现错误。未分页池不执行换入换出操作，如果一旦发生内存泄漏，将会非常严重。与非分页池对应的就是分页池（Paged Pool），指的是可以存到操作系统的分页文件中，允许其占用的物理内存被重新设置，类似用户模式的虚拟内存
Pool Nonpaged Bytes	非分页池的大小（单位：字节）。内存池非分页字节的计算方式不同于进程池中非分页字节，因此它可能不等于进程池非分页字节总数
Pool Paged Allocs	在分页池中分配空间的调用数。它也是以调用分配空间的次数来衡量的，而不管每次调用分配的空间量是多少
Pool Paged Bytes	分页池的大小（单位：字节）。内存池分页字节的计算方式与进程池分页字节的计算方式不同，因此它可能不等于进程池分页字节总数
Transition Faults/sec	通过恢复共享页中被其他进程正在使用的页、已修改页列表或待机列表中的页、或在页故障时写入磁盘的页来解决页故障的速率。在没有其他磁盘活动的情况下恢复了这些页。转换错误按错误数计算，因为每个操作中只有一个页面出错，所以它也等于出错的页面数
Write Copies/sec	通过从物理内存中的其他位置复制页来尝试写入页面而导致页错误的速率（以每秒事件数为单位）。这是一种效率很高而且很廉价的共享数据的方式，因为页面只在写入时被复制，否则页面被共享。此计数器只显示副本数，而不考虑每次操作中复制的页数
System Code Total Bytes	虚拟内存中当前可分页给操作系统程序的空间大小（单位：字节）。它是操作系统使用的物理内存量的量度，并且可以在不使用时写入磁盘。这个值是通过添加 ntoskrnl.exe、hal.dll、引导驱动程序和 ntldr/osloader 加载的文件系统中的字节来计算的。此计数器不包括必须保留在物理内存中、且无法写入磁盘的操作系统程序
System Driver Total Bytes	设备驱动程序当前使用的可分页虚拟内存的大小（单位：字节），包括物理内存（系统驱动程序驻留字节）和写入磁盘的代码和数据。它是系统代码总字节数的组成部分

（3）PhysicalDisk：指的就是 Windows 服务器的磁盘设备，在选择了 PhysicalDisk 后，可以看到该实例下所有和 PhysicalDisk 相关的计数器，如图 2-2-7 所示。

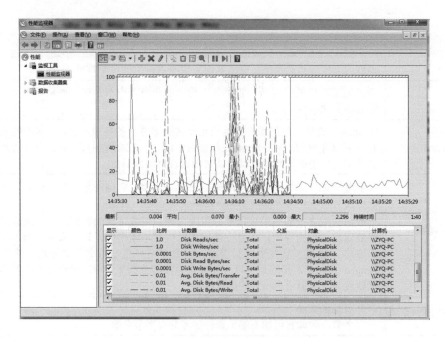

图 2-2-7

PhysicalDisk 相关的计数器指标说明如表 2-13 所示。

表 2-13　PhysicalDisk 相关的计数器及其说明

计 数 器	说 明
Disk Bytes/sec	每秒从磁盘 I/O 读取和写入的字节数
Disk Read Bytes/sec	每秒从磁盘 I/O 读取的字节数。这个计数器是以字节大小来描述每秒对磁盘的读取操作
Disk Write Bytes/sec	每秒写入磁盘 I/O 的字节数。这个计数器是以字节大小来描述每秒对磁盘的写入操作
Disk Reads/sec	对磁盘读取操作的速率。这个计数器是以每秒对磁盘 I/O 的读取次数来描述对磁盘的读取频率
Disk Writes/sec	对磁盘写入操作的速率。这个计数器是以每秒对磁盘 I/O 的写入次数来描述对磁盘的写入频率
Disk Transfers/sec	每秒对磁盘 I/O 读取和写入的次数
%Disk Time	所选磁盘驱动器正忙于处理读取或写入请求所用时间占比
%Disk Read Time	所选磁盘驱动器正忙于处理读取请求的时间占比
%Disk Write Time	所选磁盘驱动器正忙于处理写入磁盘请求的时间占比
Avg. Disk Queue Length	所选磁盘在性能监视器性能数据采样间隔期间需要排队的平均读写请求数
Avg. Disk Read Queue Length	所选磁盘在性能监视器性能数据采样间隔期间需要排队的平均读取请求数
Avg. Disk Write Queue Length	所选磁盘在性能监视器性能数据采样间隔期间需要排队的平均写入请求数
Split IO/Sec	对磁盘 I/O 的读写请求拆分为多个请求的速率。分割 I/O 可能是由于请求的数据太大，无法容纳单个 I/O，或者物理磁盘在单个磁盘系统上已经被分割

（4）IPv4：指的就是 Windows 服务器的 IPv4 网络请求。在选择了 IPv4 后，可以看到该实例下所有和 IPv4 相关的计数器，如图 2-2-8 所示。

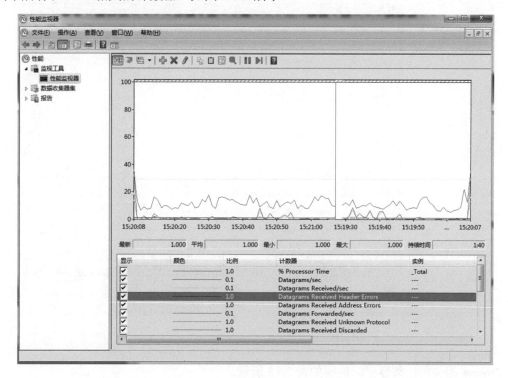

图 2-2-8

IPv4 相关的计数器指标说明如表 2-14 所示。

表 2-14　IPv4 相关的计数器及其说明

计 数 器	说　明
Datagrams/sec	服务器每秒发送和接收到的请求报文数
Datagrams Received/sec	服务器每秒接收到的请求报文数
Datagrams Received Header Errors/sec	服务器每秒接收到的请求报文中报头（header）错误的数量
Datagrams Received Address Errors/sec	服务器每秒接收到的请求报文中请求地址错误的数量
Datagrams Forwarded/sec	服务器每秒转发的请求报文数
Datagrams Received Unknown Protocol/sec	服务器每秒接收到无法处理的未知网络协议的请求报文数
Datagrams send/sec	服务器每秒发送的报文数

（5）Process：指的就是 Windows 服务器的进程监控。在选择了 Process 后，可以看到该实例下所有和 Process 相关的计数器，如图 2-2-9 所示。

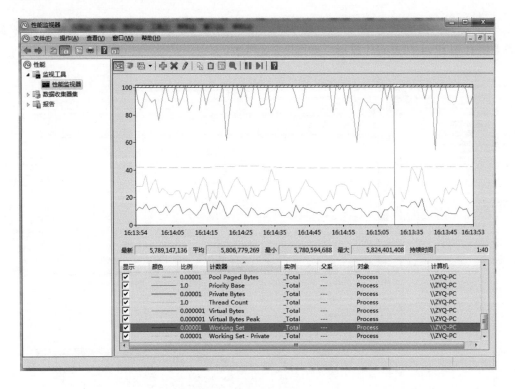

图 2-2-9

Process 相关的计数器指标说明如表 2-15 所示。

表 2-15　Process 相关的计数器及其说明

计 数 器	说 明
Thread Count	表示当前正在运行的线程数
Virtual Bytes	表示进程占用的全部虚拟地址空间大小（单位为字节），包括进程间的共享地址空间
Virtual Bytes Peak	表示进程占用的全部虚拟地址空间的峰值大小。峰值表示从服务器开始运行、一直到现在的时间中曾经使用的最大值
Working Set	表示进程工作集占用内存的大小。包含了每个进程下的各个线程引用过的页面空间以及可能被其他程序共享的内存空间
Working Set Peak	表示进程工作集占用内存的峰值大小。峰值表示从服务器开始运行一直到现在的时间中曾经使用的最大值
Private Bytes	表示进程占用的虚拟地址空间大小（单位为字节），并且不包括进程间的共享地址空间，可以认为占用的空间大小是进程私有使用的
Handle Count	表示进程使用的 kernel object handle 数量。当程序进入稳定运行状态的时候，Handle Count 数量也应该维持在一个稳定的区间。如果发现 Handle Count 在整个程序周期内总体趋势连续向上，应该考虑程序是否有 Handle 泄漏
Pool Paged Bytes	表示分页池的使用大小，单位为字节
Pool Nonpaged Bytes	表示非分页池的使用大小，单位为字节

（6）Thread：指的就是 Windows 服务器的线程监控。在选择了 Thread 后，可以看到该实例下所有和 Thread 相关的计数器，如图 2-2-10 所示。

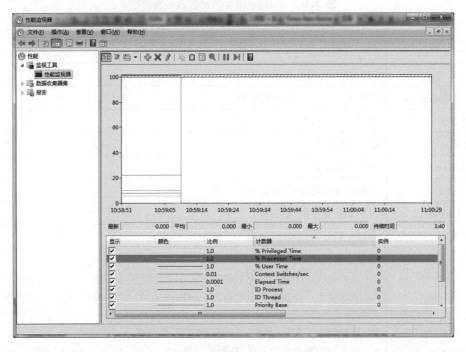

图 2-2-10

通过单击 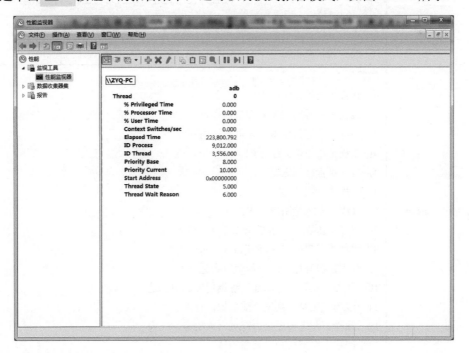 ▼ 按钮下的报告菜单，还可以切换到报告模式，如图 2-2-11 所示。

图 2-2-11

Thread 相关的计数器指标说明如表 2-16 所示。

表 2-16　Thread 相关的计数器及其说明

计 数 器	说 明
%Privileged Time	CPU 在特权模式下处理线程所花的时间占比
%Processor Time	CPU 执行非闲置进程和线程时间的百分比
Context Switches/sec	CPU 每秒上下文切换的次数
Elapsed Time	线程运行的时长，单位为毫秒
ID Process	进程 ID 编号
ID Thread	线程 ID 编号
Priority Base	线程的基础运行优先级
Priority Current	线程当前处于的优先级
Start Address	内存中的开始地址
Thread State	线程当前处于的状态： 0：初始化状态，线程已经被初始化，但是还没开始启动。 1：准备状态，此状态指示线程因无可用的 CPU 处理器而等待使用处理器。 线程准备在下一个可用的处理器上运行。 2：运行状态，表示线程当前正在使用 CPU 处理器的状态 3：表示线程即将使用 CPU 处理器的状态。一次只能有一个线程处于此状态。 4：表示线程已完成执行并已退出。 5：等待状态，表示线程尚未准备好使用处理器，因为它正在等待外围操作完成或等待资源释放。 当线程就绪后，将对其进行重排。 6：表示线程在可以执行前等待 CPU 处理器之外的资源。 7：线程的状态未知
Thread Wait Reason	线程处于等待状态的原因： 0：线程正在等待调度程序。 1：线程正在等待空闲的虚拟内存页。 2：线程正在等待虚拟内存页到达内存。 3：线程正在等待系统分配。 4：线程执行被延迟。 5：线程执行被挂起。 6：线程正在等待用户请求。 7：线程正在等待 EventPairHigh（事件对高）。 8：线程正在等待 EventPairLow（事件对低）。 9：线程正在等待本地过程调用到达。 10：线程正在等待对本地过程调用的回复到达。 11：线程正在等待系统分配虚拟内存。 12：线程正在等待虚拟内存页写入磁盘。 13：线程正在因未知原因而等待

2.2.2　Windows 性能监视器下的性能分析

（1）内存泄漏分析：在 Windows 服务器下，借助性能监视器的计数器分析内存泄漏问题的一般步骤如图 2-2-12 所示。

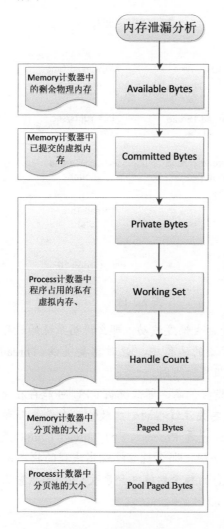

图 2-2-12

如果服务器剩余的可用物理内存一直在减少，并且已提交的虚拟内存一直在增加，那么此时程序代码可能存在内存泄漏的风险。但是，此时还需要观察 Process 计数器中的 Private Bytes 和 Working Set 是不是也在持续增加，如果同样在持续增加，那么从服务器端存在内存泄漏的可能性就非常大了。此时就需要去查看部署在服务器上的程序是不是存在内存不能回收的情况，可以停止压测，看一下内存使用是否会释放和回落。另外，如果观察到 Handle Count 的使用一直上涨，那么可能是内核模式进程导致了内存泄露，此时还需要持续观察内存分页池中的 Paged Bytes 和 Pool Paged Bytes 是不是也在一直上涨。

（2）CPU 性能分析：Windows 服务器下借助性能监视器的计数器分析内存泄漏问题的

一般步骤如图 2-2-13 所示。

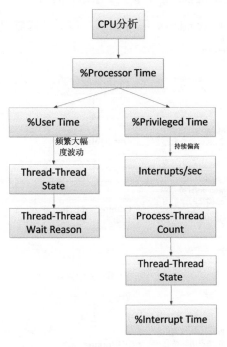

图 2-2-13

- 如果 CPU 的使用率频繁地大幅度波动，那么说明系统的进程以及对应的线程不是一直持续处于 CPU 处理器的运行中。此时需要关注 Thread State 和 Thread Wait Reason，从中找出线程阻塞的原因。

- 如果%Privileged Time 指标偏高，那么说明 CPU 可能存在大量的软中断、上下文切换或者硬中断。此时需要关注线程的创建数量，看看是否存在大量的线程创建，又存在大量的线程终止，即查看 Process 下的 Thread Count 是不是出于频繁的波动状态下。如果线程的数量平稳，那么就继续观察线程的状态是不是处于反复不断的切换状态下。大量线程状态的频繁切换也会导致 CPU 的频繁上下文切换。

第 3 章
◀ Web中间件的性能分析与调优 ▶

在国内互联网公司中，Web 中间件用得最多的就是 Apache 和 Nginx 这两款了。很多大型电商网站，比如淘宝、京东、苏宁易购等，都在使用 Nginx 或者 Apache 作为 Web 中间件。而且很多编程语言在进行 Web 开发时，会将 Apache 或者 Nginx 作为其绑定的固定组件，比如用 PHP 语言进行 Web 开发时，就经常和 Apache 联系在一起，使得 Apache 成为了 PHP 在 Web 开发时的一个标配。而 Nginx 不管是在作为 Web 静态资源访问管理，或者作为动态的请求代理，性能都是非常高效的。当然 Nginx 或者 Apache 有时候也会存在性能瓶颈，需要进行性能分析和调优以支持更高的并发处理能力。

3.1　Nginx 的性能分析与调优

3.1.1　Nginx 负载均衡策略的介绍与调优

在一般情况下，Web 中间件最大的作用就是负责对请求进行分发，也就是我们常说的起到负载均衡的作用。当然负载均衡只是 Nginx 的作用之一，Nginx 常见的负载均衡策略一般包括轮询、指定权重（weight）、ip_hash、least_conn、fair、url_hash 等六种。其中默认执行的策略为轮询，fair 和 url_hash 属于第三方策略，这两种策略不是 Nginx 自带支持的策略，需要安装第三方的插件来辅助支持。在不同的场景下，每一种策略的选择对系统的整体性能影响都非常大，一般建议根据实际场景和服务器配置来选择对应的负载均衡策略。

● 轮询策略: Nginx 的负载均衡通过配置 upstream 来实现请求转发。如果在 upstream 中没有指定其他任何的策略时，Nginx 会自动执行轮询转发策略，upstream 中配置每台服务器的权重都一样，会按照顺序依次转发。如下所示就是一个简单的 upstream 配置，由于配置了 192.168.1.14 和 192.168.1.15 两台服务器，所以请求会按照接收到的顺序，依次轮询地转发给 192.168.1.14 和 192.168.1.15 两台服务器进行执行。Nginx 能自动感知需要转发到的后端服务器是否挂掉，如果挂掉，Nginx 会自动将那台挂掉的服务器从 upstream 中剔除。

```
upstream applicationServer {
    server 192.168.1.14;
    server 192.168.1.15;
}
```

使用轮询策略时，其他非必填的辅助参数如表 3-1 所示。

表 3-1 使用轮询策略的辅助参数及其含义

参 数	含 义
fail_timeout	该参数需要和 max_fails 参数结合一起来使用，用于表示在 fail_timeout 指定的时间内某个服务器允许重试连接失败的最大次数
max_fails	在 fail_timeout 参数设置的时间内最大失败次数，如果在这个时间内，所有针对该服务器的请求都失败了，Nginx 就判定该服务器挂掉了
down	标记指定的服务器已经挂掉了，Nginx 将不会再向标记为 down 的服务器转发任何的请求

- 指定权重（weight）：通过在 upstream 配置中给相应的服务器指定 weight 权重参数来实现按照权重分发请求。weight 参数值的大小和请求转发比率成正比，该配置一般用于后端应用程序服务器硬件配置差异大而导致承受的访问压力不一样的情况下，配置示例如下：

```
upstream applicationServer {
    server 192.168.1.14 weight=8;
    server 192.168.1.15 weight=10;
}
```

- ip_hash：每个请求按原始访问 ip 的 hash 结果来进行请求转发。由于同一个 ip 的 hash 值肯定是不变的，这样每个固定客户端就会只访问一个后端应用程序服务器。此种配置一般可以用来解决多个应用程序服务器的 session 复制和同步的问题，因为同一个 ip 的请求都转发到了同一台服务器的应用程序上了，所以也就不会有 session 不同步的问题了。但是这可能会导致后端应用服务器的负载不均的情况，因为在这种策略下后端应用服务器收到的请求数肯定是很难一样多。示例配置如下：

```
upstream applicationServer {
ip_hash;
    server 192.168.1.14;
    server 192.168.1.15;
}
```

- least_conn：通过在 upstream 配置中增加 least_conn 配置后，Nginx 在接收到请求后会把请求转发给连接数较少的后端应用程序服务器。前面讲到的轮询算法是把请求平均地转发给各个后端，使它们的负载大致相同，但是有些请求占用的时间很长，会导致其所在的后端负载较高。这种情况下，least_conn 这种方式就可以达到更好的负载均衡效果。示例配置如下：

```
upstream applicationServer {
least_conn;
    server 192.168.1.14;
    server 192.168.1.15;
}
```

● fair: fair 属于第三方策略，即不是 Nginx 本身自带的策略，需要安装对应的第三方
插件。fair 是按照服务器端的响应时间来分配请求给后端应用程序服务器，响应时
间短的优先分配。示例配置如下：

```
upstream applicationServer {
    server 192.168.1.14;
    server 192.168.1.15;
    fair;
}
```

● url_hash: url_hash 同样属于第三方策略，也是需要安装对应的第三方插件。
url_hash 是按照访问的目标 url 的 hash 值来分配请求，使同一个 url 的请求转发到同
一个后端应用程序服务器，请求的分发策略和 ip_hash 有点类似。在进行性能调优
时，主要是适用对缓存命中进行调优，同一个资源（也就是同一个目标 url 地址）
多次请求，可能会到达不同的后端应用程序服务器上，会导致不必要的多次下载。
使用 url_hash 后，可以使得同一个目标 url（也就是同一个资源请求）会到达同一台
后端应用程序服务器，这样可以在服务端进行资源缓存，再次收到请求后，就可以
直接从缓存中读取了。示例配置如下：

```
upstream applicationServer {
    server 192.168.1.14;
    server 192.168.1.15;
    hash $request_uri;
}
```

3.1.2　Nginx 进程数的配置调优

Nginx 服务启动后会包括两个重要的进程：

● master 进程：可以控制 Nginx 服务的启动、停止、重启、配置文件的重新加载。
● worker 进程：处理用户请求信息，将收到的用户请求转发到后端应用服务器上。

worker 进程的个数可以在配置文件 nginx.conf 中进行配置，如下所示：

```
worker_processes 1;   # Nginx 配置文件中 worker_processes 指令后面的数值代表了 Nginx
启动后 worker 进程的个数。
```

worker 进程的数量一般建议等于 CPU 的核数或者 CPU 核数的两倍。通过执行 lscpu 命
令可以获取到 CPU 的核数，如图 3-1-1 所示。

```
[root@localhost conf]# lscpu
Architecture:          x86_64
CPU op-mode(s):        32-bit, 64-bit
Byte Order:            Little Endian
CPU(s):                2
On-line CPU(s) list:   0,1
Thread(s) per core:    1
Core(s) per socket:    1
Socket(s):             2
NUMA node(s):          1
Vendor ID:             GenuineIntel
CPU family:            6
Model:                 37
Model name:            Intel(R) Core(TM) i5 CPU       M 520  @ 2.40GHz
Stepping:              5
CPU MHz:               2393.879
BogoMIPS:              4787.75
Hypervisor vendor:     VMware
Virtualization type:   full
L1d cache:             32K
L1i cache:             32K
L2 cache:              256K
L3 cache:              3072K
NUMA node0 CPU(s):     0,1
Flags:                 fpu vme de pse tsc msr pae mce cx8 apic sep mtrr pge mca cmov pat pse36 clflush mmx fxsr sse sse2 ss syscall
nx rdtscp lm constant_tsc arch_perfmon nopl xtopology tsc_reliable nonstop_tsc pni pclmulqdq ssse3 cx16 sse4_1 sse4_2 x2apic popcnt
tsc_deadline_timer aes hypervisor lahf_lm tsc_adjust arat
```

图 3-1-1

或者通过执行 grep processor /proc/cpuinfo|wc -l 命令也可以直接获取到 CPU 的核数。

```
[root@localhost conf]#grep processor /proc/cpuinfo|wc -l
```

在配置完 worker 进程的数量后，还建议将每一个 worker 进程绑定到不同的 CPU 核上，这样可以避免出现 CPU 的争抢。将 worker 进程绑定到不同的 CPU 核时，可以通过在 nginx.conf 中增加 worker_cpu_affinity 配置，例如将 worker 进程分配到 4 核的 CPU 上，可以按照如下配置进行配置。

```
worker_processes    4;
worker_cpu_affinity 0001 0010 0100 1000;
```

3.1.3　Nginx 事件处理模型的分析与调优

为了性能得到最优处理，Nginx 的连接处理机制在不同的操作系统中一般会采用不同的 I/O 事件模型。在 Linux 操作系统中，一般使用 epoll 的 I/O 多路复用模型；在 FreeBSD 操作系统中，使用 kqueue 的 I/O 多路复用模型；在 Solaris 操作系统中，使用/dev/pool 方式的 I/O 多路复用模型；在 Windows 操作系统中，使用的 icop 模型。在实际使用 Nginx 时，我们也是需要根据不同的操作系统来选择事件处理模型，很多事件模型都只能在对应的操作系统上得到支持。比如我们在 Linux 操作系统中，可以使用如下配置来使用 epoll 事件处理模型。

```
events {
worker_connections 1024;
use epoll;
}
```

关于 I/O 多路复用做个说明：在 Nginx 中可以配置让一个进程处理多个 I/O 事件和多个调用请求，这种处理方式就像 Redis 中的单线程处理模式一样。Redis 缓存读写处理时采用的虽然是单线程，但是性能和效率却是非常的高，这就是因为 Redis 采用了异步非阻塞 I/O 多路复用的策略，导致资源的开销很小，不需要重复去创建和释放资源，而是共用一个处理线程。Nginx 中也同样采用异步非阻塞 I/O 策略，每个 worker 进程会同时启动一个固定的线程，以利用 epoll 监听各种需要处理的事件，当有事件需要处理时，会将事件注册到 epoll 模型中进行处理。异步非阻塞 I/O 策略在处理时，线程可以不用因为某个 I/O 的处理耗时很长而一直导致线程阻塞等待，线程可以不用也不必等待响应，而可以继续处理其他的 I/O 事件。当 I/O 事件处理完成后，操作系统内核会通知 I/O 事件已经处理完成，这时线程才会去获取处理好的结果。

下面的表 3-2 列出了 Nginx 常用事件处理模型的详细介绍。

表 3-2　Nginx 常用事件处理模型

处理模型	说　明
select	各个版本的 Linux 和 Windows 操作系统都支持的基本事件驱动模型。select 模型处理事件的步骤如下： （1）创建事件的描述符集合，包括读、写和发生异常这三类事件描述符，分别用来收集读事件、写事件和异常事件的描述符。 （2）调用 select 模型底层提供的 select 函数等待事件发生。 （3）轮询所有事件描述符集合中的每一个事件描述符，检查是否有相应的事件发生，如果有，select 模型就进行相关的处理
poll	Linux 操作系统上的基本事件驱动模型，此模型无法在 Windows 操作系统上使用。poll 与 select 的共同点是都是先创建一个关注事件的描述符集合，再去等待这些事件发生，然后再轮询描述符集合检查有没有新事件发生，如果有就进行处理。不同点是 select 库需要为读、写、异常这三种事件分别创建一个描述符集合，并且在最后轮询的时候，需要分别轮询这三个集合。而 poll 库只需要创建一个集合，在每个描述符对应的结构上设置事件的类型是读事件、写事件还是异常事件，最后轮询的时候，可以同时检查这 3 种事件是否发生
epoll	epoll 库是 Nginx 支持的高性能事件驱动模型之一。epoll 属于 poll 模型的一个变种，它和 poll 主要区别在于 epoll 不需要使用轮询的模式去检查有没有对应的事件发生，而是交给操作系统内核去负责处理，一旦有某种对应的事件发生时，内核会把发生事件的描述符列表通知给进程，这样就避免了轮询整个描述符列表。epoll 库在 Linux 操作系统上是非常高效的，epoll 可以同时处理的 I/O 事件数是操作系统可以打开文件的最大数目，而且 epoll 库的 I/O 效率不随描述符数目增加而线性下降，因为它只会对操作系统内核反馈的待处理的事件描述符进行操作
rtsig	rtsig 模型不是一种经常用到的事件处理模型。rtsig 模型在工作时会通过系统内核建立一个 rtsig 队列，用于存放标记事件发生的信号，每个事件发生时，系统内核就会产生一个信号，存放到 rtsig 队列中等待 Nginx 工作进程的处理
kqueue	kqueue 模型也是 poll 模型的一个变种。它和上面介绍的 epoll 模型的处理方式几乎一样，都是通过避免轮询操作来提高效率。该模型支持在 BSD 系列操作系统（例如 FreeBSD、OpenBSD、NetBSD 等）上使用
/dev/poll	/dev/poll 模型一般用于 Solaris 操作系统或者其他的 Unix 衍生操作系统上。该模型最早是 Sun 公司在开发 Solaris 系列平台时提出的、用于完成事件驱动机制的方案，它使用了虚拟的/dev/poll 设备，开发人员可以将要监视的文件描述符加入这个设备，然后通过调用 ioctl() 函数来获取事件通知
eventport	该模型也是 Sun 公司在开发 Solaris 系列平台时提出的、用于完成事件驱动机制的方案，它可以有效防止内核崩溃情况的发生。Nginx 在此基础上提供了事件处理支持，但是由于 Solaris 自身后来的没落，所以该模型现在也很少使用

3.1.4 Nginx 客户端连接数的调优

在高并发的请求调用中，连接数有时候很容易成为性能的一个瓶颈。Nginx 可以通过如下方式来调整 Nginx 的连接数。

● 配置 Nginx 单个进程允许的客户端最大连接数：可以修改 Nginx 中的 nginx.conf 配置文件中的配置如下：

```
events          #可以设置 Nginx 的工作模式以及连接数上限
 {
   worker_connections 1024;
 }
```

● 配置 Nginx worker 进程可以打开的最大文件数：可以修改 Nginx 中的 nginx.conf 配置文件中的配置如下：

```
worker_processes  2;
worker_rlimit_nofile 2048;    # 设置 worker 进程可以打开的文件数
```

● Linux 内核的优化：在 Linux 操作系统的/etc/sysctl.conf 配置文件中，可以重新配置很多 Linux 系统的内核参数，这个可以参考 2.1.4 小节中关于内核参数优化调整的介绍。

3.1.5 Nginx 中文件传输的性能优化

Nginx 中文件传输一般需要优化的是如表 3-3 所示的几个参数。

表 3-3　Nginx 文件传输需要优化的参数及其说明

Nginx 参数	说　明
tcp_nopush	tcp_nopush 和 tcp_nodelay 是互斥的，开启 tcp_nopush 后会设置调用 tcp_cork 方法，让数据包不会马上传送出去，等到数据包累积到最大时，再一次性传输出去，这样有助于解决网络堵塞，从而提高网络传输的性能。默认为 off，设置为 on 时的配置如下： tcp_nopush on;
tcp_nodelay	和 tcp_nopush 的处理方式刚好相反，在开启了 tcp_nodelay 后意味着无论数据包是多的小，都要立即发送出去。默认值为 on，设置为 off 时为关闭，配置的方式如下： tcp_nodelay off;
sendfile	sendfile 一般和 tcp_nopush 选项搭配在一起使用。Nginx 中提供 sendfile 选项用来提高服务器性能，sendfile 实际上是 Linux 2.0 版本以后推出的一个系统调用。在网络文件传输过程中一般是：从硬盘读写→写入操作系统内核 buffer→读入用户模式 buffer→写入内核 socket buffer→协议栈开始传输。在开启了 sendfile 后，之前的传输步骤就简化成了：从硬盘读写→写入内核 buffer（数据可以快速拷贝到内核 socket buffer）→协议栈开始传输，这就是常说的零拷贝方式。开启 sendfile 的配置如下： sendfile on;

Nginx 参数	说　明
nginx gzip 压缩相关参数： gzip on gzip_min_length gzip_buffers gzip_http_version gzip_comp_level gzip_types gzip_vary gzip_proxied off	gzip on：开启 gzip 压缩模式。 gzip_min_length：设置允许压缩的页面最小字节数，字节数大小从 HTTP 请求的 header 头部的 Content-Length 中获取。默认值是 0，表示不管页面多大都进行压缩。一般建议设置成 gzip_min_length 1K，因为如果小于 1KB 可能会越压越大。 gzip_buffers：表示压缩缓冲区大小。例如设置 gzip_buffers 4 16k; 表示申请 4 个单位为 16KB 的内存作为压缩结果数据流的缓存。默认值是申请与原始数据大小相同的内存空间来存储 gzip 压缩结果。 gzip_http_version：表示压缩的 HTTP 协议版本。默认为 1.1。常用的浏览器几乎都支持 gzip 解压，一般使用默认设置即可。 gzip_comp_level：表示 gzip 的压缩率该参数用来指定 gzip 压缩比，可以设置为 1~9 之间的数字。1 表示压缩率最小但是压缩处理速度最快；9 表示压缩率最大并且传输速度快，但处理时耗时最长也比较消耗 CPU 资源。该参数一般建议根据实际场景中传输的大部分文件大小来设置，在压缩处理速度和压缩率之间做到均衡。 gzip_types：用来设置指定压缩的类型（就是 HTTP 协议中的 Content-Type 属性中的媒体类型），支持的常见类型包括 text/plain、application/x-javascript、text/css、application/xml、application/json 等。 gzip_vary：表示启用 response header 头部属性 "Vary:Accept-Encoding" 的压缩模式。 zip_proxied off：默认为 off。一般在 Nginx 作为反向代理的时候启用，表示对代理的结果数据进行压缩。zip_proxied 可以在后面增加参数来判断 HTTP 的 header 头部中符合指定条件后才进行数据压缩。 ● off：关闭所有代理数据的压缩 ● expired：启用压缩，如果 header 头部中包含"Expires"头信息 ● no-cache：启用压缩，如果 header 头部中包含"Cache-Control:no-cache"头信息 ● no-store：启用压缩，如果 header 头部中包含"Cache-Control:no-store"头信息 ● private：启用压缩，如果 header 头部中包含"Cache-Control:private"头信息 ● no_last_modified：启用压缩，如果 header 头部中不包含"Last-Modified"头信息 ● no_etag：启用压缩，如果 header 头部中不包含"ETag"头信息 ● auth：启用压缩，如果 header 头部中包含"Authorization"头信息 ● any：表示总是启用压缩，表示会对返回的代理数据都进行压缩

在 nginx.conf 配置文件中开启 sendfile 参数的方式配置示例如下：

```
sendfile on ;#默认情况下 sendfile 是 off
```

在 nginx.conf 配置文件中开启 tcp_nopush 参数的方式配置示例如下：

```
tcp_nopush on ;#默认情况下 tcp_nopush 是 off
```

在 nginx.conf 配置文件中关闭 tcp_nodelay 参数的方式配置示例如下：

```
tcp_nodelay off;#默认情况下 tcp_nodelay 是 on
```

3.1.6 Nginx 中 FastCGI 配置的分析与调优

FastCGI 是在 CGI 基础上的优化升级。CGI 是 Web 服务器与 CGI 程序间传输数据的一种标准，运行在服务器上的 CGI 程序按照这个协议标准提供了传输接口，具体介绍如下。

- CGI：CGI 是英文 Common Gateway Interface 的简写，翻译过来就是通用网关接口，这套接口描述了 Web 服务器与同一台计算机上的软件的通信方式。有了 CGI 标准后，集成了 CGI 的 Web 服务器就可以通过 CGI 接口调用服务器上各种动态语言实现的程序了，这些程序只要通过 CGI 标准提供对应的调用接口即可。CGI 的处理的一般流程如图 3-1-2 所示。

图 3-1-2

- FastCGI：FastCGI 是一个传输快速可伸缩的、用于 HTTP 服务器和动态脚本语言间通信的接口，它为所有 Internet 应用程序提供了高性能，而不受 Web 服务器 API 的限制。包括 Apache、Nginx 在内的大多数 Web 服务都支持 FastCGI，同时 FastCGI 也被许多脚本语言（例如 Python、PHP 等）所支持。

Nginx 本身并不支持对外部动态程序的直接调用或者解析，所有的外部编程语言编写的程序（比如 Python、PHP）必须通过 FastCGI 接口才能调用。FastCGI 相关参数说明如表 3-4 所示。

表 3-4　FastCGI 相关参数及其说明

Nginx FastCGI 相关参数	说　明
fastcgi_connect_timeout	用于设置 Nginx 服务器和后端 FastCGI 程序连接的超时时间。默认值值为 60 秒，一般建议不要超过 75 秒，时间太长会导致高并发调用下建立连接过多而不能及时释放，建立的连接越多，消耗的资源就会越多
fastcgi_send_timeout	用于设置 Nginx 发送 CGI 请求到 FastCGI 程序的超时时间。这个超时时间不是整个请求的超时时间，而是两个成功请求之间的间隔时间为超时时间，如果这个时间内 FastCGI 服务没有收到任何信息，连接将被关闭
fastcgi_read_timeout	用于设置 Nginx 从 FastCGI 服务器读取响应信息的超时时间。连接建立成功后，Nginx 等待后端 FastCGI 程序的响应时间，实际上是读取 FastCGI 响应成功消息的间隔时间，如果这个时间内 Nginx 没有再次从 FastCGI 读取到响应消息，连接就会被关闭
fastcgi_buffer_size	用于设置 Nginx FastCGI 的缓冲区的大小。缓冲区大小表示的是读取从 FastCGI 程序端收到的第一部分响应信息的缓冲区大小，这里的第一部分通常会包含一个小的响应头部消息。默认情况下这个参数的大小等价于操作系统的 1 个内存页单位的大小，一般是 4kB 或者 8kB。在不同的操作系统上，默认大小可能不同

Nginx FastCGI 相关参数	说　明
fastcgi_buffers	用于设置 Nginx 用多少和多大的缓冲区读取从 FastCGI 程序收到的响应信息。默认值为 fastcgi_buffer 8 4kB|8kB;，可以在 nginx.conf 配置文件的 http、server、location 这三个字段中使用。 一般用于指定 Web 服务器本地需要用多少和多大的缓冲区来缓冲 FastCGI 的应答请求，比如如果一个 fastcgi 程序的响应消息大小为 12kB，那么在配置为 fastcgi_buffers 6 4kB 的情况下，将分配 3 个 4kB 的缓冲区
fastcgi_busy_buffers_size	用于设置服务器很忙时可以使用的 fastcgi_buffers 大小。一般推荐的大小为 fastcgi_buffers*2。默认值为 fastcgi_busy_buffers_size 8k|16k
fastcgi_temp_file_write_size	用于设置 FastCGI 临时文件的大小。一般建议可以设置为 128~256KB。默认大小为 fastcgi_temp_file_write_size 8kB|16kB
fastcgi_cache myboy_nginx	用于设置开启 FastCGI 缓存功能并为其指定一个名称（比如指定为 myboy_nginx）。开启缓存可以有效降低 CPU 的负载，并且可以防止 HTTP 请求的 502 错误（HTTP 服务器端的一个错误码。一般是指上游服务器接收到无效的响应）的发生，而且合理设置该参数可以有效提高请求的并发数和 TPS
fastcgi_cache_path	用于设置 fastcgi_cache 的缓存路径。 例如可以设置为：fastcgi_cache_path /opt/data/nginx/cache levels = 2:2 keys_zone = nginx_fastcgi_cache:256m inactive = 2d max_size=80g use_temp_path=on. fastcgi_cache 的缓存路径可以设置目录前列层级，比如 2:2 会生成 256*256 个子目录，keys_zone 是设置这个缓存空间的名字以及使用多少物理内存（一般经常被访问的热点数据 Nginx 会直接放入内存以提高访问速度）。nginx_fastcgi_cache:256m 表示缓存空间的名字为 nginx_ fastcgi_cache，大小为 256m。inactive 表示默认失效时间，max_size 表示最多用多少硬盘空间来存储缓存。特别要注意的是 fastcgi_cache 缓存是先写在 fastcgi_temp_path 中，等到达一定大小后再移到 fastcgi_cache_path 中，所以这两个目录最好在同一个磁盘分区下以提高 I/O 读写速度。如果设置 use_temp_path=off，则 Nginx 会将缓存文件直接写入指定的 cache 文件中
fastcgi_temp_path	用于设置 fastcgi_cache 的临时目录路径，例如可以设置为 fastcgi_temp_path /usr/local/nginx/fastcgi_temp
fastcgi_cache_valid	用于对不同的 HTTP 请求响应状态码设置缓存的时长。 例如：fastcgi_cache_valid 200 302 lh; 表示将 HTTP 请求响应状态码为 200 和 302 的应答缓存 1 个小时。 再例如：fastcgi_cache_valid 301 2d; 表示将 HTTP 请求响应状态码为 301 的应答缓存 2 天
fastcgi_cache_min_uses	用于设置同一请求达到几次之后响应消息将被缓存。 例如：fastcgi_cache_min_uses 1;其中 1 表示一次即被缓存
fastcgi_cache_use_stale	用于设置哪些状态下使用过期缓存。 例如：fastcgi_cache_use_stale error timeout invalid_header http_500 表示在发生 error 错误、响应超时、HTTP 的请求头无效和 HTTP 请求返回状态码为 500 时使用过期缓存

（续表）

Nginx FastCGI 相关参数	说　明
fastcgi_cache_key	用于设置 fastcgi_cache 中的 key 值。 例如：fastcgi_cache_key scheme$request_method$host$request_uri 表示以请求的 URI 作为缓存的 key，Nginx 会取这个 key 的 md5 作为缓存文件。如果设置了缓存的目录，Nginx 会从后往前取对应的位数作为目录。建议一定要加上$request_method 变量一起作为 cache key，防止如果先请求的为 head 类型（HTTP 请求的一种类型，类似于 get 请求，只不过返回的响应中没有具体的响应内容，仅用于获取响应报文的头部信息），后面的 GET 请求将返回为空

3.1.7 Nginx 的性能监控

Nginx 自带了监控模块，但是需要在 Nginx 编译安装时指定安装监控模块。默认情况下是不会安装该监控模块的，需要指定的编译参数为--with-http_stub_status_module。

编译安装完成后，Nginx 的配置文件 nginx.conf 中还是不会开启监控，需要在配置文件中增加如下配置，其中 allow 192.168.1.102 代表允许访问监控页面的 IP 地址，如图 3-1-3 所示。

```
location = /nginx_status {
         stub_status on;
         access_log off;
         allow 192.168.1.102;
         deny all;
     }
```

```
server {
    listen       80;
    server_name  localhost;

    #charset koi8-r;

    #access_log  logs/host.access.log  main;
    location = /nginx_status {
         stub_status on;
         access_log off;
         allow 192.168.1.102;
         deny all;
    }

    location / {
        root   html;
        index  index.html index.htm;
    }

    #error_page  404              /404.html;

    # redirect server error pages to the static page /50x.html
    #
    error_page   500 502 503 504  /50x.html;
    location = /50x.html {
        root   html;
    }

    # proxy the PHP scripts to Apache listening on 127.0.0.1:80
    #
    #location ~ \.php$ {
    #    proxy_pass   http://127.0.0.1;
    #}

    # pass the PHP scripts to FastCGI server listening on 127.0.0.1:9000
    #
    #location ~ \.php$ {
    #    root           html;
    #    fastcgi_pass   127.0.0.1:9000;
    #    fastcgi_index  index.php;
    #    fastcgi_param  SCRIPT_FILENAME  /scripts$fastcgi_script_name;
    #    include        fastcgi_params;
    #}

    # deny access to .htaccess files, if Apache's document root
    # concurs with nginx's one
    #
    #location ~ /\.ht {
    #    deny  all;
    #}
}
```

图 3-1-3

修改完配置文件后，通过执行 nginx-s reload 来重新加载配置信息，然后通过访问 http://nginx 服务器 IP 地址:端口号/nginx_status 就可以进入监控页面了，如图 3-1-4 所示。

图 3-1-4

从图 3-1-4 中可以看到当前已经建立的连接数、服务器已经接收的请求数、请求的处理情况等监控信息。

3.2　Apache 的性能分析与调优

在 Web 中间件中，除了 Nginx 外，另一个用得最多的中间件就是 Apache。Apache 几乎可以运行在所有的操作系统中，支持 HTTP、SSL、Socket、FastCGI、SSO、负载均衡、服务器代理等众多功能模块。在性能测试分析中发现，如果 Apache 使用不当，那么 Apache 有时候也可能会成为高并发访问的瓶颈。

3.2.1　Apache 的工作模式选择和进程数调优

Apache 的工作模式主要是指 Apache 在运行时内存分配、CPU、进程以及线程的使用管理和请求任务的调度等。Apache 比较稳定的工作模式有 prefork 模式、worker 模式、event 模式，这三种模式也是 Apache 经常使用的模式。Apache 默认使用的是 prefork 模式，一般可以在编译安装 Apache 时通过参数--with-mpm 来指定安装后使用的工作模式。

可以通过执行 httpd -V 命令来查看 Apache 当前使用的工作模式，如图 3-2-1 所示，可以看到当前的工作模式为默认的 prefork 模式。

```
[root@localhost sbin]# httpd -V
AH00558: httpd: Could not reliably determine the server's fully qualified domain name, using localhost.localdomain. Set the 'ServerN
ame' directive globally to suppress this message
Server version: Apache/2.4.6 (CentOS)
Server built:   Aug  8 2019 11:41:18
Server's Module Magic Number: 20120211:24
Server loaded:  APR 1.4.8, APR-UTIL 1.5.2
Compiled using: APR 1.4.8, APR-UTIL 1.5.2
Architecture:   64-bit
Server MPM:     prefork
  threaded:     no
    forked:     yes (variable process count)
Server compiled with....
 -D APR_HAS_SENDFILE
 -D APR_HAS_MMAP
 -D APR_HAVE_IPV6 (IPv4-mapped addresses enabled)
 -D APR_USE_SYSVSEM_SERIALIZE
 -D APR_USE_PTHREAD_SERIALIZE
 -D SINGLE_LISTEN_UNSERIALIZED_ACCEPT
 -D APR_HAS_OTHER_CHILD
 -D AP_HAVE_RELIABLE_PIPED_LOGS
 -D DYNAMIC_MODULE_LIMIT=256
 -D HTTPD_ROOT="/etc/httpd"
 -D SUEXEC_BIN="/usr/sbin/suexec"
 -D DEFAULT_PIDLOG="/run/httpd/httpd.pid"
 -D DEFAULT_SCOREBOARD="logs/apache_runtime_status"
 -D DEFAULT_ERRORLOG="logs/error_log"
 -D AP_TYPES_CONFIG_FILE="conf/mime.types"
 -D SERVER_CONFIG_FILE="conf/httpd.conf"
```

图 3-2-1

1. prefork 模式

prefork 是 Apache 的默认工作模式，采用非线程型的预派生方式来处理请求。在工作时使用多进程，每个进程在同一个固定的时间只单独处理一个连接，这种方式效率高，但由于是多进程的方式，所以内存使用比较大。如图 3-2-2 所示，可以看到 prefork 模式下启动了多个进程。

```
[root@localhost sbin]# lsof -i:80
COMMAND  PID   USER    FD   TYPE DEVICE SIZE/OFF NODE NAME
httpd    1750  root    4u   IPv6 25704      0t0   TCP *:http (LISTEN)
httpd    1751  apache  4u   IPv6 25704      0t0   TCP *:http (LISTEN)
httpd    1752  apache  4u   IPv6 25704      0t0   TCP *:http (LISTEN)
httpd    1753  apache  4u   IPv6 25704      0t0   TCP *:http (LISTEN)
httpd    1754  apache  4u   IPv6 25704      0t0   TCP *:http (LISTEN)
httpd    1755  apache  4u   IPv6 25704      0t0   TCP *:http (LISTEN)
```

图 3-2-2

prefork 工作模式在收到请求后的处理过程如图 3-2-3 所示，从图中可以看到处理过程是单进程和单线程的方式，由于不存在线程安全问题，因此这种模式非常适合于没有线程安全库而需要避免线程安全性问题的系统。虽然它解决了线程安全问题，但是也必然会导致无法处理高并发请求的场景，prefork 模式会将请求放进队列中，一直等到有可用子进程请求才会被处理，也很容易导致请求队列积压。

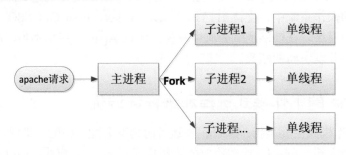

图 3-2-3

prefork 工作模式主要的配置参数如表 3-5 所示。

```
<IfModule mpm_prefork_module>
    StartServers            8
    MinSpareServers         8
    MaxSpareServers         10
    MaxRequestWorkers       512
    MaxConnectionsPerChild  1000
</IfModule>
```

表 3-5　prefork 工作模式主要的配置参数及其说明

参　　数	说　　明
StartServers	启动的 server 进程个数，也就是启动多少个子进程来处理请求，默认值为 5
MinSpareServers	空闲子进程的最小数量，默认值为 5。如果当前空闲子进程数少于 MinSpareServers，那么 Apache 会以最大每秒一个的速度产生新的子进程。一般不建议参数设置得过大，可以根据实际的并发请求量来进行设置

（续表）

参　数	说　明
MaxSpareServers	空闲子进程的最大数量，默认值为 10。如果当前有超过 MaxSpareServers 数量的空闲子进程，那么主进程会杀死多余的子进程
MaxRequestWorkers	代表服务器在同一时间内可以处理客户端发送的最大请求数量，默认是 256。当请求数量超过了 MaxRequestWorkers 大小限制，就会进入等待队列进行排队
MaxConnectionsPerChild	每个子进程在其生命周期内允许接收处理的最大请求数量。如果请求总数已经达到这个数值，子进程将会结束，在有新的请求时就会重新开启新的子进程。如果设置为 0，子进程将永远不会结束。该值不宜设置得过小，过小的话，会容易导致进程频繁的开启和关闭，引起 CPU 的上下文切换过多，当然也建议不要设置为 0.。非 0 的情况下，由于子进程肯定都存在生命周期，这样可以防止内存泄漏以及有效地快速释放不能释放的资源

2. worker 模式

worker 模式使用了多进程和多线程相结合的混合模式来处理请求，如图 3-2-4 所示，work 模式下也是主进程会首先派生出一批子进程。但和 prefork 模式不同的是，work 模式下每个子进程会创建多个线程，每个请求会分配给一个不同的线程处理。work 模式中处理请求时，由于采用了多线程的处理方式，所以高并发下处理能力会更强，但是由于是多线程处理方式，所以这种模式下需要考虑线程安全问题。

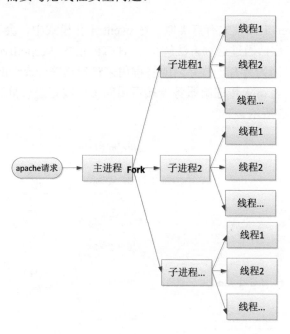

图 3-2-4

worker 工作模式主要的配置参数如表 3-6 所示。

```
<IfModule mpm_worker_module>
    StartServers            4
ServerLimit 20
    MinSpareThreads         65
```

```
      MaxSpareThreads         256
      ThreadsPerChild          30
      MaxRequestWorkers       410
      MaxConnectionsPerChild  1200
</IfModule>
```

表 3-6 worker 工作模式主要的配置参数及其说明

参　　数	说　　明
StartServers	Apache 服务启动时初始启动的子进程数量。在 workers 模式下默认是 3
ServerLimit	系统允许启动的最大进程数量
MinSpareThreads	服务器保持启动的最小线程数
MaxSpareThreads	服务器保持启动的最大线程数
ThreadsPerChild	每个子进程允许启动的线程数
MaxRequestWorkers/MaxClients	代表服务器在同一时间内可以处理客户端发送的最大请求数量
MaxConnectionsPerChild	和 prefork 工作模式一样，代表每个子进程在其生命周期内允许接收处理的最大请求数量。如果请求总数已经达到这个数值，子进程将会结束。在有新的请求时，就会重新开启新的子进程。如果设置为 0，子进程将永远不会结束

3. event 模式

event 模式和 worker 工作模式有点类似。在 event 工作模式中，会有一些专门的线程来承担管理和分配线程的工作，通过这种方法解决了 HTTP 请求 keep-alive 长连接的时候占用线程资源被浪费的问题。因为会有一些专门的线程用来管理这些 keep-alive 类型的工作线程，当有真实请求过来时，将请求传递给服务器端可用的工作线程进行处理，处理完毕后又允许其释放资源，如图 3-2-5 所示。

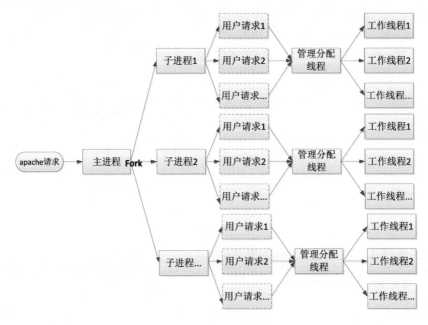

图 3-2-5

event 工作模式主要的配置参数如下：

```
<IfModule mpm_event_module>
StartServers 3
ServerLimit 16
MinSpareThreads 75
MaxSpareThreads 250
ThreadsPerChild 25
MaxRequestWorkers 400
MaxConnectionsPerChild 1000
</IfModule>
```

event 工作模式的配置参数几乎与 worker 模式是一样的，因为 event 模式本身就是对 worker 模式的一种升级改进。

3.2.2　Apache 的 mod 选择与调优

Apache 中和性能调优相关的常见模块如表 3-7 所示。

表 3-7　Apache 中性能调优相关的常见模块

mod(模块)	启用方式
压缩模块	LoadModule deflate_module modules/mod_deflate.so
重写模块	LoadModule rewrite_module modules/mod_rewrite.so
默认扩展（可以对 httpd 进行扩展配置）模块	Include conf/extra/httpd-default.conf # 扩展模块的配置都是在 httpd-default.conf 中
文件描述符缓存模块	LoadModule file_cache_module modules/mod_file_cache.so
基于 URI 的内容动态缓冲（内存或磁盘)）模块	LoadModule cache_module modules/mod_cache.so
基于磁盘的缓冲管理器模块	LoadModule cache_disk_module modules/mod_cache_disk.so
基于内存的缓冲管理器模块	LoadModule socache_memcache_module modules/mod_socache_memcache.so
负载均衡调度模块	LoadModule jk_module modules/mod_jk.so
请求过滤模块	LoadModule filter_module modules/mod_filter.so

Apache 缓存的设置：Apache 涉及的缓存模块有 mod_cache、mod_disk_cache、mod_file_cache、mod_mem_cache，如果要使用缓存，必须启用这四个缓存模块。Apache 缓存分为硬盘缓存 mod_disk_cache 和内存缓存 mod_mem_cache，这两个缓存都依赖于 mod_cache。基于硬盘缓存和物理内存缓存的缓存配置如表 3-8 所示。

表 3-8　基于硬盘缓存和物理内存缓存的缓存配置说明

配　置	配置说明
CacheDefaultExpire	设置缓存默认过期时间，默认 1 小时
CacheMaxExpire	设置缓存最大失效时间，默认最大失效时间是 24 小时

（续表）

配　　置	配置说明
CacheEnable disk	启用硬盘缓存并且设置缓存路径
CacheRoot	设置 Apache 访问用户的缓存路径
CacheDirLevels	设置缓存目录深度
CacheDirLength	设置缓存目录名称字符串长度
CacheMaxFileSize	设置缓存文件的最大值
CacheMinFileSize	设置缓存文件最小值
CacheEnable mem	设置开启物理内存作为缓存
MCacheMaxObjectCount	设置物理内存缓存中可以缓存的最大对象数
MCacheMaxObjectSize	设置物理内存中单个缓存对象的最大大小
MCacheMinObjectSize	设置物理内存中单个缓存对象的最小大小
MCacheMaxStreamingBuffer	设置物理内存中缓冲区的最大大小
MCacheRemovalAlgorithm	设置清除缓存中的数据所使用的清除算法，支持 GDSF 和 LRU 算法，默认为 GDSF 算法。 GDSF：基于缓存命中率和文档大小计算优先级。在缓存空间大小不够时，优先级最低的文档被移出缓存。 LRU：指定最长时间没有用到的对象将在缓存空间大小不够的时候移出缓存
MCacheSize	设置最大使用多少物理内存来作为缓冲区

示例配置如下：

```
<IfModule mod_cache.c>
        #设置缓存默认过期时间，默认1小时
        CacheDefaultExpire 3600
        #设置缓存最大失效时间，默认最大失效时间是24小时
        CacheMaxExpire 86400
 CacheLastModifiedFactor 0.1
CacheIgnoreHeaders Set-Cookie
CacheIgnoreCacheControl Off
    <IfModule mod_disk_cache.c>
        #启用硬盘缓存并且设置缓存路径
        CacheEnable disk /
        #设置 Apache 访问用户的缓存路径
        CacheRoot /home/apache/cache
        #设置缓存目录深度
        CacheDirLevels 5
        #设置缓存目录名称字符串长度
        CacheDirLength 10
        #设置缓存文件的最大值
         CacheMaxFileSize 1048576
        #设置缓存文件最小值
        CacheMinFileSize 10
```

```
</IfModule>
<IfModule mod_mem_cache.c>
        #设置开启物理内存作为缓存
        CacheEnable mem /
        #设置物理内存缓存中可以缓存的最大对象数
        MCacheMaxObjectCount 20000
        #设置物理内存中单个缓存对象的最大大小
        MCacheMaxObjectSize 1048576
        #设置物理内存中单个缓存对象的最小大小
        MCacheMinObjectSize 10
        #设置物理内存中缓冲区的最大大小
        MCacheMaxStreamingBuffer 65536
        #设置清除缓存中的数据所使用的清除算法
        MCacheRemovalAlgorithm GDSF
        #设置最大使用多少物理内存来作为缓冲区
        MCacheSize 131084
</IfModule>
</IfModule>
```

3.2.3　Apache 的 KeepAlive 调优

HTTP 请求中开启 KeepAlive 选项相当于长连接的作用，多次 HTTP 请求共用一个 TCP 连接来完成，这样可以节约网络和系统资源。一般开启 KeepAlive 适用于如下场景：

● 如果有较多的静态资源（例如 JS、CSS、图片等）需要访问，则建议开启长连接。

● 如果并发请求非常大，频繁地出现连接建立和连接关闭，则建议开启长连接。

● 如果出现这种情况可以考虑关闭 KeepAlive 选项：服务器内存较少并且存在大量的动态请求或者文件访问，则建议关闭长连接以节省系统内存和提高 Apache 访问的稳定性。

在 Apache 中开启 keepAlive 选项的方式是通过 vi httpd.conf 来增加或者修改 httpd.conf 中的配置。KeepAlive 选项如表 3-9 所示。

```
KeepAlive On
MaxKeepAliveRequests 100
KeepAliveTimeout 15
```

表 3-9　KeepAlive 选项

参　　数	说　　明
MaxKeepAliveRequests	设置保持 KeepAlive 的最大连接数。超过这个最大值后，连接会断开
KeepAliveTimeout	设置 KeepAlive 的超时时长

3.2.4　Apache 的 ab 压力测试工具

Apache 中自带了性能压测工具 ab，一些比较简单的压力测试请求可以直接使用 Apache

自带的性能压测工具 ab 来完成。ab 使用起来非常简单方便，直接可以通过命令行执行 ab 命令以及在命令后面加上对应的参数即可开启性能压测。

ab 支持的常用参数如下：

- -n requests：表示总计发送多少请求。
- -c concurrency：代表客户端请求的并发连接的数量。
- -k：开启 Http KeepAlive。
- -s timeout：设置响应的超时时间，默认为 30 秒。
- -b windowsize：设置 TCP 请求发送和接收的缓冲区大小，单位为字节。
- -f protocol：指定 SSL/TLS 协议（支持 SSL3、TLS1、TLS1.1、TLS1.2 或者 all）。
- -g filename：输出收集到的压测数据到 gnuplot 格式的文件中，gnuplot 是一个命令行的交互式绘图工具。
- -e filename：输出收集到的压测数据到 csv 格式的文件中。
- -r：表示在 socket 接收到错误时，ab 压测不退出。
- -X proxy:port：设置压测请求地址的代理服务器地址。

示例：ab -n 10000 -c 60 -k   http://127.0.0.1:80/ 表示总共发送 10000 次压测请求，并发连接数为 60，并且在压测时客户端开启 KeepAlive。

```
[root@localhost conf]# ab -n 10000 -c 60 -k http://127.0.0.1:80/
This is ApacheBench, Version 2.3 <$Revision: 1430300 $>
Copyright 1996 Adam Twiss, Zeus Technology Ltd, http://www.zeustech.net/
Licensed to The Apache Software Foundation, http://www.apache.org/


Benchmarking 127.0.0.1 (be patient)
Completed 1000 requests
Completed 2000 requests
Completed 3000 requests
Completed 4000 requests
Completed 5000 requests
Completed 6000 requests
Completed 7000 requests
Completed 8000 requests
Completed 9000 requests
Completed 10000 requests
Finished 10000 requests



Server Software:        Apache/2.4.6
Server Hostname:        127.0.0.1
Server Port:            80

Document Path:          /
Document Length:        4897 bytes

Concurrency Level:      60
Time taken for tests:   4.014 seconds
```

```
Complete requests:      10000
Failed requests:        0
Write errors:           0
Non-2xx responses:      10000
Keep-Alive requests:    9916
Total transferred:      52046232 bytes
HTML transferred:       48970000 bytes
Requests per second:    2491.21 [#/sec] (mean)
Time per request:       24.085 [ms] (mean)
Time per request:       0.401 [ms] (mean, across all concurrent requests)
Transfer rate:          12661.90 [Kbytes/sec] received

Connection Times (ms)
            min  mean[+/-sd] median    max
Connect:      0    0   0.5      0        8
Processing:   0   11  65.9      8     2474
Waiting:      0   11  65.9      7     2474
Total:        0   11  66.0      8     2474

Percentage of the requests served within a certain time (ms)
  50%       8
  66%       8
  75%       8
  80%       9
  90%      11
  95%      12
  98%      15
  99%      34
 100%    2474 (longest request)
```

3.2.5　Apache 的性能监控

Apache 自身自带了状态监控页面，但是默认是关闭的，可以通过在 httpd.conf 中增加如下配置来打开监控页面。

```
<location /server-status>
    SetHandler server-status
    Order Deny,Allow
    Allow from all
</location>
```

增加上述配置后，然后就可以通过访问 http://ip:port/server‐status 来查看监控页面了，如图 3-2-6 和图 3-2-7 所示。

← → C | ① 不安全 | 192.168.1.221/server-status

Apache Server Status for 192.168.1.221 (via 192.168.1.221)

Server Version: Apache/2.4.6 (CentOS)
Server MPM: prefork
Server Built: Aug 8 2019 11:41:18

Current Time: Friday, 07-Feb-2020 04:31:33 EST
Restart Time: Friday, 07-Feb-2020 04:30:53 EST
Parent Server Config. Generation: 1
Parent Server MPM Generation: 0
Server uptime: 39 seconds
Server load: 0.00 0.01 0.05
Total accesses: 2 - Total Traffic: 4 kB
CPU Usage: u0 s0 cu0 cs0
.0513 requests/sec - 105 B/second - 2048 B/request
1 requests currently being processed, 8 idle workers

```
_____W___......................................
................................................
..........................................
```

Scoreboard Key:
"_" Waiting for Connection, "s" Starting up, "R" Reading Request,
"W" Sending Reply, "K" Keepalive (read), "D" DNS Lookup,
"C" Closing connection, "L" Logging, "G" Gracefully finishing,
"I" Idle cleanup of worker, "." Open slot with no current process

Srv	PID	Acc	M	CPU	SS	Req	Conn	Child	Slot	Client	VHost	Request
1-0	1924	0/1/1	_	0.00	15	1	0.0	0.00	0.00	192.168.1.102	localhost.localdomain:80	NULL
5-0	1928	1/1/1	W	0.00	0	0	3.5	0.00	0.00	192.168.1.102	localhost.localdomain:80	GET /server-status HTTP/1.1

图 3-2-6

Srv	Child Server number - generation
PID	OS process ID
Acc	Number of accesses this connection / this child / this slot
M	Mode of operation
CPU	CPU usage, number of seconds
SS	Seconds since beginning of most recent request
Req	Milliseconds required to process most recent request
Conn	Kilobytes transferred this connection
Child	Megabytes transferred this child
Slot	Total megabytes transferred this slot

图 3-2-7

从上图中可以看到如下数据：

（1）Total accesses：对 Apache 的访问量。

（2）Total Traffic：Apache 的访问流量，单位为 KB。

（3）CPU Usage：CPU 的使用情况。

（4）每秒收到的请求的统计信息：0.0513 requests/sec - 105 B/second - 2048 B/request 表示平均每秒收到 0.0513 个请求，平均每秒收到的请求流量为 105 字节，每个请求的平均大小为 2048 字节。

（5）请求的处理情况：1 requests currently being processed, 8 idle workers 表示目前 1 个请求正在被处理（状态为 w，表示处理发送回复状态），目前有 8 个线程处于空闲状态。

（6）目前运行的 Apache 进程的资源使用情况以及客户端的连接情况，如图 3-2-8 所示。

Srv	PID	Acc	M	CPU	SS	Req	Conn	Child	Slot	Client	VHost	Request
1-0	1924	0/1/1	_	0.00	879	1	0.0	0.00	0.00	192.168.1.102	localhost.localdomain:80	NULL
2-0	1925	2/2/2	W	0.00	0	0	8.0	0.01	0.01	192.168.1.102	localhost.localdomain:80	GET /server-status HTTP/1.1
5-0	1928	0/2/2	_	0.00	848	1	0.0	0.01	0.01	192.168.1.102	localhost.localdomain:80	NULL
6-0	1929	0/3/3	_	0.00	348	1	0.0	0.01	0.01	192.168.1.102	localhost.localdomain:80	NULL

图 3-2-8

第 4 章
◀ 应用中间件的性能分析与调优 ▶

中间件除了 Web 中间件外最重要的就是应用中间件。Web 中间件一般主要负责静态资源（也可以称作静态请求）的处理和动态请求的转发，而动态请求一般都是由应用中间件来进行处理的。平时我们最常用的应用中间件就是 Tomcat 和 WildFly，一般中小型公司都将 Tomcat 作为了自己的标准应用中间件容器。应用中间件作为操作系统和应用程序之间的桥梁，为处于其中的应用程序组件提供一种运行环境。由于应用中间件处理的是动态请求，所以其性能的好坏往往会直接影响系统的最终处理能力。

4.1 Tomcat 的性能分析与调优

4.1.1 Tomcat 的组件以及工作原理

Tomcat 的运行需要 JDK（Java Development Kit，Java 语言开发工具包）的支撑，它是运行在 JVM（Java Virtual Machine，Java 虚拟机）上的一个进程，是 Java 应用程序和 JVM 之间的中间容器。

Tomcat 的相关核心组件如图 4-1-1 所示。

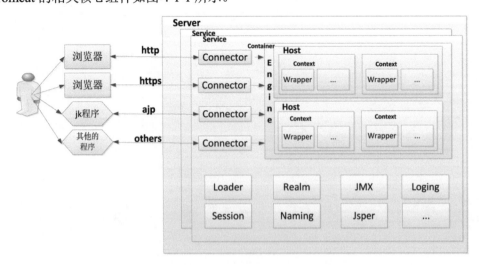

图 4-1-1

- Server: 代表的是整个 Tomcat 应用服务容器中间件，里面可以包含多组子服务，Server 负责管理和启动里面配置的每组子服务。Server 的核心配置定义在 Tomcat 中 conf 目录下的 server.xml 配置文件中，这个配置文件中包含了 Service、Connector、Container、Engine、Hosts 等主组件的相关配置信息，如下所示。在 Tomcat 启动时会启动一个监听在 8005 端口，以接收 shutdown 命令的 Server 实例（实际就是一个 JVM 进程）。使用 telnet 命令可以连接到启动后的 8005 端口上，直接执行 SHUTDOWN 命令来关闭 Tomcat Server 实例。

```
<?xml version='1.0' encoding='utf-8'?>
<Server port="8005" shutdown="SHUTDOWN">
……
</Server>
```

- Service: Tomcat Server 封装对外可以提供完整的基于组件的 Web 应用服务，包含了 Connector 和 Container 两大核心组件，Container 中又包含了多个子功能组件，每个 Service 之间是相对独立互不干扰，但是依附于同一个 Server 进程，并且共享同一个 Server 实例的 JVM 资源，在 server.xml 中的配置如下：

```
    <?xml version='1.0' encoding='utf-8'?>
 <Server port="8005" shutdown="SHUTDOWN">
  <Service name="Catalina1">
……
  </Service>
  <Service name="Catalina2">
……
  </Service>
</Server>
```

- Connector: Tomcat Server 对外提供 Web 应用服务的连接器，可以通过监听指定端口，接收外部调用者发给 Tomcat Server 的请求，传递给 Container，并将 Container 处理的响应结果返回给外部调用者，在 server.xml 中的配置如下。在 Connector 中一般会配置对应的端口以及连接器处理的协议，比如 HTTP、AJP 等，也可以配置连接器的超时时间等。

```
    <?xml version='1.0' encoding='utf-8'?>
<Server port="8005" shutdown="SHUTDOWN">
  <Service name="Catalina1">
    <Connector port="8080" protocol="HTTP/1.1"
            URIEncoding="utf-8"
            connectionTimeout="20000"
            redirectPort="8443"  />
    <Connector port="8009" protocol="AJP/1.3" redirectPort="8443" />
  </Service>
  <Service name="Catalina2">
……
  </Service>
</Server>
```

● Container: Tomcat Server 的核心容器，其内部由多层组件组成，它用于管理部署到容器中服务器端程序的整个生命周期（这些服务器端程序一般是用 Java 语言编写的），调用服务端程序相关方法来完成请求的处理。Container 由 Engine、Host 等组件共同组成，如图 4-1-2 所示。

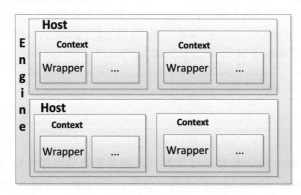

图 4-1-2

➤ Engine：Tomcat Server 服务器端程序的处理引擎，Engine 需要定义一个 defaultHost 属性，以作为默认的 Host 组件来处理没有明确指定虚拟主机的请求。一个 Engine 中可以包含多个 Host，但是必须有一个 Host 的名称和 defaultHost 属性中指定的名称一致。

➤ Host：位于 Engine 引擎中用于接收请求并进行相应处理的主机或虚拟主机，负责 Web 应用的部署和 Context 的创建。Host 的属性如表 4-1 所示。

表 4-1　Host 的属性说明

属　　性	说　　明
appBase	指定 Host 下应用程序的部署目录，即存放非归档的 Web 应用程序的目录或归档后的 war 包文件（Java 应用程序的压缩包）的目录
unpackWARs	配置是否对 appBase 目录下的 war 包文件进行自动解压，默认为 true
autoDeploy	在 Tomcat Server 处于运行状态时，放置于 appBase 目录中的应用程序文件是否自动进行运行部署，默认为 true

Container 在 server.xml 中的配置如下所示：

```xml
<?xml version='1.0' encoding='utf-8'?>
<Server port="8005" shutdown="SHUTDOWN">
  <Service name="Catalina1">
    <Connector port="8080" protocol="HTTP/1.1"
            URIEncoding="utf-8"
            connectionTimeout="20000"
            redirectPort="8443" />
    <Connector port="8009" protocol="AJP/1.3" redirectPort="8443" />
<Engine name="Catalina" defaultHost="localhost">
    <Host name="localhost" appBase="webapps"
        unpackWARs="true" autoDeploy="true">
```

```
    </Host>
   </Engine>
  </Service>
  <Service name="Catalina2">
……
  </Service>
</Server>
```

其中每个 Host 中可以有多个 Context 配置，Context 指的是 Web 应用程序的上下文，每个上下文会包括多个 Wrapper，Context 负责 Web 应用程序配置的解析和管理所有的 Web 应用资源，而 Wrapper 是对 Web 应用程序的封装，负责应用程序实例的创建、执行、销毁等生命周期的管理。Context 的配置一般定义在 Tomcat 中 conf 目录下的 context.xml 配置文件中，如下所示：

```xml
<?xml version='1.0' encoding='utf-8'?>
<!--
  Licensed to the Apache Software Foundation (ASF) under one or more
  contributor license agreements.  See the NOTICE file distributed with
  this work for additional information regarding copyright ownership.
  The ASF licenses this file to You under the Apache License, Version 2.0
  (the "License"); you may not use this file except in compliance with
  the License.  You may obtain a copy of the License at
      http://www.apache.org/licenses/LICENSE-2.0
  Unless required by applicable law or agreed to in writing, software
  distributed under the License is distributed on an "AS IS" BASIS,
  WITHOUT WARRANTIES OR CONDITIONS OF ANY KIND, either express or implied.
  See the License for the specific language governing permissions and
  limitations under the License.
-->
<!-- The contents of this file will be loaded for each web application -->
<Context>
    <!-- Default set of monitored resources -->
    <WatchedResource>WEB-INF/web.xml</WatchedResource>
    <!-- Uncomment this to disable session persistence across Tomcat restarts
-->
    <!--
    <Manager pathname="" />
    -->
    <!-- Uncomment this to enable Comet connection tacking (provides events
        on session expiration as well as webapp lifecycle) -->
    <!--
    <Valve className="org.apache.catalina.valves.CometConnectionManagerValve"
/>
    -->
</Context>
```

Server 中每一个 Java 应用程序的调用处理过程以及生命周期如图 4-1-3 所示。

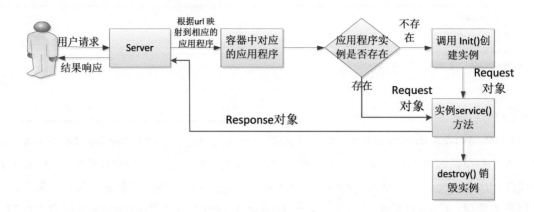

图 4-1-3

　　每次请求访问调用容器中的应用程序，一开始会新建应用程序的实体对象，但是 Tomcat Server 会限制应用程序实体的实例数目，如图 4-1-4 所示。

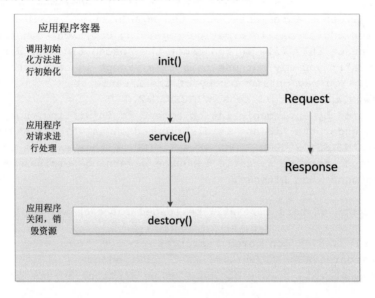

图 4-1-4

　　另外 Tomcat Server 中提供了 JMX（Java Management Extensions）组件，JMX 是 Java SE 中定义的一种技术规范，是一个为 Java 应用程序、设备、系统等植入管理功能的框架，常用于 Java 应用程序的监控。JMX 可以跨越一系列异构操作系统平台（即不限定固定的操作系统，比如 Windows、Linux 等操作系统都可支持）、系统体系结构和网络传输协议来无缝集成系统、网络以及服务管理应用。在性能测试中，可以通过 JMX 来远程监控 Tomcat 的运行状态。

4.1.2　Tomcat 容器 Connector 性能参数调优

　　Tomcat Server 中 Connector 性能相关的常见参数如表 4-2 所示。

表 4-2 Connector 性能相关的常见参数及其说明

参　数	说　明
maxSpareThreads	设置允许空闲状态下的最大线程总数。如果空闲状态下的线程总数大于此设置，会将对应的线程终止。空闲线程数越多，消耗的资源也越大。之所以会设置空闲线程是因为一般线程的创建是耗时的，在高并发时不断创建线程和销毁线程，会造成 CPU 频繁地进行上下文中断。所以就要预先建立一个空闲线程池，线程池中的空闲线程在有请求需要被处理时就会被使用
minSpareThreads	设置允许空闲状态下的最小线程总数，也就是在初始启动时就会启动的最小线程数。这个值一般不宜设置得过大，可以根据实际的并发情况来进行设置
connectionTimeout	设置客户端和服务端网络连接的超时时间，单位为毫秒
maxThreads	设置服务端可以创建的最大线程数，一般可以代表服务端可以处理的最大并发数
acceptCount	当线程数达到 maxThreads 所设置的最大值后，后续请求会被放入一个等待队列中，acceptCount 就是设置这个等待队列的大小。如果这个队列也满了，服务端就会拒绝后续的新连接
maxConnections	设置 Tomcat 允许的最大连接数（这里的连接一般指可以建立的最大 socket 连接数）
maxProcessors	一般用于低版本 Tomcat 中设置最大线程数，现在基本已经弃用
minProcessors	一般用于低版本 Tomcat 中设置最小线程数，现在基本已经弃用
useURIValidationHack	设置是否对 URL 的有效性进行检查。该选项一般建议设置为 false，可以提高请求处理的性能
enableLookups	设置请求时是否通过 DNS 查询来获得远程调用的客户端的实际主机名。若为 false，则不进行 DNS 查询直接返回其 IP 地址
Compression	设置是否开启压缩功能，on 表示开启，off 表示关闭
compressionMinSize	设置启用压缩的文件的最小大小，只有当文件大于这个值时，才会进行压缩
compressableMimeType	设置对哪些 MimeType（媒体类型）开启压缩，例如可以设置为 text/html、text/xml、text/javascript、text/css、text/plain 等。开启压缩后，可以加快网络传输的速度，因为压缩后文件就会变小，从而网络传输就会更快

4.1.3　Tomcat 容器的 I/O 分析与调优

随着计算机编程的发展，I/O 的常见处理方式一般包括同步阻塞 I/O、同步非阻塞 I/O、异步非阻塞 I/O、I/O 多路复用等。

（1）同步阻塞 I/O：这是一种最传统的 I/O 模型，也是最早和使用的最频繁和最简单的 I/O 模型。当在用户态调用 I/O 读取操作时，如果此时操作系统内核（Kernel）还没有准备好待读取的数据或者数据还没处理完毕，用户态会一直阻塞等待，直到有数据返回，这时候就是在同步阻塞的情况下进行 I/O 等待。当操作系统内核准备好数据后，用户态需要继续等待操作系统内核把数据从内核态拷贝到用户态之后才可以使用。总共会发生两次同步阻塞的 I/O 等待：用户态等待操作系统内核准备好可读的数据，以及等待操作系统内核把数据拷贝到用户态，如图 4-1-5 所示。

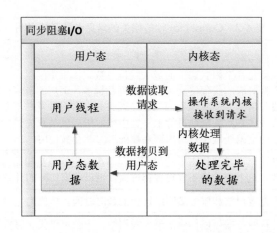

图 4-1-5

（2）同步非阻塞 I/O：对比同步阻塞 I/O，同步非阻塞 I/O 是不需要操作系统内核把数据准备完毕才会有返回，而是不管数据是否处理好了或者数据是否准备好了都会立即返回。如果操作系统内核返回数据还未处理完毕，用户态线程会轮询不断地发起 I/O 请求，直到操作系统内核把数据处理完成或者准备完毕。然后用户态开始等待操作系统内核把数据拷贝到用户态，这一步和同步阻塞 I/O 是一样的，如图 4-1-6 所示。

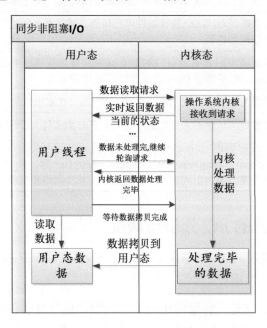

图 4-1-6

（3）异步非阻塞 I/O：对比同步非阻塞 I/O，异步非阻塞 I/O 处理模式在发出读取数据请求后，就不需要做任何等待了，此时用户线程就可以继续去执行别的操作。在操作系统内核把数据处理完毕，并且把数据从内核拷贝到用户态后，会主动通知用户线程数据已经拷贝完成，在收到此通知后，用户线程再去读取数据即可。如图 4-1-7 所示，从中我们可以看到中间处理过程不会存在任何的阻塞等待，处理完成后，操作系统内核会以异步的形式进行通知。所以这种处理方式相比前面的两种 I/O 处理方式会更加的高效。

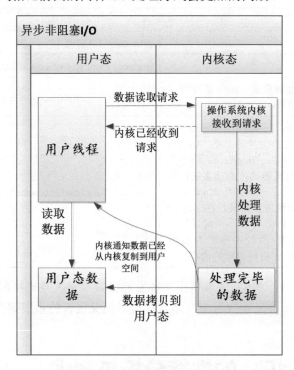

图 4-1-7

（4）I/O 多路复用：在传统的 I/O 处理方式中，每来一个 I/O 请求就需要开启一个进程或者线程来处理，如果是在高并发的调用方式中，就需要开启大量的进程和线程来进行 I/O 处理，而大量的进程或者线程必然会需要大量的服务器硬件资源来支撑。I/O 多路复用的处理方式很好地解决了这个问题，只需要开启单个进程或者线程，通过记录 I/O 流的状态来同时管理多个 I/O，就可以有效地节省服务器资源，以及减少线程过多时带来的服务器 CPU 的中断和切换，从而提高资源的有效利用，也可以提高服务器的吞吐能力。

在 Tomcat Server 中，Connector 的实现模式可以是 I/O 阻塞的方式，也可以是 I/O 非阻塞的方式，可以通过在 server.xml 中指定 Connector 的 I/O 处理方式。在默认情况下，Tomcat Server 的 Connector 指定的 protocol 为"HTTP/1.1"，这种方式就是 I/O 阻塞的处理方式。我们可以把它修改为 protocol="org.apache.coyote.http11.Http11NioProtocol"，Http11NioProtocol 是一种非阻塞的 I/O 处理模式，如下所示：

```
<Connector port="8080" protocol="org.apache.coyote.http11.Http11NioProtocol"
    connectionTimeout="30000"
    URIEncoding="UTF-8"
    enableLookups="false"
    redirectPort="443" />
```

Tomcat Server Connector 中已经支持的常用 I/O 处理模式，如表 4-3 所示。

表 4-3　Connector 支持的常用 I/O 处理模式

I/O 模式	配置方式
BIO（同步阻塞 I/O）	protocol="HTTP/1.1"
NIO（同步非阻塞 I/O）	protocol="org.apache.coyote.http11.Http11NioProtocol"
NIO2（异步非阻塞 I/O 处理模式，NIO 的变种，继承自 NIO，支持异步 I/O 的处理模式）	protocol="org.apache.coyote.http11.Http11Nio2Protocol"
APR （英文全称为 Apache Portable Runtime）是 Apache Http Web 服务器的支持库，在 Tomcat Server 中能以 JNI（Java Native Interface）的方式调用 Apache Http Web 服务器的核心动态链接库 tcnative-1.dll 来读取文件，从而大大地提高 Tomcat 对静态文件的处理性能。如果是在 Tomcat Server 中同时启用了 HTTPS 协议，也可以提高 SSL 的性能。但是，APR 的处理模式会使得 Tomcat Server 进程中的 JVM 消耗大量的内存	protocol="org.apache.coyote.http11.Http11AprProtocol"

在 Tomcat Server 中，NIO 一般适用于并发连接数非常大且连接时间又很短的系统架构中。而 NIO2 一般适用于并发连接数非常多且连接时间又很长的系统架构中。

4.2　WildFly 的性能分析与调优

除了 Tomcat Server 外，用得比较多的另一款应用中间件就是 WildFly 了。WildFly 也是一个开源的基于 JavaEE 的轻量级应用服务器。与 Tomcat 相比，WildFly 的管理能力更强，更加适用于大型的应用集群服务器中。

4.2.1　WildFly Standalone 模式介绍

WildFly 常用的部署模式一般包括 Standalone（独立运行）模式和 Domain（分布式运行）模式两种，一般 Standalone 模式用得会更多一些。从 WildFly 的目录中也可以看到这两种部署的启动模式，如图 4-2-1 所示。

图 4-2-1

WildFly 最大的特点是采用了模块化设计，启动时可以按照模块进行按需加载。WildFly 目录下的 modules 文件夹存放着各个模块，每个模块以一个 jar 包的形式存在，并且会有一个对应的 module.xml 进行定义。如图 4-2-2 所示，netty 就是被定义成了其中的一个模块。

| 📄 module.xml | 2017/3/27 18:02 | XML 文档 | 2 KB |
| 📄 netty-all-4.1.5.Final.jar | 2017/3/27 18:02 | Executable Jar File | 3,419 KB |

图 4-2-2

每个模块的 module.xml 配置里面都会包含如下类似的配置，在 xml 配置文件内部会定义该模块的名称以及对应的属性配置，如果依赖了其他模块，会在 dependencies 标签中定义依赖的其他模块的名称。由于依赖了其他模块，在 WildFly 启动加载该模块时也会一并加载其依赖的其他模块。

```xml
<?xml version="1.0" encoding="UTF-8"?>

<!--
  ~ JBoss, Home of Professional Open Source.
  ~ Copyright 2010, Red Hat, Inc., and individual contributors
  ~ as indicated by the @author tags. See the copyright.txt file in the
  ~ distribution for a full listing of individual contributors.
  ~
  ~ This is free software; you can redistribute it and/or modify it
  ~ under the terms of the GNU Lesser General Public License as
  ~ published by the Free Software Foundation; either version 2.1 of
  ~ the License, or (at your option) any later version.
  ~
  ~ This software is distributed in the hope that it will be useful,
  ~ but WITHOUT ANY WARRANTY; without even the implied warranty of
  ~ MERCHANTABILITY or FITNESS FOR A PARTICULAR PURPOSE. See the GNU
  ~ Lesser General Public License for more details.
  ~
  ~ You should have received a copy of the GNU Lesser General Public
  ~ License along with this software; if not, write to the Free
  ~ Software Foundation, Inc., 51 Franklin St, Fifth Floor, Boston, MA
  ~ 02110-1301 USA, or see the FSF site: http://www.fsf.org.
  -->
<module xmlns="urn:jboss:module:1.5" name="io.netty">
    <properties>
        <property name="jboss.api" value="private"/>
    </properties>
    <resources>
        <resource-root path="netty-all-4.1.5.Final.jar"/>
    </resources>
    <dependencies>
        <module name="javax.api"/>
        <module name="sun.jdk"/>
        <module name="org.javassist" optional="true"/>
    </dependencies>
</module>
```

WildFly 的 Standalone 模式的相关配置都在 standalone 目录下的 configuration 文件夹中，如图 4-2-3 所示。

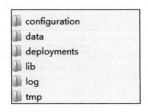

图 4-2-3

其中 configuration 文件夹下的 standalone.xml 文件中定义的是 Standalone 模式的核心配置，如下所示，这个配置中也包含了很多和性能调优相关的参数。

```xml
<?xml version="1.0" encoding="UTF-8"?>
<server xmlns="urn:jboss:domain:5.0">
  <extensions>
<!--扩展模块（module）定义-->
……
</extensions>
  <management>
<!--管理配置定义-->
……
  </management>
  <profile>
<!--属性配置定义，可以定义数据库连接配置、日志属性配置、连接池、线程数等-->
……
  </profile>
  <interfaces>
<!--WildFly对外暴露的接口定义（包括管理接口和对外的公共接口）-->
    <interface name="management">
      <inet-address value="${jboss.bind.address.management:127.0.0.1}" />
    </interface>
    <interface name="public">
      <inet-address value="${jboss.bind.address:127.0.0.1}" />
    </interface>
  </interfaces>
  <socket-binding-group name="standard-sockets" default-interface="public"
port-offset="${jboss.socket.binding.port-offset:0}">
<!--协议和端口定义 -->
    <socket-binding name="management-http" interface="management"
port="${jboss.management.http.port:19990}" />
    <socket-binding name="management-https" interface="management"
port="${jboss.management.https.port:9993}" />
    <socket-binding name="ajp" port="${jboss.ajp.port:8009}" />
    <socket-binding name="http" port="${jboss.http.port:8080}" />
    <socket-binding name="https" port="${jboss.https.port:8443}" />
    <socket-binding name="txn-recovery-environment" port="4712" />
    <socket-binding name="txn-status-manager" port="4713" />
```

```
  <outbound-socket-binding name="mail-smtp">
    <remote-destination host="localhost" port="25" />
  </outbound-socket-binding>
 </socket-binding-group>
 <deployments>
<!--应用包的部署定义，比如常用的 war 包定义-->
  <deployment name="dhr_web" runtime-name="xxxx.war" enabled="false">
    <fs-exploded path="部署的目录路径" />
  </deployment>
 </deployments>
</server>
```

4.2.2　WildFly Standalone 模式管理控制台性能参数调优

WildFly 的管理控制台配置也定义在 standalone.xml 文件中，如下所示，默认启动的端口是 19990。

```
<?xml version="1.0" encoding="UTF-8"?>
<server xmlns="urn:jboss:domain:5.0">
  <socket-binding name="management-http" interface="management"
port="${jboss.management.http.port:19990}" />
</server>
```

我们可以通过 WildFly 的 server 启动日志看到管理控制台的端口为配置文件中定义的 19990，如图 4-2-4 所示。

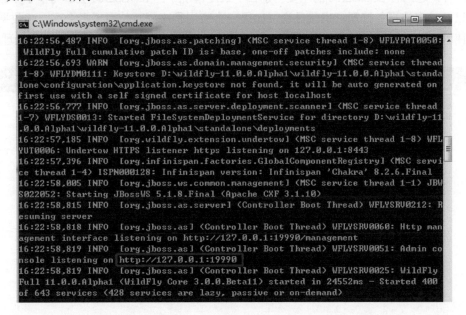

图 4-2-4

和性能相关的参数基本都集中在 configuration 菜单下，如图 4-2-5 所示。参数修改保存完成后，都会集中保存到前面说的 configuration 目录下的 standalone.xml 配置文件中。

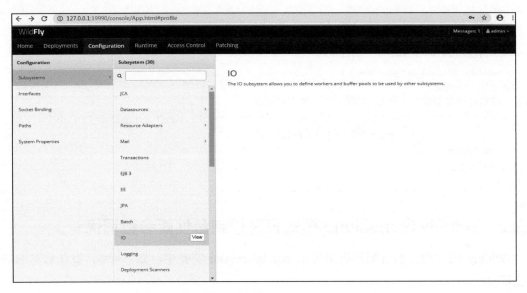

图 4-2-5

1. datasource 中相关参数的介绍和优化

datasource 中定义的是数据库的 JNDI 连接配置。如果应用程序不是以 JNDI 的方式来连接数据库，那么就不需要对此进行配置。通过依次单击菜单选项"configuration→Subsystems→Datasources"，即可进入 datasource 配置，如图 4-2-6 所示。WildFly 的 datasource 分为 Non-XA 和 XA 两种，这两种 datasource 的主要区别在于 XA 情况下的 datasource 会参与多个数据库的连接管理以及对应的事务管理，也就是说，如果一个应用程序同时使用了多个不同的数据库，那么可以使用 XA datasource 来管理应用程序使用的多个数据库以及多个数据库的事务处理。

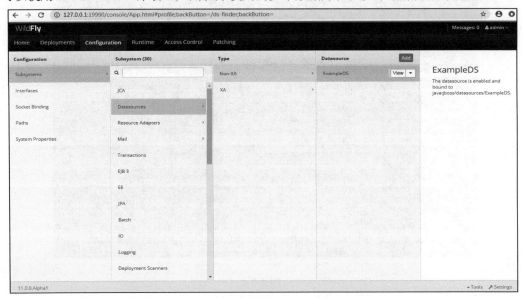

图 4-2-6

进入到 datasource 界面后，可以对 datasource 中的配置参数进行调整，如图 4-2-7 所示。

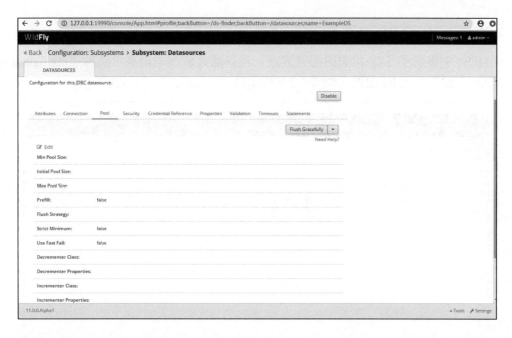

图 4-2-7

datasource 中常见的参数如表 4-4 所示。

表 4-4　datasource 中常见的参数及其说明

参　　数	说　　明
Min Pool Size	设置数据库连接池的最小连接数
Initial Pool Size	设置数据库连接池的初始大小。一般可以把 Initial Pool Size 和 Min Pool Size 设置为一样大
Max Pool Size	设置数据库连接池的最大连接数
Use Try Lock	设置数据库资源对象内部锁定的超时时间
Blocking Timeout Millis	设置等待锁定数据库连接时的阻塞超时时间，超时后会抛出异常。如果创建新连接花费的时间过长，则不会引发异常
Idle Timeout Minutes	设置连接的空闲超时时长，即一个连接在空闲多久不被使用就被关闭
Set Transaction Query Timeout	设置是否根据事务超时之前的剩余时间设置查询超时
Query Timeout	设置查询的超时时长
Allocation Retry	设置连接分配重试的次数。在超过最大连接分配重试次数后会抛出异常
Allocation Retry Wait Millis	设置连接分配重试的间隔等待时长，即第一次重试和第二次重试之间间隔时间
Track Statements*	设置是否跟踪检查未关闭的数据库 Statements（语句），有 3 个选项： false：不进行跟踪。 true：跟踪并且在发现未关闭时发出警告。 nowarn：跟踪但不进行告警
Share Prepared Statements*	设置是否共享数据库中已经创建好的 Statements，即在同一次数据库连接中，如果两次请求都需要使用同一个 Statement 时，是否使用上一次已经创建好的 Statement，而不是重新创建一个新的
Statement Cache Size	设置 Statement 的缓存大小，即每个数据库连接中可以缓存的 Statement 数量

97

2. WildFly 中 I/O 相关参数的介绍和优化

WildFly 中提供了 I/O 相关的配置管理，可以通过依次单击菜单选项"configuration→Subsystems→IO"进入 IO 配置，如图 4-2-8 所示。

图 4-2-8

进入到 IO 配置界面后，可以对 I/O 中的相关配置参数进行调整，如图 4-2-9 所示。

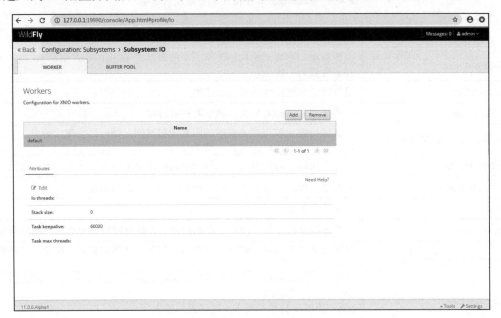

图 4-2-9

IO 配置界面分为 WORKER 和 BUFFER POOL 两块，WORKER 中配置的为 XNIO 的具体 workers 配置参数。XNIO 是 NIO（非阻塞 I/O 处理模式）的一种变种实现。BUFFER POOL 中配置的参数是缓冲池的相关参数，一个 BUFFER POOL 中可以包含很多个缓冲区，这些缓冲区就构成了一个缓冲池。

WORKER 中常见的参数如表 4-5 所示。

表 4-5　WORKER 中常见的参数及其说明

参　　数	说　　明
Io threads	设置要为 WORKER 创建的 I/O 线程数。如果未指定，则将选择默认值。默认值由 CPU 核数*2 计算得到
Stack size	设置 WORKER 线程使用的堆栈大小，单位为字节
Task keepalive	设置非核心任务线程保持 keepalive 状态的时长，单位为毫秒
Task max threads	设置 WORKER 任务线程池的大小。如果未指定，则将选择默认值。默认值由 CPU 核数*16 计算得到

BUFFER POOL 中常见的参数如表 4-6 所示。

表 4-6　BUFFER POOL 中常见的参数及其说明

参　　数	说　　明
Buffer size	设置每个缓冲区的大小，单位为字节。如果未设置，则自动根据操作系统中可用的内存资源进行计算，得到所要设置的缓冲区大小
Buffers per slice	设置每个 slice 片包含的缓冲区个数。如果未设置，则自动根据操作系统中可用的内存资源进行计算，得到所要设置的缓冲区个数
Direct buffers	设置缓冲池是否使用直接缓冲区。在有些操作系统中可能不支持直接缓冲区

3. WildFly 中 Web/HTTP - Undertow 相关参数的介绍和优化

Undertow 是一个基于 NIO 的高性能 Web 应用 Server，等同于我们前面说的 Tomcat 容器。可以通过依次单击菜单选项"configuration→Subsystems→Web/HTTP–Undertow"进入 Web/HTTP-Undertow 配置，图 4-2-10 中共包含 Servlet/JSP、HTTP、Filters 三个部分的配置。

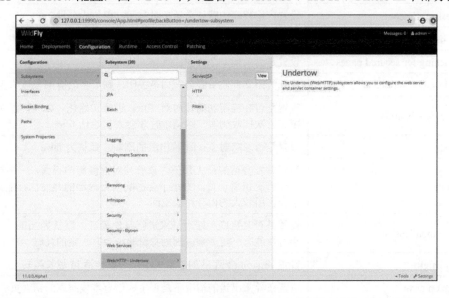

图 4-2-10

（1）Servlet/JSP 配置：主要是对应用程序中的运行容器参数进行配置，如图 4-2-11 所示。

图 4-2-11

常见的参数如表 4-7 所示。

表 4-7　Servlet/JSP 配置常见的参数及其说明

参　　数	说　　明
Allow non standard wrappers	设置是否允许请求和响应使用扩展的非标准的包装器。默认为 false
Default buffer cache	设置缓存静态资源的缓冲区缓存大小
Default encoding	设置所有已经部署到 WildFly 的应用程序的默认字符编码
Default session timeout:	设置应用程序的默认会话超时时间，单位为分钟
Directory listing	设置是否为默认的 servlet 启用目录列表
Disable caching for secured pages	设置是否关闭安全页面的缓存
Disable file watch service	设置关闭文件监听服务。如果关闭，则不会监听部署包的变更
Eager filter initialization	设置是否在应用初始化时对 filter 进行初始化。如果设置为 false，则在首次接收到客户端请求时才会去初始化 filter
Ignore flush	设置是否忽略对 servlet 输出流的刷新。默认为 false
Max sessions	设置并发会话的最大数值。该选项对性能影响很大，一般建议根据实际情况慎重设置。太小了会影响应用程序的并发执行能力，太大了会占用较大的内存存储空间
Proactive authentication	设置是否开启服务端对请求进行身份验证。默认为 true，开启后，会对性能有一定影响，因为身份验证会有一定的耗时
Session id length	设置 session 会话 id 的长度大小。一般会话 id 越长越安全
Stack trace on error	设置在异常出错的情况下是否生成带有堆栈跟踪的错误页
Use listener encoding	设置是否使用监听上定义的字符编码。默认为 false

（2）HTTP 配置：主要对 HTTP 监听参数进行配置，如图 4-2-12 所示。

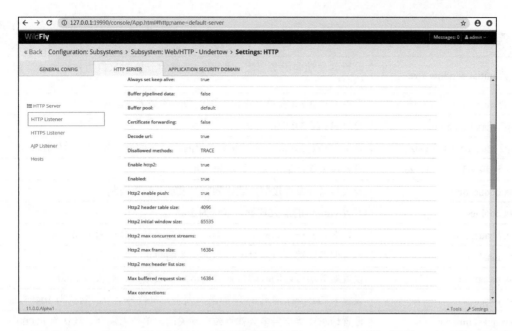

图 4-2-12

常见的参数如表 4-8 所示。

表 4-8　HTTP 配置常见的参数及其说明

参　数	说　明
Allow encoded slash	设置是否开启对请求中的 UrlEncode 编码字符进行自动解码，比如把类似 %2F 这样的编码字符解码为"/"。默认为 false
Allow equals in cookie value	设置是否允许 cookie 值中使用非转义的等于字符。默认为 false
Always set keep alive	设置是否总是把 Connection:keep-alive 属性添加到请求的响应 header 头中。默认为 true
Buffer pipelined data	设置是否对流水线请求进行缓存。默认为 false
Buffer pool	设置监听器对应的缓冲池
Certificate forwarding	设置是否开启证书转发，默认为 false。一般用于 HTTPS 请求的代理处理。如果开启了此选项，则会从 SSL_CLIENT_CERT header 属性中获取证书并且进行转发
Decode url	设置是否对 URL 进行解码，如果开启此选项，那么会使用指定的字符集编码（默认为 UTF-8）对请求 url 进行解码。默认为 true
Disallowed methods	设置禁止使用的 HTTP 方法类型，多个方法类型之间使用逗号分隔符开。默认值为 TRACE。HTTP1.1 及以后的版本的 HTTP 协议包括 GET、POST、HEAD、OPTIONS、PUT、DELETE、TRACE、CONNECT 八种请求方法
Enable HTTP2	设置是否开启 HTTP 2.0 的监听支持。默认为 true
Enabled	设置开启监听。默认为 true
Http2 enable push	设置开启 HTTP 2.0 协议下的消息推送。默认为 true
Http2 header table size	设置 HTTP 2.0 协议下用于 HPACK 压缩的头表大小，单位为字节，HPACK 是一种用于 HTTP 2.0 协议的头部压缩算法。默认为 4096

参 数	说 明
Http2 initial window size	设置客户端向服务器发送数据的速度的流控制窗口的初始大小。默认为 65535
Http2 max concurrent streams	设置 HTTP 2.0 在单个连接上可以激活的最大流数量
Http2 max frame size	设置 HTTP 2.0 帧的最大大小
Http2 max header list size	设置 HTTP 2.0 协议下服务端接收的请求头的最大数。默认为 16384
Max buffered request size	设置最大缓冲请求大小，单位为字节
Max connections	设置最大并发连接数。默认为空，表示无最大限制
Max cookies	设置 cookie 的最大数量。默认为 200
Max header size	设置 HTTP 请求头的最大大小，单位为字节。默认为 1048576
Max headers	设置服务器端可以同时处理的请求头的数量。默认为 200
Max parameters	设置服务端可以同时解析处理的请求参数数量。默认为 1000
Max post size	设置 HTTP post 请求 body 的最大大小，单位为字节。默认为 10485760
No request timeout	设置请求连接空闲多久就将被自动关闭，单位为毫秒。默认为 60000
Proxy address forwarding	设置是否启用对 x-forwarded-host 请求头以及其他 x-forwarded-*请求头的处理，默认为不启用
Read timeout	设置 socket 读取的超时时长。如果在设置的时间内没读取到 socket 数据，那么下一次读取数据将会抛出数据读取超时异常。默认为空
Receive buffer	设置服务端请求接收缓冲区的大小，单位为字节，默认为空
Record request start time	设置是否开启记录每个请求的开始时间，默认为不开启。如果开启后，对性能略有影响，但是影响很小
Redirect socket	设置重定向 socket，默认为 HTTPS，表示重定向到 HTTPS 协议的端口
Request parse timeout	设置请求解析的超时时长，单位为毫秒，默认值为空
Require host http11	设置 HTTP1.1 协议下的请求头部如果不包括 host 字段，将直接返回 HTTP code 为 403。默认为否
Resolve peer address	设置请求时是否启用 DNS 查找。默认为不启用，表示直接使用 host 地址，而不需要查找 host 对应的 dns 地址。此处一般建议设置为不启用，以提高请求的处理性能
Secure	设置是否把非 HTTPS 协议的请求（比如 HTTP 请求）直接标注为安全的，默认为否。HTTPS 请求是经过加密处理，数据传输更安全，而 HTTP 请求是没有经过加密处理，所以一般认为 HTTP 请求是不安全的
Send buffer	设置发送缓冲区大小，单位为字节
Socket binding	设置 Socket 监听器绑定的协议，默认为 HTTP
Tcp backlog	设置 backlog 配置服务器，默认为 10000
Tcp keep alive	设置 TCP 连接是否启用 keep alive 持久化，默认为否
Url charset	设置请求 URL 的字符集，默认为 UTF-8
Worker	设置 XNIO 处理模式下的 Worker 名称
Write timeout	设置 socket 写入的超时时长，单位为毫秒。如果在设置的时长内写入失败，那么第二次写入将会抛出写入超时异常

（3）Filters 配置：主要配置对发送给 WildFly 容器的请求进行过滤和修改，如图 4-2-13 所示。

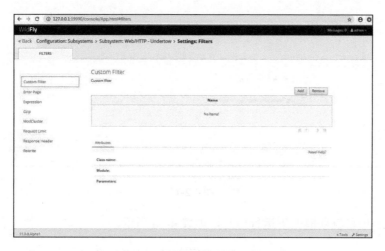

图 4-2-13

常见的参数如表 4-9 所示。

表 4-9　Filters 配置常见的参数及其说明

参　数	说　明
Max concurrent requests	设置并发请求的最大数量。默认为空，表示无限制
Queue size	设置请求队列的最大大小。超过该大小后，服务端将直接拒绝请求

4.2.3　WildFly Standalone 模式性能监控

WildFly server 自身提供了运行性能监控，通过依次单击菜单选项"Runtime→Standalone Server"即可进入，如图 4-2-14 所示。

图 4-2-14

1. JVM 运行监控

JVM（Java 虚拟机）可显示出 Java 虚拟机的运行性能，它是 Java 程序的运行环境，单击 JVM 即可直接进入，如图 4-2-15 所示。

103

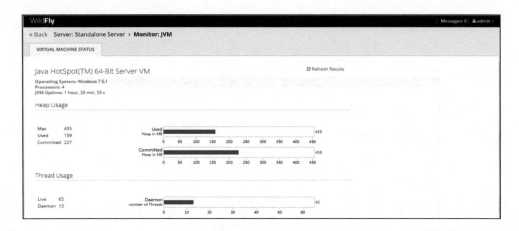

图 4-2-15

从图 4-2-15 中可以获取如下运行信息，如表 4-10 所示。

表 4-10　JVM 运行监控信息及其说明

监 控 项	说　明
Heap Usage-Max	Java Heap 的最大大小，单位 M。关于 Java Heap 的概念会在后续的章节进行详细的说明，此处需要知道的就是 Java 程序预先占用的一块用来存储 Java 运行数据的内存空间
Heap Usage-Used	已经使用的 Java Heap 的大小
Heap Usage- Committed	可供使用的 Java Heap 的大小
Thread Usage- Live	Java 应用程序中目前存活的线程数
Thread Usage- Daemon	Java 应用程序中守护线程的数量

2. Environment

运行环境参数的显示，如图 4-2-16 所示。

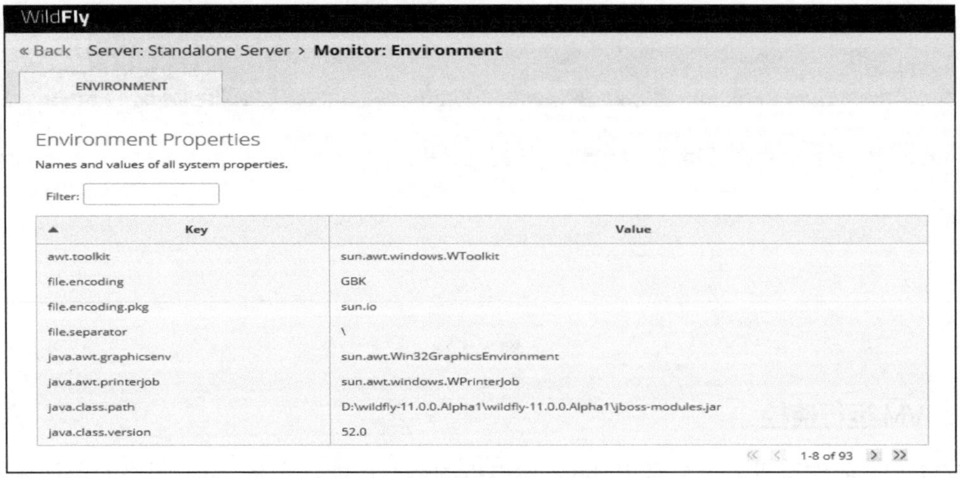

图 4-2-16

104

3. Log Files

应用程序运行日志文件的显示，如图 4-2-17 所示，日志文件可以供下载或者直接在页面中查看。有时候需要从日志中来分析问题时，即可从此处实时获取日志。

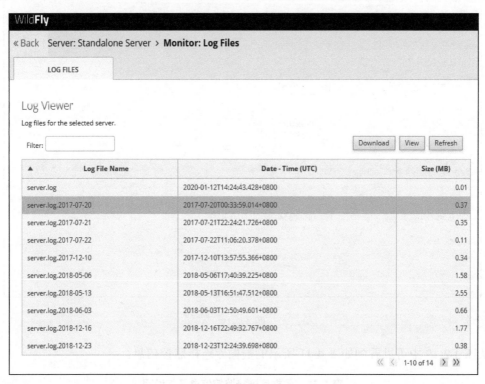

图 4-2-17

4. Subsystems

Subsystems 提供 Datasources、JNDI View、Transactions、Web/HTTP - Undertow、Web Services、Batch、JPA、Transaction Logs 运行性能的监控，如图 4-2-18 所示。

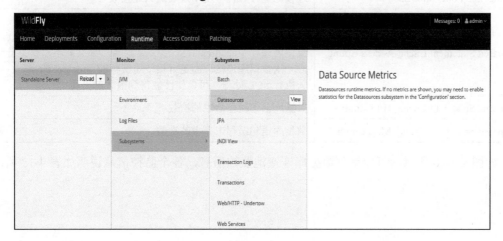

图 4-2-18

（1）Datasources：提供数据库的 JNDI 模式下的数据库连接和连接池监控，如图 4-2-19 所示。

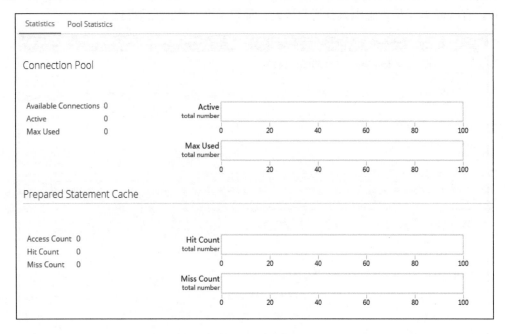

图 4-2-19

从图 4-2-19 中可以看到如表 4-11 所示的数据库连接监控信息。

表 4-11　数据库连接监控信息及其说明

监 控 项	说　　明
Connection Pool- Available Connections	连接池中可用的连接数
Connection Pool- Active	连接池中正在使用的活跃连接数
Connection Pool- Max Used	连接池运行过程中使用过的最大连接数
Prepared Statement Cache-Access Count	数据库语句缓存访问的次数，Prepared Statement Cache 一般存在于连接池中，用于缓存数据库交互的 prepareStatement 对象，如果使用缓存中的 prepareStatement 对象，那么就不需要去重新建立一次数据库连接，而是直接使用缓存的 prepareStatement 对象去执行 SQL 处理，可以使性能得到很大的提高
Prepared Statement Cache- Hit Count	数据库语句缓存命中的次数
Prepared Statement Cache- Miss Count	数据库语句缓存未命中的次数

如图 4-2-20 所示，可以看到数据库连接池监控信息，各个监控信息说明如表 4-12 所示。

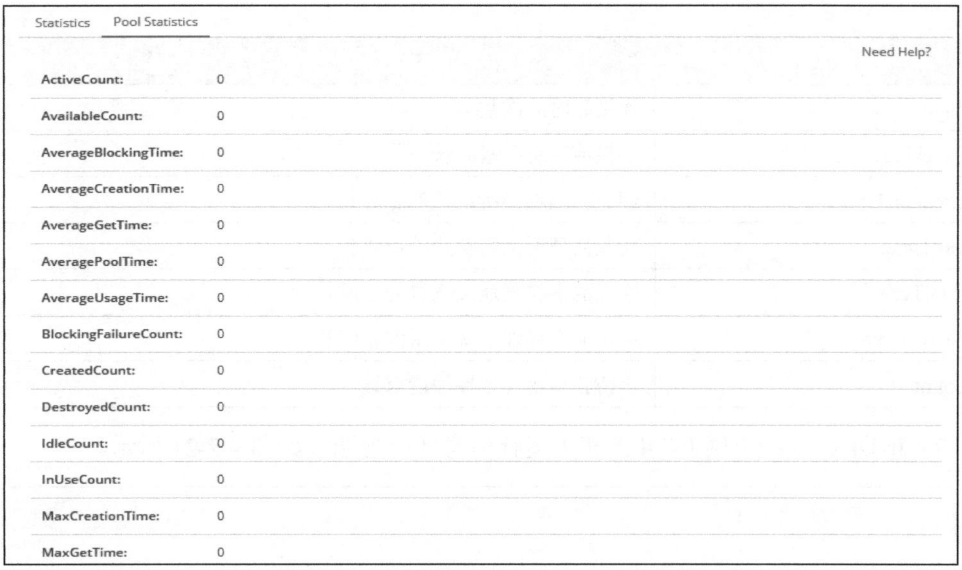

Statistics	Pool Statistics	
		Need Help?
ActiveCount:	0	
AvailableCount:	0	
AverageBlockingTime:	0	
AverageCreationTime:	0	
AverageGetTime:	0	
AveragePoolTime:	0	
AverageUsageTime:	0	
BlockingFailureCount:	0	
CreatedCount:	0	
DestroyedCount:	0	
IdleCount:	0	
InUseCount:	0	
MaxCreationTime:	0	
MaxGetTime:	0	

图 4-2-20

表 4-12　数据库连接池监控信息及其说明

监 控 项	说　明
ActiveCount	连接池中正在使用的连接数
AvailableCount	连接池中可用连接总数
AverageBlockingTime	连接池的平均阻塞时间
AverageCreationTime	连接池中创建物理连接的平均时间
AverageGetTime	连接池中获取物理连接所用的平均时间
AveragePoolTime	连接池中物理连接的平均使用时间
AverageUsageTime	连接池中使用物理连接的平均时间
BlockingFailureCount	连接池中尝试获取物理连接失败的次数
CreatedCount	连接池中创建连接的次数
DestroyedCount	连接池中销毁连接的次数
IdleCount	连接池中当前空闲的物理连接的数量
InUseCount	连接池中当前在使用的物理连接的数量
MaxCreationTime	连接池中创建物理连接的最大时长
MaxGetTime	连接池中获取物理连接的最大时长
MaxPoolTime	连接池中最大物理连接时长
MaxUsageTime	连接池中最大物理连接使用时长
MaxUsedCount	连接池运行中使用的最大连接数
MaxWaitCount	等待连接的最大线程数
MaxWaitTime	等待连接的最大时长

（续表）

监 控 项	说 明
TimedOut	连接超时的次数
TotalBlockingTime	连接池中总阻塞时长
TotalCreationTime	创建物理连接所花费的总时长
TotalGetTime	获取物理连接所花费的总时长
TotalPoolTime	连接池中物理连接花费的总时长
TotalUsageTime	连接池中物理连接使用的总时长
WaitCount	等待获得物理连接的请求数

（2）JNDI View：提供 JNDI 的相关运行信息展示视图，如图 4-2-21 所示。

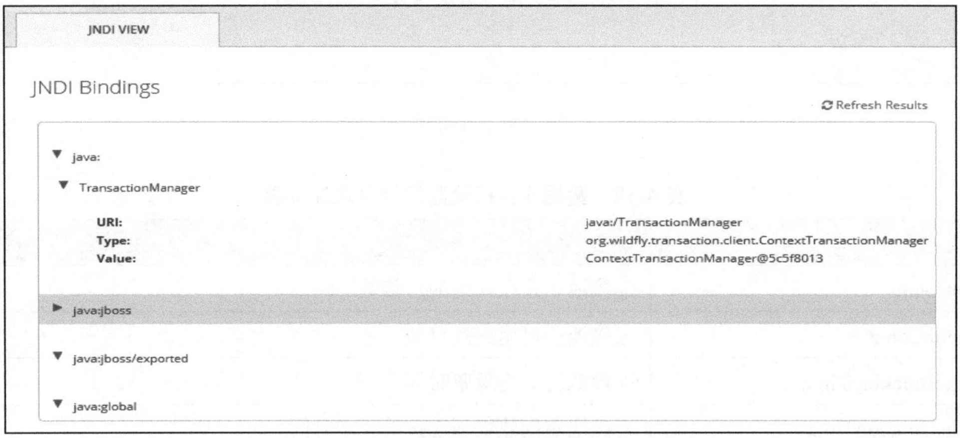

图 4-2-21

（3）Transactions：提供事务处理的相关运行信息视图，如图 4-2-22 和图 4-2-23 所示。

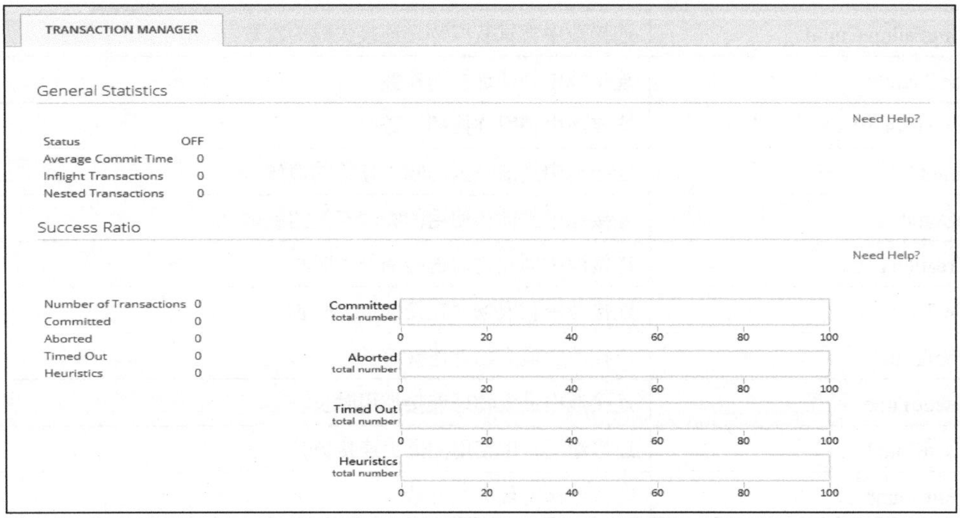

图 4-2-22

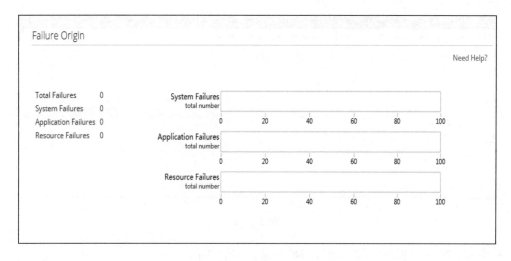

图 4-2-23

从图中可以获取如下运行监控信息，如表 4-13 所示。

表 4-13　事务处理运行监控信息及其说明

监 控 项	说　明
General Statistics- Status	事务运行的状态
General Statistics- Average Commit Time	事务提交的平均时长（单位为纳秒），从客户端调用提交到事务管理器确定提交尝试成功为止所耗费的时长
General Statistics- Inflight Transactions	已开始但尚未终止的事务数
General Statistics- Nested Transactions	创建的子事务总数
Success Ratio- Number of Transactions	创建的事务总数量（包括一级和二级嵌套事务）
Success Ratio- Committed	已经提交成功的事务数占比
Success Ratio- Aborted	终止或者回滚的事务数占比
Success Ratio- Timed Out	由于超时而回滚的事务数占比
Success Ratio- Heuristics	由于启发式输出而终止的事务数占比
Failure Origin- Total Failures	合计的失败事务总数
Failure Origin- System Failures	由于内部系统错误而回滚的事务总数
Failure Origin- Application Failures	应用程序请求回滚的事务总数（包括超时导致的事务回滚，因为超时行为被视为应用程序配置的属性）
Failure Origin- Resource Failures	由于获取资源失败而回滚的事务总数

（4）Web/HTTP - Undertow：提供 Web/HTTP 的 Connectors 运行监控视图，如图 4-2-24 所示。

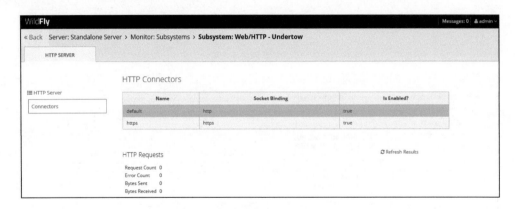

图 4-2-24

从图 4-2-24 中可以获取如下运行监控信息，如表 4-14 所示。

表 4-14　Web/HTTP 的 Connectors 运行监控信息及其说明

监 控 项	说　明
Request Count	HTTP 或者 HTTPs 请求的总数量
Error Count	HTTP 或者 HTTPs 请求发生错误的总数量
Bytes Sent	请求发送的字节数
Bytes Received	接收到的请求的字节数

（5）Web Services：提供 Web Services 服务的运行监控视图，如图 4-2-25 所示。

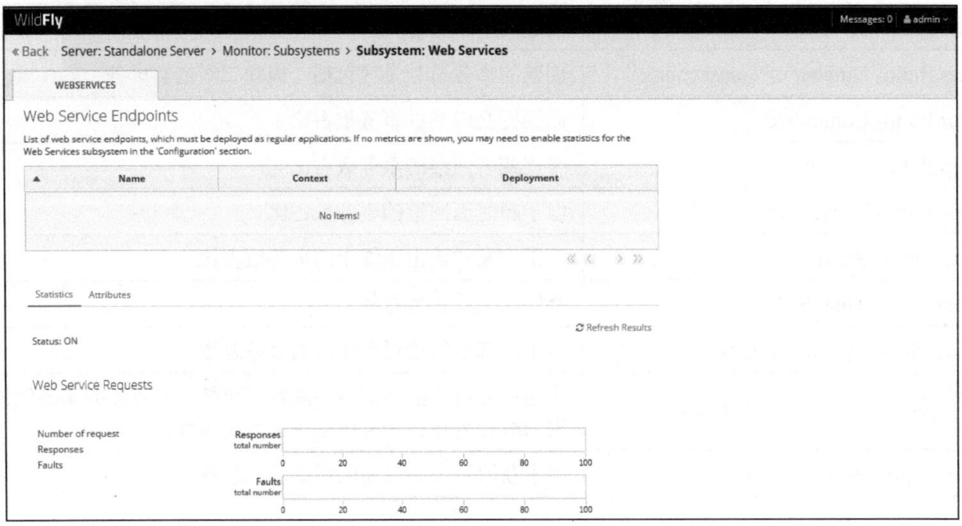

图 4-2-25

从图 4-2-25 中可以看到请求的总数量以及请求被响应的总数和请求发生故障的总数。

（6）Batch：提供 WildFly 批处理作业中的线程池监控运行视图，如图 4-2-26 所示。

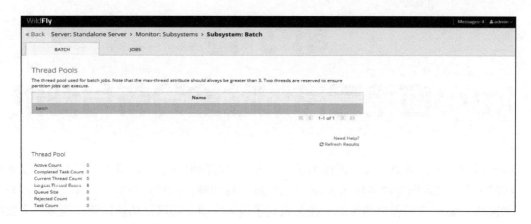

图 4-2-26

从图 4-2-25 中可以获取运行监控信息，如表 4-15 所示。

表 4-15　线程池监控信息及其说明

监 控 项	说　明
Thread Pool-Active Count	主动执行任务的线程数目
Thread Pool-Completed Task Count	已执行完成的任务总数
Thread Pool-Current Thread Count	线程池中的线程总数
Thread Pool-Largest Thread Count	线程池中同时存在的最大线程数
Thread Pool-Queue Size	任务队列大小
Thread Pool-Rejected Count	已被拒绝执行的任务总数
Thread Pool-Task Count	已计划执行的任务总数

（7）Transaction Logs：提供事务恢复日志（发生故障时，恢复事务而存储的持久性信息）的监控运行视图，如图 4-2-27 所示。

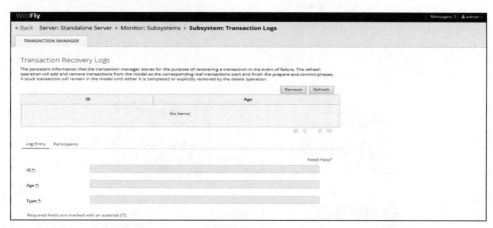

图 4-2-27

第 5 章
Java应用程序的性能分析与调优

Java 编程语言自从诞生起，就成为了一门非常流行的编程语言，覆盖了互联网、安卓应用、后端应用、大数据等很多技术领域，因此 Java 应用程序的性能分析和调优也是一门非常重要的课题。Java 应用程序的性能直接关系到了很多大型电商网站的访问承载能力、大数据的数据处理量等，它的性能分析和调优往往还可以节省很多的硬件成本。

5.1 JVM 基础知识

5.1.1 JVM 简介

JVM 是 Java Virtual Machine（Java 虚拟机）的英文简写，是通过在实际的计算机上仿真模拟各种计算机功能来实现的。Java 编程语言在引入了 Java 虚拟机后，使得 Java 应用程序可以在不同操作系统平台上运行，而不需要再次重新编译。Java 编程语言通过使用 Java 虚拟机屏蔽了与具体操作系统平台相关的信息，保证了编译后的应用程序的平台兼容性，使得 Java 应用程序只需编译生成在 Java 虚拟机上运行的目标代码（字节码），就可以在不同的操作系统上部署和运行。Java 虚拟机本质上可以认为是运行在操作系统上的一个程序、一个进程。Java 虚拟机在启动后就开始执行保存在字节码文件中的指令，其内部组成结构如图 5-1-1 所示。

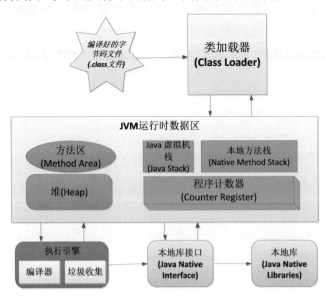

图 5-1-1

在 JDK1.8（Java 8）及以后的版本中，JVM 的内部组成结构发生了一些小的变化，如图 5-1-2 所示。

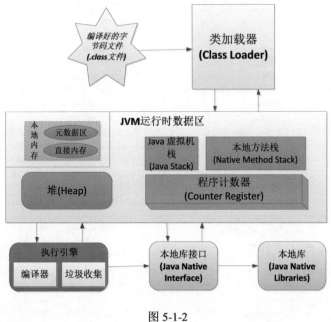

图 5-1-2

5.1.2　类加载器

类加载器（Class Loader）负责将编译好的.class 字节码文件加载到内存中，使得 JVM 可以实例化或以其他方式使用加载后的类。类加载器支持在运行时的动态加载，动态加载可以节省内存空间，灵活地从本地或者网络上加载类，可以通过命名空间的分隔来实现类的隔离，增强了整个系统的安全性等。类加载器分为如下几种：

- 启动类加载器（BootStrap Class Loader）：启动类加载器是最底层的加载器，由 C/C++语言实现，非 Java 语言实现，负责加载 JDK 中的 rt.jar 文件中所有的 Java 字节码文件。如图 5-1-3 所示，rt.jar 文件一般位于 JDK 的 jre 目录下，里面存放中 Java 语言自身的核心字节码文件。Java 自身的核心字节码文件一般都是由启动类加载器进行加载的。

- 扩展类加载器（Extension Class Loader）：负责加载一些扩展功能的 jar 包到内存中。一般负责加载<Java_Runtime_Home>/lib/ext 目录或者由系统变量-Djava.ext.dir 指定位置中的字节码文件。

- 系统类加载器（System Class Loader）：负责将系统类路径 java -classpath 或-Djava.class.path 参数所指定的目录下的字节码类库加载到内存中。通常程序员自己编写的 Java 程序也是由该类加载器进行加载的。

名称	修改日期	类型	大小
jfr	2019/8/24 17:49	文件夹	
management	2019/8/24 17:49	文件夹	
security	2019/8/24 17:49	文件夹	
accessibility.properties	2019/8/24 17:49	PROPERTIES 文件	1 KB
calendars.properties	2019/8/24 17:49	PROPERTIES 文件	2 KB
charsets.jar	2019/8/24 17:50	Executable Jar File	3,018 KB
classlist	2019/8/24 17:49	文件	83 KB
content-types.properties	2019/8/24 17:49	PROPERTIES 文件	6 KB
currency.data	2019/8/24 17:49	DATA 文件	5 KB
deploy.jar	2019/8/24 17:50	Executable Jar File	4,886 KB
flavormap.properties	2019/8/24 17:49	PROPERTIES 文件	4 KB
fontconfig.bfc	2019/8/24 17:49	BFC 文件	4 KB
fontconfig.properties.src	2019/8/24 17:49	SRC 文件	11 KB
hijrah-config-umalqura.properties	2019/8/24 17:49	PROPERTIES 文件	14 KB
javafx.properties	2019/8/24 17:49	PROPERTIES 文件	1 KB
javaws.jar	2019/8/24 17:50	Executable Jar File	921 KB
jce.jar	2019/8/24 17:49	Executable Jar File	113 KB
jfr.jar	2019/8/24 17:49	Executable Jar File	548 KB
jfxswt.jar	2019/8/24 17:49	Executable Jar File	34 KB
jsse.jar	2019/8/24 17:50	Executable Jar File	617 KB
jvm.hprof.txt	2019/8/24 17:49	TXT 文件	5 KB
logging.properties	2019/8/24 17:49	PROPERTIES 文件	3 KB
management-agent.jar	2019/8/24 17:49	Executable Jar File	1 KB
meta-index	2019/8/24 17:49	文件	3 KB
net.properties	2019/8/24 17:49	PROPERTIES 文件	3 KB
plugin.jar	2019/8/24 17:50	Executable Jar File	1,881 KB
psfont.properties.ja	2019/8/24 17:49	JA 文件	3 KB
psfontj2d.properties	2019/8/24 17:49	PROPERTIES 文件	11 KB
resources.jar	2019/8/24 17:49	Executable Jar File	3,410 KB
rt.jar	2019/8/24 17:50	Executable Jar File	61,832 KB

图 5-1-3

　　类加载器加载类的过程如图 5-1-4 所示，该图同时也描述了一个 class 字节码文件的整个生命周期。

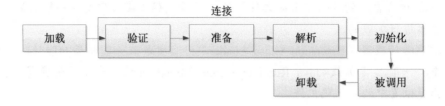

图 5-1-4

类加载器加载过程的详细说明如表 5-1 所示。

表 5-1　类加载器加载过程的详细说明

步　骤	说　明
加载	将指定的 .class 字节码文件加载到 JVM 中
连接	将已经加载到 JVM 中的二进制字节流的类数据等信息，合并到 JVM 的运行时状态中，加载过程包括验证、准备和解析
验证	校验 .class 字节码文件的正确性，确保该文件是符合规范定义的，并且适合当前 JVM 版本的使用。一般包含如下 4 个子步骤： （1）文件格式校验：校验字节码文件的格式是否符合规范、版本号是否正确并且对应的版本是否是当前 JVM 可以支持的、常量池中的常量是否有不被支持的类型等。 （2）元数据校验：对字节码描述的信息进行语义分析，以确保其描述的信息符合 Java 语言的规范。 （3）字节码校验：通过对字节码文件的数据流和控制流进行分析，验证代码的语义是合法的、符合 Java 语言编程规范的。 （4）符号引用校验：符号引用是指以一组符号来描述所引用的目标，校验符号引用转化成为真正的内存地址是否正确
准备	为加载到 JVM 中的类分配内存，同时初始化类中的静态变量的初始值
解析	将符号引用转换为直接引用，一般主要是把类的常量池中的符号引用解析为直接引用
初始化	初始化类中的静态变量，并执行类中的 static 代码块、构造函数等。如果没有构造函数，系统添加默认的无参构造函数。如果类的构造函数中没有显示的调用父类的构造函数，编译器会自动生成一个父类的无参构造函数
被调用	指在运行时被使用
卸载	指将类从 JVM 中移除

5.1.3　Java 虚拟机栈和原生方法栈

　　Java 虚拟机栈是 Java 方法执行的内存模型，是线程私有的，和线程直接相关。每创建一个新的线程，JVM 就会为该线程分配一个对应的 Java 栈。各个线程的 Java 栈的内存区域是不能互相直接被访问的，以保证在并发运行时线程的安全性。每调用一个方法，Java 虚拟机栈就会为每个方法生成一个栈帧（Stack Frame），调用方法时压入栈帧（通常叫入栈），方法返回时弹出栈帧并抛弃（通常叫出栈）。栈帧中存储局部变量、操作数栈、动态链接、中间运算结果、方法返回值等信息。每个方法被调用和完成的过程，都对应一个栈帧从虚拟机栈上入栈和出栈的过程。虚拟机栈的生命周期和线程是一样的，栈帧中存储的局部变量随着线程运行的结束而结束。

　　原生方法栈类似于 Java 虚拟机栈，主要存储了原生方法（即 native method，指用 native 关键字修饰的方法）调用的状态和信息，是为了方便 JVM 去调用原生方法和接口的栈区。

　　和栈相关的常见异常如下：

- StackOverflowError: 俗称栈溢出。一般当栈深度超过 JVM 虚拟机分配给线程的栈大小时，就会出现这个错误。在循环调用方法而无法退出的情况下，容易出现栈溢出错误。

● OutOfMemoryError：详细错误信息一般为"Exception in thread "main" java.lang.OutOfMemoryError: unable to create new native thread"。Java 虚拟机栈的内存大小允许动态扩展，且当线程请求栈时内存用完了，无法再动态扩展了，此时就会抛出 OutOfMemoryError 错误。

5.1.4　方法区与元数据区

方法区也就是我们常说的永久代区域，里面存储着 Java 类信息、常量池、静态变量等数据，方法区占用的内存区域在 JVM 中是线程共享的。在 JDK1.8 及以后的版本中，方法区已经被移除，取而代之的是元数据区和本地内存，类的元数据信息直接存放到 JVM 管理的本地内存中。需要注意的是，本地内存不是虚拟机运行时数据区的一部分，也不是 Java 虚拟机规范中定义的内存区域。常量池、静态变量等数据则存放到了 Java 堆（Heap）中。这样做的目的主要是为了减少加载的类过多时容易造成 Full GC 问题。

5.1.5　堆区

Java 是一门面向对象的程序设计语言，而 JVM 堆区是真正存储 Java 对象实例的内存区域，并且是所有线程共享的。所以 Java 程序在进行实例化对象等操作时，需要解决同步和线程安全问题。Java 堆区可以细分为新生代区域和老年代区域。新生代还可以再细分为 Eden 空间区域、From Survivor 空间区域、To Survivor 空间区域，如图 5-1-5 所示。堆区是发生 GC 垃圾回收最频繁的内存区域，因此也是 JVM 性能调优的关键区域。

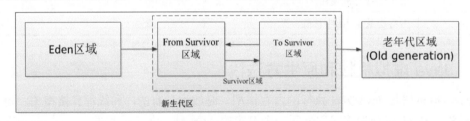

图 5-1-5

Java 堆区内部结构说明如表 5-2 所示。

表 5-2　Java 堆区内部结构说明

区　域	说　明
新生代区	又称年轻代区域，由 Eden 空间区域和 Survivor 空间区域共同组成。在新生代区域中 JVM 默认内存分配比例为： Eden : From Survivor : To Survivor = 8 ： 1 ： 1
Eden 空间区域	新生对象存放的内存区域，存放着首次创建的对象实例
Survivor 空间区域	由 From Survivor 空间区域和 To Survivor 空间区域共同组成，并且这两个区域中总是有一个是空的
From Survivor 空间区域	存储 Eden 空间区域发生 GC 垃圾回收后幸存的对象实例。From Survivor 空间区域和 To Survivor 空间区域的作用是等价的，并且默认情况下这两个区域的大小是一样大的

区　域	说　明
To Survivor 空间区域	存储 Eden 空间区域发生 GC 垃圾回收后幸存的对象实例。当一个 Survivor（幸存者）空间饱和，依旧存活的对象会被移动到另一个 Survivor（幸存者）空间，然后会清空已经饱和的那个 Survivor（幸存者）空间
老年代区域	JVM 的垃圾回收器分代进行垃圾回收。在回收到一定次数（可以通过 JVM 参数设定）后，依然存活的新生代对象实例将会进入老年代区域

图 5-1-5 中箭头指示的方向就代表 JVM 堆区分代进行垃圾回收时数据的移动过程。对象在刚刚被创建之后是保存在 Eden 空间区域的，那些长期存活的对象会经由 Survivor（幸存者）空间转存到老年代空间区域（Old generation）。当然对于一些比较大的对象（需要分配一块比较大的连续内存空间），则直接进入到老年代区域，这种情况一般在 Survivor 空间区域内存不足的时候下会发生。

在 JDK1.7 以及之前的版本中，JVM 的共享内存区域组成如图 5-1-6 所示。

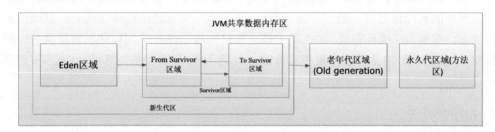

图 5-1-6

在 JDK1.8 以及之后的版本中，JVM 的共享内存区域组成如图 5-1-7 所示。

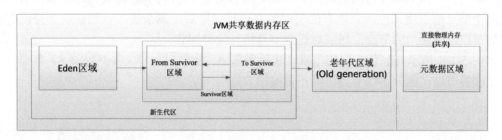

图 5-1-7

5.1.6　程序计数器

程序计数器是一个记录着线程所执行的字节码指令位置的指示器，加载到 JVM 内存中的.class 字节码文件通过字节码解释器进行解释执行，按照顺序读取字节码指令。每读取一个指令后，将该指令转换成对应的操作，并根据这些操作进行分支、循环、条件判断等流程处理。由于程序一般是多线程来协同执行的，并且 JVM 的多线程是通过 CPU 时间片轮转（即线程轮流切换并公平争抢 CPU 执行时间）算法来实现的，这样就存在着某个线程在执行过程中可能会因为时间片耗尽而被挂起，而另一个线程获取到时间片开始执行。当被挂起的线程重新获取到 CPU 时间片的时候，它要想从被挂起的地方继续执行，就必须知道它上次执行到哪个位置（即代码中的具体行号）了，在 JVM 中就是通过程序计数器来记录某个线程的字节码指令的执行位置。因此，程序计数器是线程私有的、是线程隔离的，每个线程在运行时都有属于自己的程序计数器。另外，如果是执行原生方法，程序计数器的值为空，因为原生方法是 Java 通过 JNI（Java Native Interface）直接调用 Java 原生 C/C++语言库来执行的，而C/C++语言实现的方法自然无法产生相应的.class 字节码（C/C++语言库是按照 C/C++语言的方式来执行的），因此 Java 的程序计数器此时是无值的。

5.1.7 垃圾回收

Java 语言和别的编程语言不一样，程序运行时的内存回收不需要开发者自己在代码中进行手动回收和释放，而是 JVM 自动进行内存回收。内存回收时会将已经不再使用的对象实例等从内存中移除掉，以释放出更多的内存空间，这个过程就是常说的 JVM 垃圾回收机制。

垃圾回收一般简称为 GC，新生代的垃圾回收一般称作 Minor GC，老年代的垃圾回收一般称作 Major GC 或者 Full GC。垃圾回收之所以如此重要，是因为发生垃圾回收时一般会伴随着应用程序的暂停运行。一般发生垃圾回收时除 GC 所需的线程外，所有的其他线程都进入等待状态，直到 GC 执行完成。GC 调优最主要目标就是减少应用程序的暂停执行时间。

JVM 垃圾回收的常见算法有根搜索算法、标记-清除算法、复制算法、标记-整理算法和增量回收算法。

1. 根搜索算法

采用根搜索算法的垃圾回收线程把应用程序的所有引用关系看作一张图，从一个节点GC ROOT（英文解释为 A garbage collection root is an object that is accessible from outside the heap，即一个可以从堆外访问的对象）开始，寻找对应的引用节点，找到这个节点后，继续寻找这个节点的引用节点。当所有的引用节点寻找完毕后，剩余的节点则被认为是没有被引用到的节点，即无用的节点，然后对这些节点执行垃圾回收。

如图 5-1-8 所示，颜色较深的节点（实例对象 6、实例对象 7、实例对象 8）就是可以被垃圾回收的节点，因为这些节点已经不再被根节点引用了。

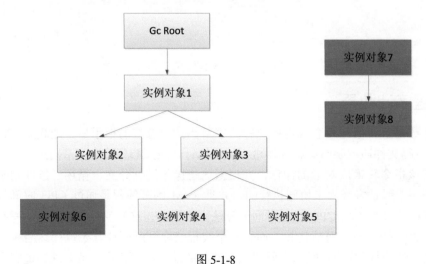

图 5-1-8

从 IBM 网站页面 https://www.ibm.com/support/knowledgecenter/en/SS3KLZ/com.ibm.java. diagnostics.memory.analyzer.doc/gcroots.html 的介绍可知，JVM 中可以作为 GC ROOT 节点的对象包括：

System class

A class that was loaded by the bootstrap loader, or the system class loader. For example, this category includes all classes in the *rt.jar* file (part of the Java™ runtime environment), such as those in the `java.util.*` package.

JNI local

A local variable in native code, for example user-defined JNI code or JVM internal code.

JNI global

A global variable in native code, for example user-defined JNI code or JVM internal code.

Thread block

An object that was referenced from an active thread block.

Thread

A running thread.

Busy monitor

Everything that called the `wait()` or `notify()` methods, or that is synchronized, for example by calling the `synchronized(Object)` method or by entering a synchronized method. If the method was static, the root is a class, otherwise it is an object.

Java local

A local variable. For example, input parameters, or locally created objects of methods that are still in the stack of a thread.

Native stack

Input or output parameters in native code, for example user-defined JNI code or JVM internal code. Many methods have native parts, and the objects that are handled as method parameters become garbage collection roots. For example, parameters used for file, network, I/O, or reflection operations.

Finalizer

An object that is in a queue, waiting for a finalizer to run.

Unfinalized

An object that has a finalize method, but was not finalized, and is not yet on the finalizer queue.

Unreachable

An object that is unreachable from any other root, but was marked as a root by Memory Analyzer so that the object can be included in an analysis.

Unreachable objects are often the result of optimizations in the garbage collection algorithm. For example, an object might be a candidate for garbage collection, but be so small that the garbage collection process would be too expensive. In this case, the object might not be garbage collected, and might remain as an unreachable object.

By default, unreachable objects are excluded when Memory Analyzer parses the heap dump. These objects are therefore not shown in the histogram, dominator tree, or query results. You can change this behavior by clicking **File > Preferences... > IBM Diagnostic Tools for Java - Memory Analyzer**, then selecting the **Keep unreachable objects** check box.

而 https://www.dynatrace.com/resources/ebooks/javabook/how-garbage-collection-works/网站中给出的解释如图 5-1-9 所示。

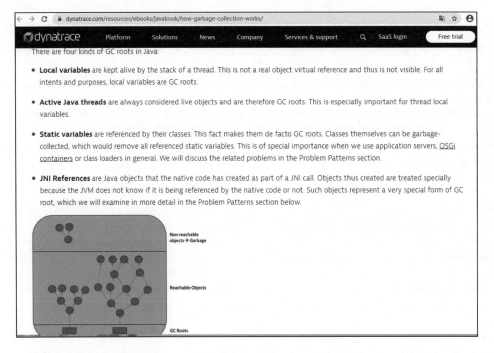

图 5-1-9

最终我们总结归纳如下：

（1）JVM 虚拟机栈中引用的实例对象。

（2）方法区中静态属性引用的对象（仅针对 JDK1.8 之前的 JVM，JDK1.8 及之后由于不存在方法区，静态属性直接存于 Heap 中）。

（3）方法区中静态常量引用的对象（仅针对 JDK1.8 之前的 JVM，JDK1.8 及之后由于不存在方法区，静态常量直接存于 Heap 中）。

（4）原生方法（native method，多用在 JNI 接口调用中）栈中引用的对象。

（5）JVM 自身持有的对象，比如启动类加载器、系统类加载器等。

下面讲的其他 GC 算法基本都会引用根搜索算法这种概念。

2. 标记-清除算法

如图 5-1-10 所示，标记-清除算法采用从 GC ROOT 进行扫描，对存活的对象节点进行标记，标记完成后再扫描整个内存区域中未被标记的对象进行直接回收。由于标记-清除算法标记完毕后不会对存活的对象进行移动和整理，因此很容易导致内存碎片（即空闲的连续内存空间比要申请的空间小，导致大量空闲的小内存块不能被利用）。但是由于仅对不存活的对象进行处理，在存活的对象较多、不存活的对象较少的情况下，标记清除-算法的性能极高。

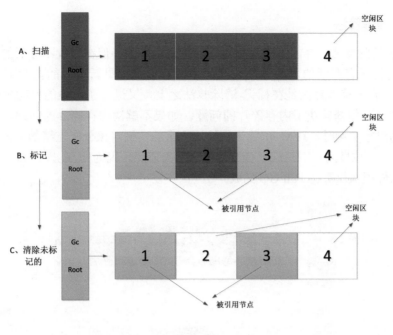

图 5-1-10

3. 复制算法

复制算法同样采用从 GC ROOT 扫描，将存活的对象复制到空闲区间，当扫描完活动区间后，会将活动区间内存一次性全部回收，此时原来的活动区间就变成了空闲区域，如图 5-1-11 所示。复制算法会将内存分为两个区间，所有动态分配的实例对象都只能分配在其中一个区间（此时该区间就变成了活动区间），而另外一个区间则是空闲的，每次 GC 时都重复这样的操作，每次总是会有一个区域是空闲的。

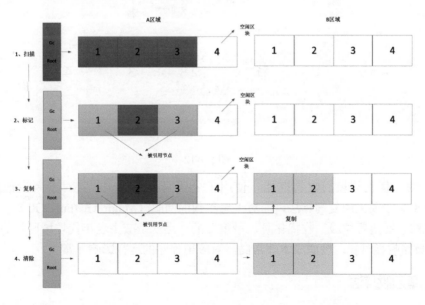

图 5-1-11

4. 标记-整理算法

采用标记-清除算法一样的方式进行对象的标记、清除，但在回收不存活的对象占用的内存空间后，会将所有存活的对象往左端空闲空间移动，并更新对应的内存节点指针，如图5-1-12 所示。标记-整理算法是在标记-清除算法之上，又进行了对象的移动排序整理，虽然性能成本更高了，但却解决了内存碎片的问题。如果不解决内存碎片的问题，一旦出现需要创建一个大的对象实例时，JVM 可能无法给这个大的实例对象分配连续的大内存，从而导致发生 Full GC。在垃圾回收中，Full GC 应该尽量去避免，因为一旦出现 Full GC，一般会导致应用程序暂停很久以等待 Full GC 完成。

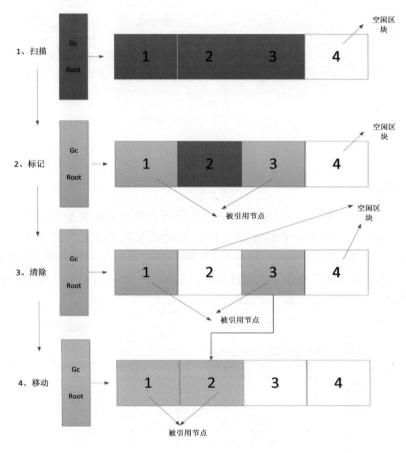

图 5-1-12

JVM 为了优化垃圾回收的性能，使用了分代回收的方式。它对于新生代内存的回收（Minor GC）主要采用复制算法，而对于老年代的回收（Major GC/Full GC），大多采用标记-整理算法。在进行垃圾回收优化时，最重要的一点就是减少老年代垃圾回收的次数，因为老年代垃圾回收耗时长，性能成本非常高，对应用程序的运行影响非常大。

5. 增量回收算法

增量回收算法把 JVM 内存空间划分为多个区域，每次仅对其中某一个区域进行垃圾回收，这样做的好处就是减小应用程序的中断时间，使得用户一般不能觉察到垃圾回收器正在工作。

5.1.8　并行与并发

在并发程序开发中经常会提到并行与并发。在垃圾回收中并行和并发的区别如下：

- 并行：JVM 启动多个垃圾回收线程并行工作，但此时用户线程（应用程序的工作线程）需要一直处于等待状态。
- 并发：指用户线程（应用程序的工作线程）与垃圾回收线程同时执行（在单核 CPU 的系统中，则并不一定是并行的，可能会交替执行）。在具有多核的 CPU 或多个 CPU 的系统中，用户线程此时可以继续运行，而垃圾回收线程可以同时运行于另一个 CPU 核上，用户线程的运行和垃圾回收线程的运行彼此可以互不干扰。

5.1.9　垃圾回收器

常见的垃圾回收器如表 5-3 所示。需要特别注意的是，每一种垃圾回收器都会存在用户线程（即用户程序）暂停的问题，只不过每种回收器用户线程暂停的时长优化程度不一样。在启动 JVM 时，可以通过"指定参数-xx:+垃圾回收器名称"来自定义 JVM 使用何种垃圾回收器进行垃圾回收。如果未指定的话，JVM 将根据服务器的 CPU 核数和 JDK 版本自动选择对应的默认垃圾回收器。

表 5-3　常见的垃圾回收器

垃圾回收器（使用参数）	说　明
Serial（-XX:+UseSerialGC）	这是一个单线程运行的串行垃圾收集器，是 JVM 中最基本、比较早期的垃圾回收器。在 JDK1.3 之前是 JVM 唯一的新生代垃圾回收器。当 JVM 需要进行垃圾回收的时候，会暂停所有的用户线程直到垃圾回收结束。它采用复制算法进行垃圾回收
SerialOld（-XX:+UseSerialGC）	这是串行垃圾回收器的老年代回收器版本，同样是单线程运行的垃圾回收器。它采用标记-整理算法进行垃圾回收
ParNew（-XX:+UseParNewGC）	串行垃圾回收器的多线程并行运行版本。它采用复制算法进行垃圾回收。由于采用多线程运行，因此如果服务器是单核 CPU 的，那么其效率会远低于单线程串行垃圾回收器
ParallelScavenge（-XX:+UseParallelGC）	和 ParNew 回收器有点类似，它是一个新生代收集器，俗称吞吐量优先收集器。它采用复制算法进行垃圾回收。所谓吞吐量就是 CPU 用于运行用户代码（用户线程）的时间与 CPU 总消耗时间的比值，即吞吐量 = 运行用户代码（用户线程）时间 /（运行用户代码时间 + 垃圾收集时间）
ParallelOld（-XX:+UseParallelOldGC）	是老年代的并行垃圾回收器，是老年代吞吐量优先的回收器，和 ParNew 很类似。它采用标记-整理算法进行垃圾回收。在服务器 CPU 核数较多的情况下，可以优先考虑使用该回收器

（续表）

垃圾回收器（使用参数）	说　明
CMS　（-XX:+UseConcMarkSweepGC）	这是一个多线程并发低停顿的老年代垃圾回收器，全称为 Concurrent Mark Sweep，简称 CMS。如果响应时间的重要性需求大于吞吐量要求并且要求服务器响应速度高的情况下，建议优先考虑使用此垃圾回收器。CMS 垃圾回收器用两次短暂的暂停来代替串行或并行标记-整理算法时出现的长暂停。它采用标记-清除算法进行垃圾回收，因此很容易产生内存碎片，但是 CMS 回收器做了一些小的性能优化，优化措施是把未分配的内存空间汇总成一个内存地址列表，当 JVM 需要分配内存空间时会搜索这个列表，找到符合条件的内存空间来存储这个对象，如果寻找不到符合条件的内存空间，就会产生 Full GC。并且由于该垃圾回收器是多线程并发的，很多时候 GC 线程和用户应用程序线程是并发执行的，因此垃圾回收时会占用很高的 CPU 资源
G1-GarbageFirst（-XX:+UseG1GC）	这是 JVM 新推出的垃圾回收器，同时支持新生代和老年代回收，能充分利用多核 CPU 的硬件优势，可以并行来缩短用户线程停顿的时间，也可以并发让垃圾收集与用户程序同时进行。该垃圾回收器虽然保留了传统的分代概念，但 JVM 堆的内存布局已经和传统的 JVM 堆布局不一样了，G1 将整个堆划分为很多个大小相等的独立 Region 区域，新生代和老年代不再是被隔离开的，它们都是一部分不需要连续的 Region 区域的集合。G1 同时采用标记-整理和复制等多种回收算法进行垃圾回收

5.2　JVM 如何监控

5.2.1　jconsole

jconsole（Java Monitoring and Management Console）是 JDK 自动的、基于 jmx 协议的、对 JVM 进行可视化监视和管理的工具。单击 JDK 目录 /bin 目录下的 jconsole.exe 即可启动这个工具，如图 5-2-1 所示。jconsole 支持连接本地进程和远程进程，如果需要连接远程进程，那么远程进程必须开启 jmx 协议。

图 5-2-1

在图 5-2-1 中选择需要连接的进程，单击"连接"按钮即可进入监视和管理控制台，图 5-2-2 所示为监视和管理控制台的概览界面。

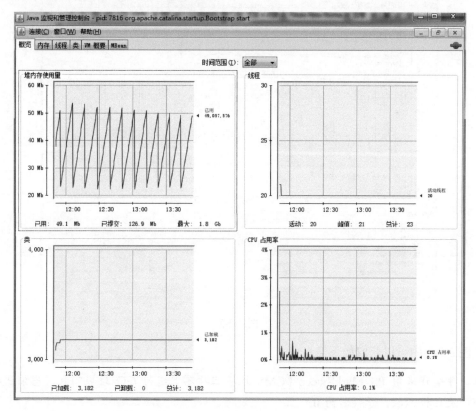

图 5-2-2

概览界面中显示的内容其说明如表 5-4 所示。

表 5-4　概览界面中显示的内容说明

监控项	说　明
堆内存使用量	显示了 JVM 中堆内存使用量随着时间变化的曲线。从图中可以看到曲线一般是波动的呈现锯齿状，一般波动时都是发生了 GC 垃圾回收。图中的 "已用"表示当前 JVM 真实使用的堆内存大小；"已提交"表示已经申请了多少堆内存来使用；"最大"表示 JVM 中堆内存的最大上限为多少。一般可以通过 JVM 的启动参数-Xmx 来设定堆的最大值。另外，还可以通过-Xms 参数设置 JVM 启动时的初始堆大小
线程	显示了当前活动的线程随着时间的变化曲线
类	显示了当前已加载的类随着时间变化的曲线。图中的"已加载"表示 JVM 中已经加载的类的数量；"已卸载"表示已经从 JVM 中卸载移除的类的数量；"总计"表示累计加载到 JVM 中的类的数量，包括已卸载的类
CPU 占用率	显示了 CPU 的占用率随着时间变化的曲线。从图中可以看到，当应用程序未被调用时，也存在 CPU 被使用的情况，这是因为 GC 垃圾回收线程在进行垃圾回收时会占用 CPU

图 5-2-3 中显示的是 JVM 内存的使用视图，包括堆内存、年轻代、年老代、非堆内存的使用随着时间变化的曲线图。

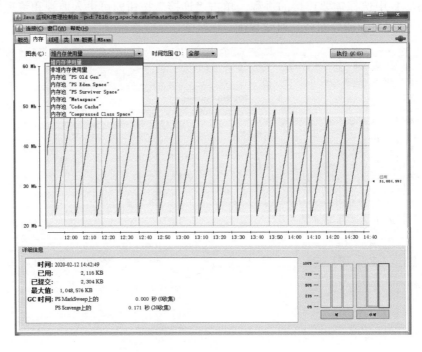

图 5-2-3

从图 5-2-3 中可以获取如下信息：

● 年老代采用 PS MarkSweep（CMS 垃圾回收器）进行 GC 垃圾回收，当前进行了 0 次垃圾回收，总耗时为 0。

● 年轻代采用 PS Scavenge（ParallelScavenge 垃圾回收器）进行 GC 垃圾回收，当前共进行了 20 次垃圾回收，总耗时为 0.171 秒。

- 图 5-2-3 中堆内存的使用呈现标准的锯齿状，并且内存使用呈现下降的趋势，是比较正常的堆内存使用。如果堆内存使用一直呈现缓慢的上升，如图 5-2-4 所示，那么很可能是存在比较大的内存泄漏，此时就需要去分析为何出现了内存泄漏。

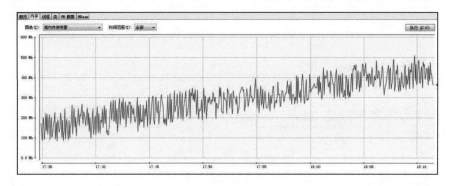

图 5-2-4

- 年老代由于没有发生 GC 垃圾回收，因此内存使用呈现平缓上升的趋势，如图 5-2-5 所示。

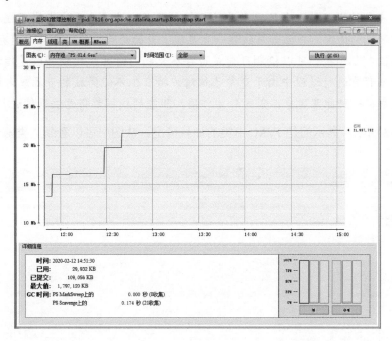

图 5-2-5

如图 5-2-6 所示，显示的是 JVM 线程的运行情况。从图中可以看到，线程随着时间变化的运行曲线以及每个线程的堆栈详情。

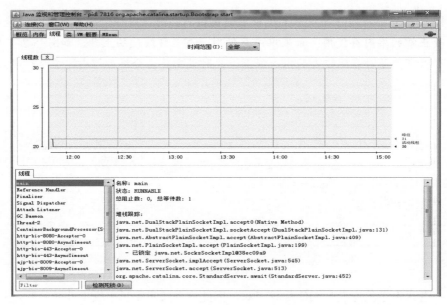

图 5-2-6

- 如果活动的线程数一直呈现上升的趋势，那么此时就需要检查应用程序中是否存在线程泄漏的情况，并且如果线程一直呈现上升的趋势，最终会耗尽内存资源。
- 通过检测死锁按钮可以检测目前是否存在死锁的情况。死锁一般是指两个或两个以上的线程在运行过程中由于竞争已被对方持有但不能释放的资源或者由于彼此通信而造成的一种阻塞现象，若无外力作用，阻塞的线程都将无法继续运行下去。

如图 5-2-7 所示，显示的是 JVM 中类的加载情况。从图中可以看到，类随着时间变化的加载曲线。

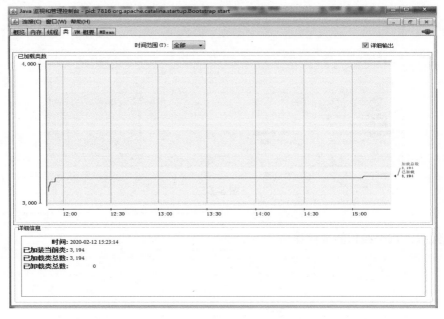

图 5-2-7

从图 5-2-7 中可以看到当前已加载了 3194 个类，累计加载了 3194 个类，目前还没有类从 JVM 中卸载掉。

如图 5-2-8 所示，显示的是 JVM 概要视图。

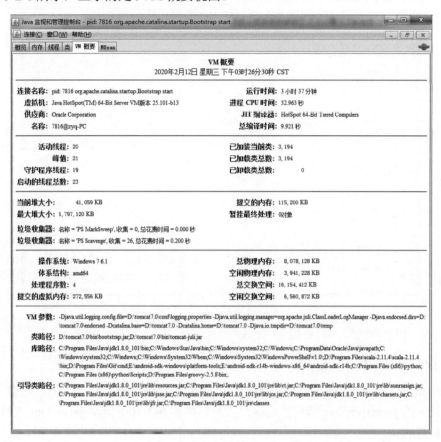

图 5-2-8

从图 5-2-8 中可以看到：

● JVM 的简要信息：包括运行时长、JVM 虚拟机的版本、JVM 进程占用 CPU 的总时长、JIT 编译器、编译时长等信息。

● 线程和类信息：包括活动线程的数量、线程峰值、守护线程的数量、启动的线程总数、当前已加载的类的数量、JVM 累计加载的类的总数、JVM 已卸载的类的总数等信息。

● 堆内存和垃圾回收信息：包括当前堆的使用大小、提交的堆内存大小、JVM 最大的堆内存大小、年轻代和年老代的垃圾回收数据等信息。

● 操作系统的信息：包括操作系统名称和版本、物理内存及其使用数量、虚拟机内存及其使用数量、CPU 处理器的数量等信息。

● JVM 的加载信息：包括 JVM 的参数、类路径、库路径、引导类路径等信息。

如图 5-2-9 所示，显示的是 JVM 中 MBean 的相关信息，MBean 指一种提供了集成和实现一套标准 Bean 接口的 Java Bean，是 jmx 协议中的一部分。MBean 可以注册到 MBeanServer 中渲染为直观的界面，将 MBean 的属性和方法显示给用户。在定位 JVM 性能问题时，可能会用到 MBean 中的相关信息。

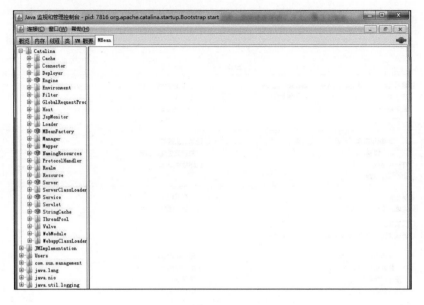

图 5-2-9

5.2.2　jvisualvm

jvisualvm 也是 JVM 自带的一个类似于 jconsole 的可视化图形监控工具。单击 JDK 目录中 bin 目录下的 jvisualvm.exe 即可启动这个工具，如图 5-2-10 所示，jvisualvm 支持连接本地进程和远程进程。

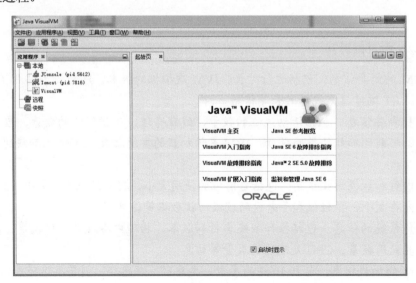

图 5-2-10

　　如果是连接远程服务器上的进程，如图 5-2-11 所示，单击"远程"选项，即可添加远程主机，填入远程主机的 IP 和对应的 JVM 进程的 jmx 端口，单击"确定"按钮，即可连接到远程主机上。

图 5-2-11

　　如果直接连接一个远程主机上的 jmx 端口，可以直接依次单击菜单选项"文件→添加 jmx 连接"，弹出 jmx 的添加窗口，如图 5-2-12 所示。

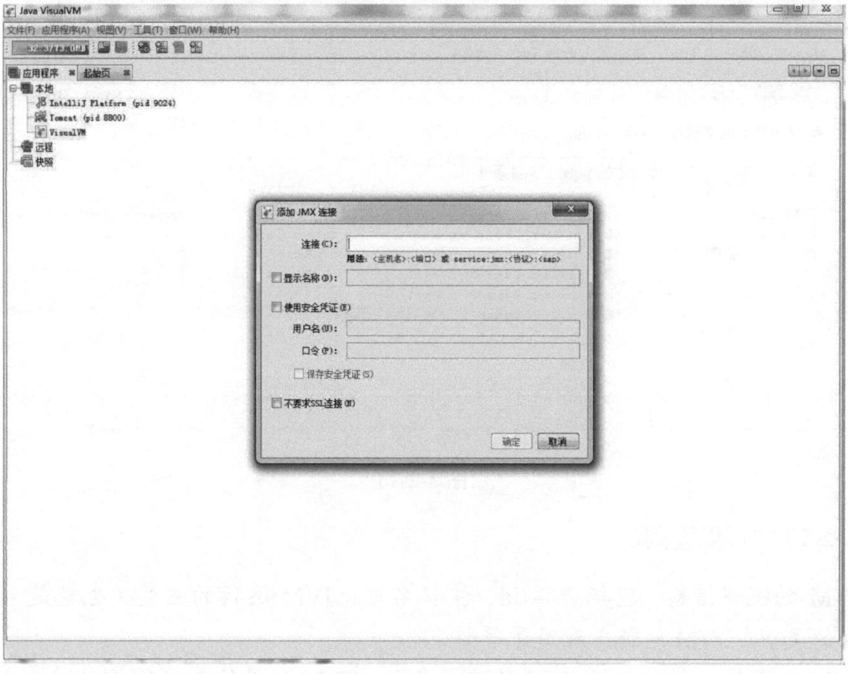

图 5-2-12

在 JVM 启动时开启一个 jmx 端口需要增加 JVM 启动参数,参数及其含义如表 5-5 所示。

表 5-5　JVM 启动参数及其说明

参　数	说　明
-Dcom.sun.management.jmxremote	表示开启远程 jmx 支持
-Djava.rmi.server.hostname=127.0.0.1	设置 jmx 的远程主机名为 127.0.0.1
-Dcom.sun.management.jmxremote.port=9999	设置远程 jmx 的端口为 9999
-Dcom.sun.management.jmxremote.ssl=false	设置是否开启远程 jmx 的 ssl 加密验证。true 表示开启,false 表示不开启
-Dcom.sun.management.jmxremote.authenticate=false	设置是否开启远程 jmx 的安全验证。true 表示开启,false 表示不开启。如果开启了安全验证,还必须指定安全验证的用户名和对应的口令

连接到指定的、需要监控的进程后,即可进入如图 5-2-13 所示的概述界面。

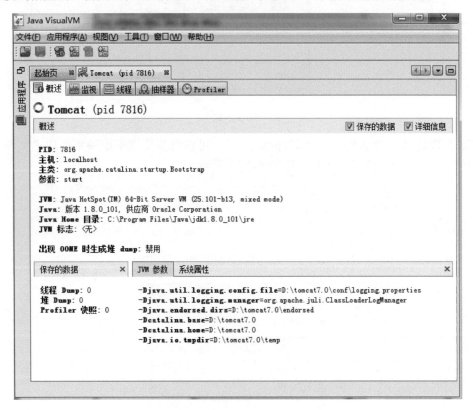

图 5-2-13

从图 5-2-13 中可以看到:

● JVM 的概述信息:包括进程 id、主机名称、JVM 运行的主类(也就是 main 函数所在的类)、JVM 的版本和目录等信息。

● JVM 的参数信息:包括 JVM 的启动参数、JVM 的系统属性等信息。

单击 jvisualvm 控制面板的监视按钮，可以切换到 JVM 的监视视图，如图 5-2-14 所示。

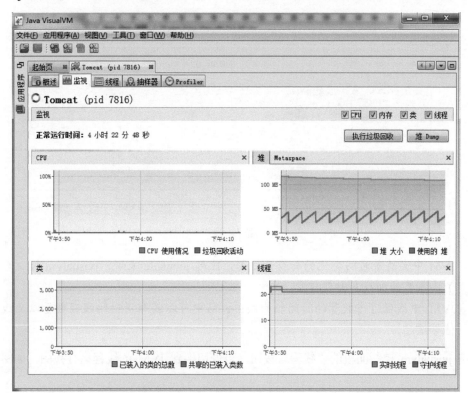

图 5-2-14

从图 5-2-14 中可以看到：

● JVM 占用 CPU 的时间和垃圾回收互动的时间轴曲线图。从图中可以看到，进行垃圾回收时会伴随着 CPU 的使用。

● 堆内存随着时间的变化的使用曲线图。从图中可以看到，由于伴随着 GC 垃圾回收的进行，堆内存的使用曲线图一般呈现标准的锯齿状，如果锯齿的形状随着时间的推移，一直呈现缓慢的上升趋势，如图 5-2-15 所示，那么此时就需要关注一下是否存在内存泄漏。

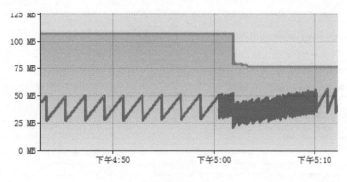

图 5-2-15

● 单击"Metaspace"按钮可以切换到 Metaspace 的使用时间轴曲线图，如图 5-2-16
所示。

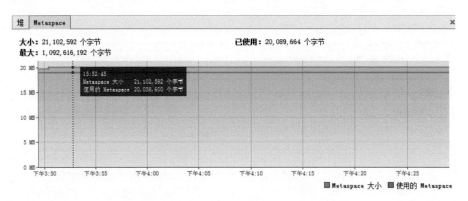

图 5-2-16

● JVM 中类随着时间变化的加载曲线图。比起 jconsole 来说，jvisualvm 控制台多提供
了共享类的加载和卸载信息。

● JVM 中线程运行数量的时间轴曲线图。从中可以获取活动的线程数量以及线程的峰
值等信息。

单击 jvisualvm 控制面板的"线程"按钮，可以切换到 JVM 的线程运行视图，如图 5-2-17
所示。

图 5-2-17

从图 5-2-17 中可以看到如下信息，图中的信息对做性能分析和诊断提供了大量的数据分析依据。

- 每个线程随着时间的推移线程运行状态的变化，每个线程在不同的状态下的停留时长，以及线程在运行状态下的累计时长等信息。
- 通过线程 Dump 按钮可以生成线程当前的堆栈信息，如图 5-2-18 所示，从 dump 出来的线程堆栈中，可以定位到某个线程当前在执行哪段应用程序代码、处于何种执行状态等。

图 5-2-18

单击 jvisualvm 控制面板的"抽样器"按钮，可以切换到 JVM 的抽样器视图，如图 5-2-19 所示。

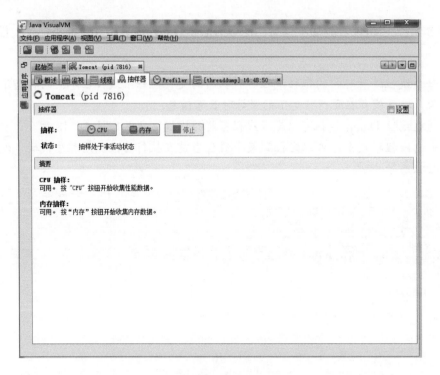

图 5-2-19

单击"CPU"按钮，可以对 JVM 使用的 CPU 数据进行抽样分析，如图 5-2-20 所示。

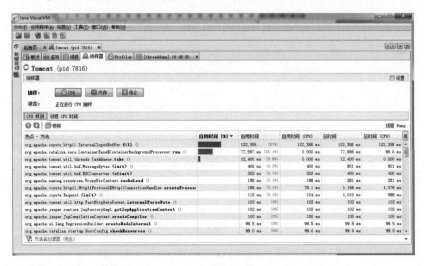

图 5-2-20

从图 5-2-20 中可以看到，执行应用程序中的哪些方法占用 CPU、占用 CPU 的时长占比等数据信息。

单击"线程 CPU 时间"按钮，可以切换到线程占用 CPU 的时长监控视图，如图 5-2-21所示。

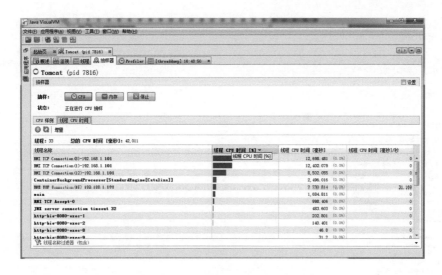

图 5-2-21

从图 5-2-21 中可以看到哪些线程目前正在占用 CPU、占用 CPU 的时长占比等数据信息。单击"增量"按钮，还可以看到 JVM 中 CPU 的实时增量占用数据信息。

单击"内存"按钮，可以对 JVM 使用的内存数据进行抽样分析，如图 5-2-22 所示。

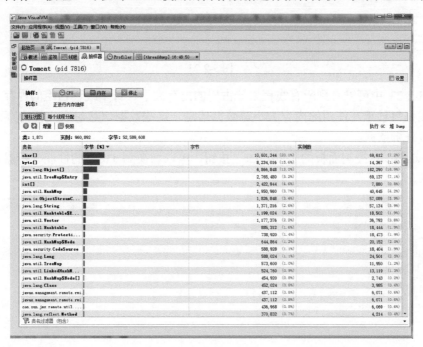

图 5-2-22

从图 5-2-22 中可以看到实例对象占用的堆内存的大小、实例对象堆内存使用占比、实例对象的数量等数据信息。

单击"每个线程分配"按钮，可以切换到每个线程使用的堆内存的监控视图，如图 5-2-23 所示。

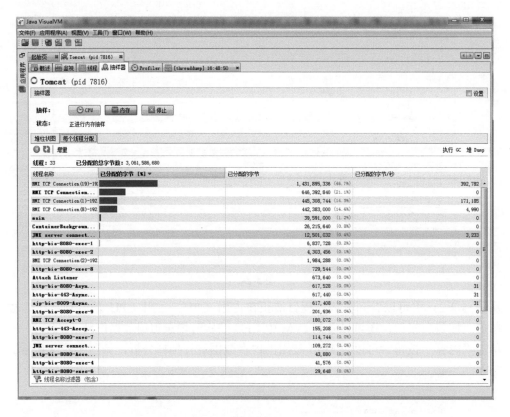

图 5-2-23

从图 5-2-23 中可以看到所有线程累计占用的内存大小、每个线程占用的内存大小以及占比、每个线程每秒正在使用的内存大小等数据信息。这些数据信息对于定位内存泄漏问题可以提供很多分析依据。

单击 jvisualvm 控制面板的"Profiler"按钮，可以切换到 JVM 的性能分析器视图，如图5-2-24 所示。

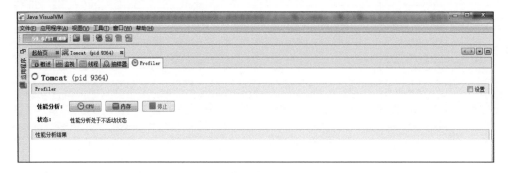

图 5-2-24

单击"CPU"按钮，可以查看 CPU 的性能分析器，如图 5-2-25 所示。

图 5-2-25

从图 5-2-25 中可以看到 CPU 的抽样数据分析，包括占用 CPU 的热点方法、占用 CPU 的时长、方法调用次数等数据信息。

单击"内存"按钮，可以查看 JVM 内存的性能分析器，如图 5-2-26 所示。

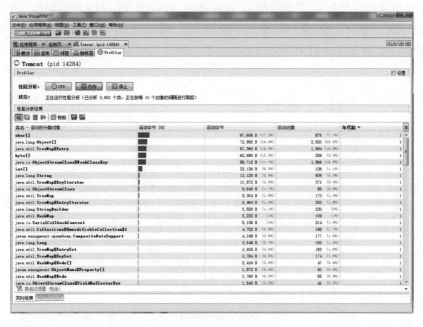

图 5-2-26

从图 5-2-26 中可以获取哪些实例对象当前状态是活动的以及活动的实例对象的数量、占用了多少活动的内存、内存占比、在垃圾回收中处于的年代数等数据信息，以辅助进行性能分析定位。

如果出现单击"CPU"或者"内存"按钮后，一直出现如图 5-2-27 所示的界面，那么可以在命令行中添加参数-J-Dorg.netbeans.profiler.separateConsole=true，启动 jvisualvm，如图 5-2-28 所示。

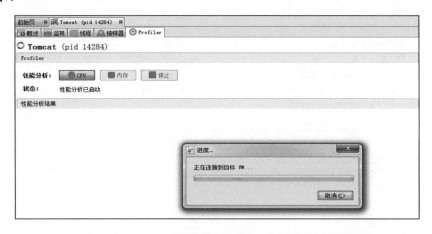

图 5-2-27

```
C:\Program Files\Java\jdk1.8.0_101\bin>jvisualvm -J-Dorg.netbeans.profiler.separ
ateConsole=true
```

图 5-2-28

另外针对垃圾回收监控，还可以使用 jvisualvm 提供的 Visual GC 插件，如图 5-2-29 所示。 Visual GC 插件默认并没有集成在 jvisualvm 工具中，可以从网址 https://visualvm.github.io/uc/8u131/updates.html 中下载并且更新到 jvisualvm 中。

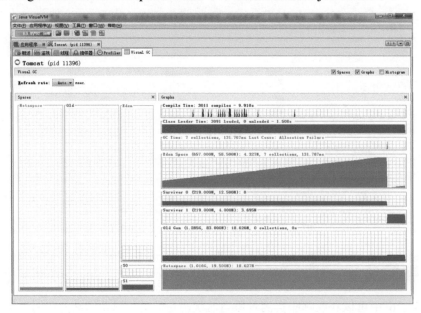

图 5-2-29

Visual GC 插件是专门为监控垃圾回收提供的插件，从图中可以实时监控到年轻代内存区域、年老代内存区域的垃圾回收次数和耗时，以及元数据内存区域的使用情况等信息。

5.2.3　jmap

jmap 是一个 JVM 内存映像工具，用于生成堆转储的快照，然后通过快照文件辅助分析堆以及永久代区的内存使用详细信息。jmap 命令位于 JDK 目录的 bin 目录下，该命令可以支持的常用参数如表 5-6 所示。

表 5-6　jmap 命令的常用参数

参　数	说　明
-dump	生成堆内存的 dump 文件，格式为：-dump:[live,]format=b,file=<filename>，其中 live 表示先执行一次 GC 然后再生成 dump 文件，即只 dump 目前 JVM 内存中还存活的实例对象
-finalizerinfo	列出在 F-Queue 中等待 Finalizer 线程执行 finalize 方法的对象
-heap	输出 Java 堆的详细信息，例如 GC 垃圾回收器、参数配置、JVM 内存分区情况等
-histo	输出 JVM 堆中对象的统计信息，包括类、实例数量、容量大小等数信息
-F	与-dump 参数一起使用，表示强制生成 dump 文件

比如可以在命令行中执行 jmap -dump:format=b,file=.\test.hporf 14284 命令，为 14284 的 JVM 进程生成 dump 文件，如图 5-2-30 所示。

图 5-2-30

5.2.4　jstat

jstat 是 JDK 提供的一个 JVM 信息监视的小工具，可以用于监视 JVM 运行状态、类加载情况、JVM 内存使用、GC 垃圾回收、JIT 编译信息等数据。jstat 命令同样位于 JDK 目录的 bin 目录下，该命令可以支持的常用参数如表 5-7 所示。

表 5-7　jstat 命令的常用参数

参　数	说　明
-class	监视类加载和卸载数量、装载字节数、类加载所耗费的时间
-gc	监视 JVM 堆内存的使用情况，包括 Eden 区、Survivor 区、老年代区域、永久代区的大小、已使用内存大小、Minor GC 和 Full GC 发生的次数及耗费的时间等数据信息
-gcnew	监视 JVM 堆中年轻代区域的内存使用情况
-gcold	监视 JVM 堆中年老代区域的内存使用情况

（续表）

参　　数	说　　明
-gccapacity	监视 JVM 堆中各个区域的最大、最小使用容量、配置容量等数据信息
-gcutil	监视 JVM 堆内存中各个区域的空间使用百分比及 Minor GC 和 Full GC 发生的次数及耗费的时长
-gccause	和-gcutil 参数支持的功能类似，但是该参数会增加输出上一次 GC 产生的原因
-compiler	输出 JIT 编译器编译过的 Java 方法个数和耗时等信息
-printcompilation	输出已经被 JIT 编译的方法名

比如在命令行中执行命令 jstat -gc 11396，可以查看 JVM 进程 id 为 11396 的进程的 GC 垃圾回收信息，如图 5-2-31 所示。

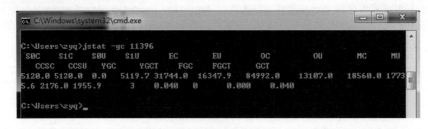

图 5-2-31

5.3 JVM 性能分析与诊断

5.3.1 如何读懂 GC 日志

Java 应用程序的 GC 日志对分析定位很多性能问题有着非常大的帮助。默认情况下，Java 应用程序不会自动产生 GC 日志。如果需要输出 GC 日志，必须在 JVM 启动时增加对应的参数，场景的参数如表 5-8 所示。

表 5-8　JVM 启动对应的 GC 日志参数

参　　数	说　　明
-XX:+PrintGC	输出 GC 的总体日志
-XX:+PrintGCDetails	输出 GC 的详细日志
-XX:+PrintGCTimeStamps	输出 GC 日志的时间戳
-XX:+PrintGCDateStamps	以日期的形式输出 GC 日志的时间戳，例如 2020-02-14T15:00:36.394+0800: 4.159
-XX:+PrintHeapAtGC	输出 GC 日志的前后对应堆的信息
-XX:+PrintGCApplicationStoppedTime	输出 GC 时用户线程的停顿时长
-XX:+TraceClassLoading	输出类的加载信息
-Xloggc:日志文件的路径	指定 GC 日志的输出路径

例如，在 Tomcat 的 JVM 启动参数中加入参数：-XX:+PrintGC -XX:+PrintGCDetails -XX:+PrintGCDateStamps -XX:+PrintHeapAtGC -Xloggc:..\logs\gc.log，在 Tomcat 运行后即可在 logs 目录下生成对应的 GC 日志，如图 5-3-1 所示。

名称	修改日期	类型	大小
localhost.2020-02-14.log	2020/2/14 15:00	文本文档	1 KB
localhost_access_log.2020-02-14.txt	2020/2/14 15:00	TXT 文件	0 KB
catalina.2020-02-14.log	2020/2/14 15:00	文本文档	3 KB
gc.log	2020/2/14 15:00	文本文档	5 KB

图 5-3-1

输出的 GC 日志内容如下：

```
Java HotSpot(TM) 64-Bit Server VM (25.101-b13) for windows-amd64 JRE
(1.8.0_101-b13), built on Jun 22 2016 01:21:29 by "java_re" with MS VC++ 10.0
(VS2010)
Memory: 4k page, physical 8078128k(2694664k free), swap 16154412k(4180772k
free)
CommandLine flags: -XX:InitialHeapSize=129250048 -XX:+ManagementServer -
XX:MaxHeapSize=2068000768 -XX:+PrintGC -XX:+PrintGCDateStamps -
XX:+PrintGCDetails -XX:+PrintGCTimeStamps -XX:+PrintHeapAtGC -
XX:+UseCompressedClassPointers -XX:+UseCompressedOops -XX:-
UseLargePagesIndividualAllocation -XX:+UseParallelGC
{Heap before GC invocations=1 (full 0):
 PSYoungGen      total 36864K, used 31744K [0x00000000d6e00000,
0x00000000d9700000, 0x0000000100000000)
  eden space 31744K, 100% used
[0x00000000d6e00000,0x00000000d8d00000,0x00000000d8d00000)
  from space 5120K, 0% used
[0x00000000d9200000,0x00000000d9200000,0x00000000d9700000)
  to   space 5120K, 0% used
[0x00000000d8d00000,0x00000000d8d00000,0x00000000d9200000)
 ParOldGen       total 84992K, used 0K [0x0000000084a00000,
0x0000000089d00000, 0x00000000d6e00000)
  object space 84992K, 0% used
[0x0000000084a00000,0x0000000084a00000,0x0000000089d00000)
 Metaspace       used 13952K, capacity 14326K, committed 14592K, reserved
1062912K
  class space    used 1560K, capacity 1705K, committed 1792K, reserved
1048576K
2020-02-14T15:34:30.245+0800: 1.292: [GC (Allocation Failure) [PSYoungGen:
31744K->5104K(36864K)] 31744K->7267K(121856K), 0.0131568 secs] [Times:
user=0.03 sys=0.01, real=0.01 secs]
Heap after GC invocations=1 (full 0):
 PSYoungGen      total 36864K, used 5104K [0x00000000d6e00000,
0x00000000d9700000, 0x0000000100000000)
  eden space 31744K, 0% used
[0x00000000d6e00000,0x00000000d6e00000,0x00000000d8d00000)
  from space 5120K, 99% used
```

```
[0x00000000d8d00000,0x00000000d91fc040,0x00000000d9200000)
 to   space 5120K, 0% used
[0x00000000d9200000,0x00000000d9200000,0x00000000d9700000)
 ParOldGen      total 84992K, used 2163K [0x0000000084a00000,
0x0000000089d00000, 0x00000000d6e00000)
  object space 84992K, 2% used
[0x0000000084a00000,0x0000000084c1ce70,0x0000000089d00000)
 Metaspace      used 13952K, capacity 14326K, committed 14592K, reserved
1062912K
  class space    used 1560K, capacity 1705K, committed 1792K, reserved
1048576K
}

……

{Heap before GC invocations=8 (full 0):
 PSYoungGen     total 144896K, used 88289K [0x00000000d6e00000,
0x00000000e9700000, 0x0000000100000000)
  eden space 125440K, 54% used
[0x00000000d6e00000,0x00000000db13e380,0x00000000de880000)
  from space 19456K, 99% used
[0x00000000de880000,0x00000000dfb7a2b0,0x00000000dfb80000)
  to   space 26624K, 0% used
[0x00000000e7d00000,0x00000000e7d00000,0x00000000e9700000)
 ParOldGen      total 84992K, used 39157K [0x0000000084a00000,
0x0000000089d00000, 0x00000000d6e00000)
  object space 84992K, 46% used
[0x0000000084a00000,0x000000008703d6c8,0x0000000089d00000)
 Metaspace      used 20699K, capacity 21010K, committed 21248K, reserved
1069056K
  class space    used 2353K, capacity 2457K, committed 2560K, reserved
1048576K
2020-02-14T15:34:35.879+0800: 6.926: [GC (Metadata GC Threshold) [PSYoungGen:
88289K->14355K(274432K)] 127447K->53769K(359424K), 0.1285266 secs] [Times:
user=0.48 sys=0.02, real=0.13 secs]
Heap after GC invocations=8 (full 0):
 PSYoungGen     total 274432K, used 14355K [0x00000000d6e00000,
0x00000000e9400000, 0x0000000100000000)
  eden space 250880K, 0% used
[0x00000000d6e00000,0x00000000d6e00000,0x00000000e6300000)
  from space 23552K, 60% used
[0x00000000e7d00000,0x00000000e8b04f28,0x00000000e9400000)
  to   space 25088K, 0% used
[0x00000000e6300000,0x00000000e6300000,0x00000000e7b80000)
 ParOldGen      total 84992K, used 39413K [0x0000000084a00000,
0x0000000089d00000, 0x00000000d6e00000)
  object space 84992K, 46% used
[0x0000000084a00000,0x000000008707d6d8,0x0000000089d00000)
 Metaspace      used 20699K, capacity 21010K, committed 21248K, reserved
 1069056K
```

```
   class space    used 2353K, capacity 2457K, committed 2560K, reserved
1048576K
}
{Heap before GC invocations=9 (full 1):
 PSYoungGen     total 274432K, used 14355K [0x00000000d6e00000,
0x00000000e9400000, 0x0000000100000000)
  eden space 250880K, 0% used
[0x00000000d6e00000,0x00000000d6e00000,0x00000000e6300000)
  from space 23552K, 60% used
[0x00000000e7d00000,0x00000000e8b04f28,0x00000000e9400000)
  to   space 25088K, 0% used
[0x00000000e6300000,0x00000000e6300000,0x00000000e7b80000)
 ParOldGen      total 84992K, used 39413K [0x0000000084a00000,
0x0000000089d00000, 0x00000000d6e00000)
  object space 84992K, 46% used
[0x0000000084a00000,0x000000008707d6d8,0x0000000089d00000)
 Metaspace      used 20699K, capacity 21010K, committed 21248K, reserved
1069056K
   class space    used 2353K, capacity 2457K, committed 2560K, reserved
1048576K
2020-02-14T15:34:36.007+0800: 7.054: [Full GC (Metadata GC Threshold)
[PSYoungGen: 14355K->0K(274432K)] [ParOldGen: 39413K->32862K(83456K)] 53769K-
>32862K(357888K), [Metaspace: 20699K->20699K(1069056K)], 0.1843152 secs]
[Times: user=0.62 sys=0.00, real=0.18 secs]
Heap after GC invocations=9 (full 1):
 PSYoungGen     total 274432K, used 0K [0x00000000d6e00000,
0x00000000e9400000, 0x0000000100000000)
  eden space 250880K, 0% used
[0x00000000d6e00000,0x00000000d6e00000,0x00000000e6300000)
  from space 23552K, 0% used
[0x00000000e7d00000,0x00000000e7d00000,0x00000000e9400000)
  to   space 25088K, 0% used
[0x00000000e6300000,0x00000000e6300000,0x00000000e7b80000)
 ParOldGen      total 83456K, used 32862K [0x0000000084a00000,
0x0000000089b80000, 0x00000000d6e00000)
  object space 83456K, 39% used
[0x0000000084a00000,0x0000000086a17ba0,0x0000000089b80000)
 Metaspace      used 20699K, capacity 21010K, committed 21248K, reserved
1069056K
   class space    used 2353K, capacity 2457K, committed 2560K, reserved
1048576K
}
```

　　从日志中可以看到年轻代的垃圾回收和年老代垃圾回收的情况，并且在垃圾回收执行的前后都输出了堆内存的使用情况。

- "Java HotSpot(TM) 64-Bit Server VM (25.101-b13) for windows-amd64 JRE (1.8.0_101-b13), built on Jun 22 2016 01:21:29 by "java_re" with MS VC++ 10.0 (VS2010)" 这一段输出了 JVM 虚拟机的版本以及当前 JVM 的运行环境。

- "Memory: 4k page, physical 8078128k(2694664k free), swap 16154412k(4180772k free)" 这一段输出了操作系统的物理内存和虚拟内存的总量以及使用情况。

- "CommandLine flags: -XX:InitialHeapSize=129250048 -XX:+ManagementServer -XX:Max HeapSize=2068000768 -XX:+PrintGC -XX:+PrintGCDateStamps -XX:+PrintGCDetails -XX:+PrintGCTimeStamps -XX:+PrintHeapAtGC -XX:+UseCompressedClassPointers -XX:+UseCompressedOops -XX:-UseLargePagesIndividualAllocation -XX:+UseParallelGC" 这一段输出了 JVM 的 GC 垃圾回收器信息以及 GC 日志的打印参数。

- 如图 5-3-2 所示是 JVM 中一次年轻代内存区域 GC 垃圾回收的输出日志，一次完整的 GC 日志一般被一个 "{}" 所包括。"Heap before GC invocations=1 (full 0)" 描述了发生了一次 GC 垃圾回收，"full 0" 表示发生了 0 次 Full GC，在之后描述了发生 GC 垃圾回收之前和之后年轻代区域（PSYoungGen）、eden 区域（eden space）、From Survivor 空间区域（from space）、To Survivor 空间区域（to space）、年老代区域（ParOldGen）、元数据区域（Metaspace）、class space 的内存空间使用情况。"2020-02-14T15:34:30.245+0800: 1.292: [GC (Allocation Failure) [PSYoungGen: 31744K->5104K(36864K)] 31744K->7267K(121856K), 0.0131568 secs] [Times: user=0.03 sys=0.01, real=0.01 secs]" 描述了在 2020-02-14T15:34:30.245 这个时间发生了一次年轻代 GC 垃圾回收、GC 发生原因是 Allocation Failure（年轻代中没有足够的空间能够存储新的数据了）、GC 发生时年轻代内存使用从 31744KB 减少为 5104KB（[PSYoungGen: 31744K->5104K(36864K)]）、GC 发生时堆内存的总使用从 31744KB 减少为 7267KB（31744K->7267K(121856K)）、GC 总耗时时长为 0.0131568 秒、用户耗时 0.03 秒、系统耗时 0.01 秒、实际耗时 0.01 秒。

```
[Heap before GC invocations=1 (full 0):
 PSYoungGen      total 36864K, used 31744K [0x00000000d6e00000, 0x00000000d9700000, 0x0000000100000000)
  eden space 31744K, 100% used [0x00000000d6e00000, 0x00000000d8d00000, 0x00000000d8d00000)
  from space 5120K, 0% used [0x00000000d9200000, 0x00000000d9200000, 0x00000000d9700000)
  to   space 5120K, 0% used [0x00000000d8d00000, 0x00000000d8d00000, 0x00000000d9200000)
 ParOldGen       total 84992K, used 0K [0x000000084a00000, 0x00000000089d00000, 0x00000000d6e00000)
  object space 84992K, 0% used [0x000000084a00000, 0x000000084a00000, 0x00000000089d00000)
 Metaspace       used 13952K, capacity 14326K, committed 14592K, reserved 1062912K
  class space    used 1560K, capacity 1705K, committed 1792K, reserved 1048576K
2020-02-14T15:34:30.245+0800: 1.292: [GC (Allocation Failure) [PSYoungGen: 31744K->5104K(36864K)] 31744K->7267K(121856K), 0.0131568 secs]
[Times: user=0.03 sys=0.01, real=0.01 secs]
Heap after GC invocations=1 (full 0):
 PSYoungGen      total 36864K, used 5104K [0x00000000d6e00000, 0x00000000d9700000, 0x0000000100000000)
  eden space 31744K, 0% used [0x00000000d6e00000, 0x00000000d6e00000, 0x00000000d8d00000)
  from space 5120K, 99% used [0x00000000d8d00000, 0x00000000d91fc040, 0x00000000d9200000)
  to   space 5120K, 0% used [0x00000000d9200000, 0x00000000d9200000, 0x00000000d9700000)
 ParOldGen       total 84992K, used 2163K [0x000000084a00000, 0x00000000089d00000, 0x00000000d6e00000)
  object space 84992K, 2% used [0x000000084a00000, 0x0000000084c1ce70, 0x00000000089d00000)
 Metaspace       used 13952K, capacity 14326K, committed 14592K, reserved 1062912K
  class space    used 1560K, capacity 1705K, committed 1792K, reserved 1048576K
}
```

图 5-3-2

- 如图 5-3-3 所示是 JVM 中一次年老代内存区域 GC 垃圾回收的输出日志，和年轻代垃圾回收不一样的是 GC 日志的描述不一样，其他部分和年轻代 GC 垃圾回收日志基本类似。"[Full GC (Metadata GC Threshold) [PSYoungGen: 14355K->0K(274432K)] [ParOldGen: 39413K->32862K(83456K)] 53769K->32862K(357888K), [Metaspace: 20699K->20699K(1069056K)], 0.1843152 secs][Times: user=0.62 sys=0.00, real=0.18 secs]" 描述了 Full GC 发生的原因是 Metadata GC Threshold（元数据超过了元数据区域的 GC 阈值）、年轻代内存使用从 14355KB 减少为 0KB（[PSYoungGen:

14355K->0K(274432K)]）、年老代内存使用从 39413KB 减少为 32862KB
（[ParOldGen: 39413K->32862K(83456K)]）、堆内存的总使用从 53769KB 减少为
32862KB（53769K->32862K(357888K)）、元数据空间内存的使用从 20699KB 减少
为 20699KB（[Metaspace: 20699K->20699K(1069056K)]）、Full GC 耗时 0.1843152
秒、用户耗时 0.62 秒、系统耗时 0.00 秒、实际耗时 0.18 秒。从中也可以看出 Full
GC 对用户线程耗时的影响非常大，这就是为什么需要尽量去减少 Full GC 的原因。

```
{Heap before GC invocations=9 (full 1):
 PSYoungGen      total 274432K, used 14355K [0x00000000d6e00000, 0x00000000e9400000, 0x0000000100000000)
  eden space 250880K, 0% used [0x00000000d6e00000,0x00000000d6e00000,0x00000000e6300000)
  from space 23552K, 60% used [0x00000000e7d00000,0x00000000e8b04f28,0x00000000e9400000)
  to   space 25088K, 0% used [0x00000000e6300000,0x00000000e6300000,0x00000000e7b80000)
 ParOldGen       total 84992K, used 39413K [0x0000000084a00000, 0x0000000089d00000, 0x00000000d6e00000)
  object space 84992K, 46% used [0x0000000084a00000,0x000000008707d6d8,0x0000000089d00000)
 Metaspace       used 20699K, capacity 21010K, committed 21248K, reserved 1069056K
  class space    used 2353K, capacity 2457K, committed 2560K, reserved 1048576K
2020-02-14T15:34:36.007+0800: 7.054: [Full GC (Metadata GC Threshold) [PSYoungGen: 14355K->0K(274432K)]
[ParOldGen: 39413K->32862K(83456K)] 53769K->32862K(357888K), [Metaspace: 20699K->20699K(1069056K)], 0.1843152 secs]
 [Times: user=0.62 sys=0.00, real=0.18 secs]
Heap after GC invocations=9 (full 1):
 PSYoungGen      total 274432K, used 0K [0x00000000d6e00000, 0x00000000e9400000, 0x0000000100000000)
  eden space 250880K, 0% used [0x00000000d6e00000,0x00000000d6e00000,0x00000000e6300000)
  from space 23552K, 0% used [0x00000000e7d00000,0x00000000e7d00000,0x00000000e9400000)
  to   space 25088K, 0% used [0x00000000e6300000,0x00000000e6300000,0x00000000e7b80000)
 ParOldGen       total 83456K, used 32862K [0x0000000084a00000, 0x0000000089b80000, 0x00000000d6e00000)
  object space 83456K, 39% used [0x0000000084a00000,0x0000000086a17ba0,0x0000000089b80000)
 Metaspace       used 20699K, capacity 21010K, committed 21248K, reserved 1069056K
  class space    used 2353K, capacity 2457K, committed 2560K, reserved 1048576K
}
```

图 5-3-3

5.3.2　jstack

jstack 是用于查看 JVM 线程堆栈的常用工具命令，通过 jstack 可以获取每个线程内部的
调用链以及每个线程当前的运行状态从而可以分析死锁、死循环、响应慢等很多常见的性能
问题。在 JVM 中，一个线程可以包含的状态以及状态间的转换，如图 5-3-4 所示。

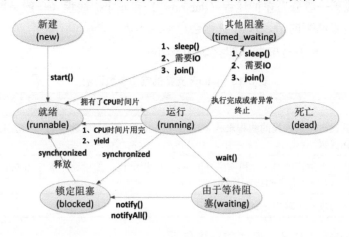

图 5-3-4

线程状态的详细说明如表 5-9 所示。

表 5-9　线程状态的详细说明

状　　态	说　　明
新建状态（new）	JVM 中新创建生成的线程实例对象，在此状态下的线程和 JVM 堆中其他的实例对象一样，已经在堆区中被 JVM 分配了内存区域。在线程堆栈日志中状态一般显示为 new
就绪状态（runnable）	线程执行了自身的 start()方法后就开始进入到了就绪状态，也就是对应着 Java 堆栈中的 runnable 状态。此时 JVM 会为该线程创建 Java 虚拟机栈和程序计数器，并且在等待获得 CPU 的时间片使用权。在线程堆栈日志中状态一般显示为 runnable
运行状态（running）	获得了 CPU 时间片，开始真正运行的线程（执行 run()方法中的程序代码），一般只有处于就绪状态的线程才有机会争抢到 CPU 的时间片执行权。在线程堆栈日志中状态一般显示为 running
死亡状态	线程执行完成了或者因异常等原因退出了 run()方法从而使线程结束生命周期而死亡。在线程堆栈日志中状态一般显示为 terminated
锁定阻塞（blocked）	线程运行时试图获得某个对象的同步锁（一般是代码中有 synchronized 关键字或者 lock 加锁）时，如果该对象的同步锁已经被其他线程占用，那么线程就进入了锁定阻塞状态。在线程堆栈日志中状态一般显示为 blocked
由于等待被阻塞（waiting）	当线程处于运行状态时，如果执行了某个对象实例的 wait()方法后就会进入由于等待而被阻塞的状态，可以通过等待对应的对象实例执行 notify()或者 notifyAll 方法来退出阻塞状态。在线程堆栈日志中状态一般显示为 waiting
其他阻塞（timed_waiting）	一般指当前线程执行了 sleep()方法或者调用了其他线程的 join()方法或者出现了 I/O 等待时就会进入其他阻塞状态，需要注意的是如果此时对象持有了同步锁，在执行 sleep()方法让线程休眠后，当前线程是不会释放同步锁的。在线程堆栈日志中状态一般显示为 timed_waiting

在 JVM 中线程一般分为守护线程（daemon）和非守护线程（一般是用户线程），如果非守护线程全部运行结束的话，JVM 进程会自动退出。

jstack 命令可以支持的常用参数如表 5-10 所示。

表 5-10　jstack 支持的常用参数说明

参　数	说　　明
-F	强制输出指定进程的线程堆栈，一般在执行 jstack pid（进程 id）无法生成堆栈时，可以增加此参数
-m	输出指定进程的 Java 和原生（native）线程堆栈，如果调用原生方法时，可以使用此参数来生成 c/c++语言的线程堆栈
-l	在线程堆栈中输出锁的详细信息

下面是使用 jstack 生成的一段线程堆栈日志。

```
2020-02-15 16:56:26
Full thread dump Java HotSpot(TM) 64-Bit Server VM (25.101-b13 mixed mode):
"http-bio-8080-exec-10" #59 daemon prio=5 os_prio=0 tid=0x000000001adef800
nid=0x3204 waiting on condition [0x000000002574f000]
   java.lang.Thread.State: WAITING (parking)
    at sun.misc.Unsafe.park(Native Method)
```

```
    - parking to wait for  <0x0000000086207190> (a
java.util.concurrent.locks.AbstractQueuedSynchronizer$ConditionObject)
    at java.util.concurrent.locks.LockSupport.park(LockSupport.java:175)
    at
java.util.concurrent.locks.AbstractQueuedSynchronizer$ConditionObject.await(A
bstractQueuedSynchronizer.java:2039)
    at
java.util.concurrent.LinkedBlockingQueue.take(LinkedBlockingQueue.java:442)
    at org.apache.tomcat.util.threads.TaskQueue.take(TaskQueue.java:104)
    at org.apache.tomcat.util.threads.TaskQueue.take(TaskQueue.java:32)
    at
java.util.concurrent.ThreadPoolExecutor.getTask(ThreadPoolExecutor.java:1067)
    at
java.util.concurrent.ThreadPoolExecutor.runWorker(ThreadPoolExecutor.java:112
7)
    at
java.util.concurrent.ThreadPoolExecutor$Worker.run(ThreadPoolExecutor.java:61
7)
……
"ajp-bio-8009-AsyncTimeout" #42 daemon prio=5 os_prio=0
tid=0x000000001add3800 nid=0x2fb8 waiting on condition [0x0000000023b7f000]
    java.lang.Thread.State: TIMED_WAITING (sleeping)
    at java.lang.Thread.sleep(Native Method)
    at
org.apache.tomcat.util.net.JIoEndpoint$AsyncTimeout.run(JIoEndpoint.java:148)
    at java.lang.Thread.run(Thread.java:745)
……
"http-bio-8080-Acceptor-0" #37 daemon prio=5 os_prio=0 tid=0x000000001c76a000
nid=0x2cac runnable [0x000000002341e000]
    java.lang.Thread.State: RUNNABLE
    at java.net.DualStackPlainSocketImpl.accept0(Native Method)
    at
java.net.DualStackPlainSocketImpl.socketAccept(DualStackPlainSocketImpl.java:
131)
    at
java.net.AbstractPlainSocketImpl.accept(AbstractPlainSocketImpl.java:409)
    at java.net.PlainSocketImpl.accept(PlainSocketImpl.java:199)
    - locked <0x00000000850fe520> (a java.net.SocksSocketImpl)
    at java.net.ServerSocket.implAccept(ServerSocket.java:545)
    at java.net.ServerSocket.accept(ServerSocket.java:513)
    at
org.apache.tomcat.util.net.DefaultServerSocketFactory.acceptSocket(DefaultSer
verSocketFactory.java:60)
    at
org.apache.tomcat.util.net.JIoEndpoint$Acceptor.run(JIoEndpoint.java:216)
    at java.lang.Thread.run(Thread.java:745)
"Finalizer" #3 daemon prio=8 os_prio=1 tid=0x000000001756e800 nid=0x3b74 in
Object.wait() [0x000000001889e000]
    java.lang.Thread.State: WAITING (on object monitor)
    at java.lang.Object.wait(Native Method)
```

```
   at java.lang.ref.ReferenceQueue.remove(ReferenceQueue.java:143)
   - locked <0x0000000084bcfe98> (a java.lang.ref.ReferenceQueue$Lock)
   at java.lang.ref.ReferenceQueue.remove(ReferenceQueue.java:164)
   at java.lang.ref.Finalizer$FinalizerThread.run(Finalizer.java:209)
......
"main" #1 prio=5 os_prio=0 tid=0x0000000001e5e800 nid=0x3870 runnable
[0x000000000292e000]
   java.lang.Thread.State: RUNNABLE
   at java.net.DualStackPlainSocketImpl.accept0(Native Method)
   at
java.net.DualStackPlainSocketImpl.socketAccept(DualStackPlainSocketImpl.java:
131)
   at
java.net.AbstractPlainSocketImpl.accept(AbstractPlainSocketImpl.java:409)
   at java.net.PlainSocketImpl.accept(PlainSocketImpl.java:199)
   - locked <0x00000000865cdaf0> (a java.net.SocksSocketImpl)
   at java.net.ServerSocket.implAccept(ServerSocket.java:545)
   at java.net.ServerSocket.accept(ServerSocket.java:513)
   at org.apache.catalina.core.StandardServer.await(StandardServer.java:452)
   at org.apache.catalina.startup.Catalina.await(Catalina.java:779)
   at org.apache.catalina.startup.Catalina.start(Catalina.java:725)
   at sun.reflect.NativeMethodAccessorImpl.invoke0(Native Method)
   at
sun.reflect.NativeMethodAccessorImpl.invoke(NativeMethodAccessorImpl.java:62)
   at
sun.reflect.DelegatingMethodAccessorImpl.invoke(DelegatingMethodAccessorImpl.
java:43)
   at java.lang.reflect.Method.invoke(Method.java:498)
   at org.apache.catalina.startup.Bootstrap.start(Bootstrap.java:322)
   at org.apache.catalina.startup.Bootstrap.main(Bootstrap.java:456)
"GC task thread#0 (ParallelGC)" os_prio=0 tid=0x0000000001d5f800 nid=0x3848
runnable
"GC task thread#1 (ParallelGC)" os_prio=0 tid=0x0000000001d61000 nid=0x36e4
runnable
"GC task thread#2 (ParallelGC)" os_prio=0 tid=0x0000000001d62800 nid=0x3918
runnable
"GC task thread#3 (ParallelGC)" os_prio=0 tid=0x0000000001d64800 nid=0x2270
runnable
```

从线程堆栈日志中，可以看到各个线程运行的状态以及线程当前正在执行的代码位置。

- "Full thread dump Java HotSpot(TM) 64-Bit Server VM (25.101-b13 mixed mode)" 这一段输出了 JVM 版本信息。

- 如图 5-3-5 所示，输出了 JVM 中当前的 GC 线程的相关信息，从中可以看到垃圾回收器为 ParallelGC，当前有 4 个 GC 线程处于 runnable（就绪）状态。

```
"GC task thread#0 (ParallelGC)" os_prio=0 tid=0x0000000001d5f800 nid=0x3848 runnable

"GC task thread#1 (ParallelGC)" os_prio=0 tid=0x0000000001d61000 nid=0x36e4 runnable

"GC task thread#2 (ParallelGC)" os_prio=0 tid=0x0000000001d62800 nid=0x3918 runnable

"GC task thread#3 (ParallelGC)" os_prio=0 tid=0x0000000001d64800 nid=0x2270 runnable
```

图 5-3-5

● 这里以 main()方法线程： "main" #1 prio=5 os_prio=0 tid=0x0000000001e5e800 nid=0x3870 runnable [0x000000000292e000]为例来说明线程堆栈中包含的信息，如图 5-3-6 所示。其中 tid=0x0000000001e5e800 代表了 JVM 中的线程 id，这个是 JVM 虚拟机根据一定规则生成的一个不重复的线程标志。nid=0x3870 代表了本地线程 id，也就是操作系统中线程 id。这个线程 id 是用 16 进制来表示的，0x3870 转换成 10 进制对应的 id 就是 14448。

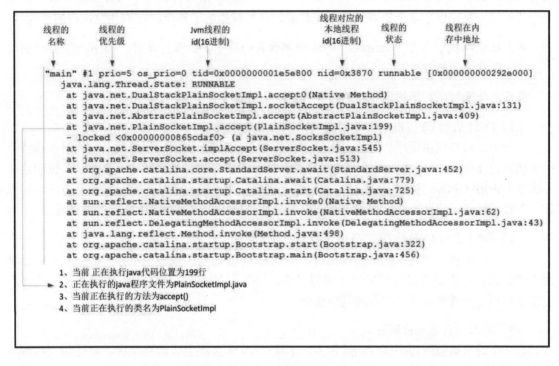

图 5-3-6

有了这个转换成 10 进制的线程 id 后，我们就可以通过 Linux 中 pidstat -t -p 14448 或者 top -p 14448 -H 命令来定位到当前线程占用的 CPU、内存、I/O 等资源情况。反过来，如果通过监控发现了某个进程占用了很高的 CPU、内存、I/O 资源，但是又不知道为啥会占用这么高的硬件资源。那么就可以先通过 pidstat 或者 top 命令，定位到占用的资源非常高的线程，然后获取到对应的线程 id，再结合 JVM 的线程堆栈定位出在执行哪一段代码，从而就可以快速定位到资源占用高的原因在哪里。图 5-3-7 所示就是一个通过线程堆栈快速定位问题的简要流程步骤。

151

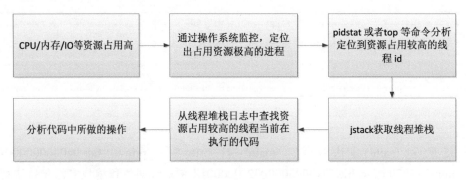

图 5-3-7

另外 main()方法线程中"locked <0x00000000865cdaf0> (a java.net.SocksSocketImpl)"代表了当前线程已经占用了"0x00000000865cdaf0"对应的内存资源,这个对于定位资源争抢或者性能问题有着非常大的帮助。比如如果很多个线程都在等待某一个内存中的资源,而某一个线程又一直锁定了这个资源长久不能释放,自然就影响了整个程序的并发线程的性能。

● 线程堆栈中带有"daemon"的线程都代表的是守护线程。没有"daemon"标记的就是非守护线程。

最后总结通过线程堆栈定位一些常见问题的方式如下:

(1)JVM 进程 CPU 占用率非常高,请求响应非常慢。

在一个请求被应用程序执行的过程中,多次对 JVM 进程生成线程堆栈,对比每次线程堆栈中状态为 runnable 的线程执行的方法是否一样,如果每次都是执行同一个方法,说明这个方法非常占用 CPU,并且非常耗时,需要进行优化。如果每次不是在执行同一个方法,可以看一下总共执行了哪些方法,如果方法过多,说明是请求在应用程序中执行的方法过多。

(2)JVM 进程 CPU 占用率不高,请求响应非常慢。

在一个请求被应用程序执行的过程中,多次对 JVM 进程生成线程堆栈,对比每次线程堆栈中的日志,查看是否线程都出现了类似 I/O、数据库查询等待的情况,通过线程堆栈日志定位线程是否一直在等待被占用的其他资源。

(3)请求一直无法被响应。

在一个请求被应用程序执行的过程中,多次对 JVM 进程生成线程堆栈,对比每次线程堆栈中的日志,查看是否所有的 runnable 线程都一直在执行相同的方法,若是如此,就说明可能出现了死锁。在发现出现死锁后,可以通过线程堆栈中当前所运行的代码做进一步的分析,确定是在争抢何种资源时导致了死锁。

5.3.3 MemoryAnalyzer

MAT 是 Memory Analyzer Tool 的简写,MAT 是基于 Eclipse 插件的内存分析工具,是一个快速、功能丰富的 JVM heap 分析工具、可以快速查找出内存泄漏或者分析内存消耗在何处。使用 MAT 可以快速从 JVM 内存中的众多对象中进行分析,从而快速的计算出在内存中每个对象占用的内存大小,最终 MAT 能以图表的形式全部显示出来。可通过网址

https://www.eclipse.org/mat/downloads.php 下载 MAT 分析工具，如图 5-3-8 所示。

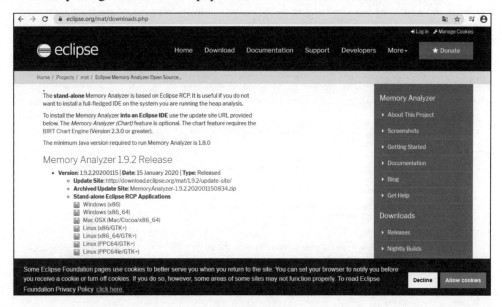

图 5-3-8

在使用 MAT 进行分析前需要先生成 JVM 堆内存的 dump 文件，可以通过之前章节中提供的 jmap 命令来生成 dump，也可以使用 MAT 自动生成 dump，依次单击 MAT 工具上的菜单"File→Acquire Heap Dump"，即可弹出如图 5-3-9 所示的界面，然后选中需要生成 dump 的进程 id 选项，单击"Finish"按钮即可自动生成 dump 文件。

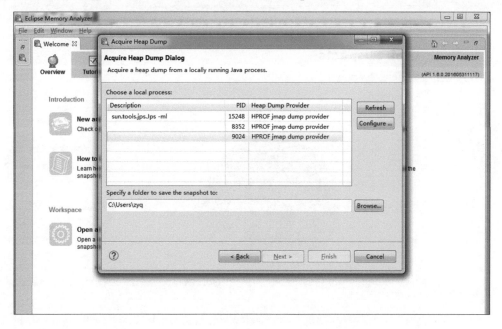

图 5-3-9

打开生成的 dump 文件，如图 5-3-10 所示，首先会弹出一个分布生成报告的向导弹出框，一般默认选中第一项"Leak Suspects Report"，单击"Finish"按钮后，即会生成一个 MAT 工具认为可能存在内存泄漏的实例对象图表，如图 5-3-11 所示。

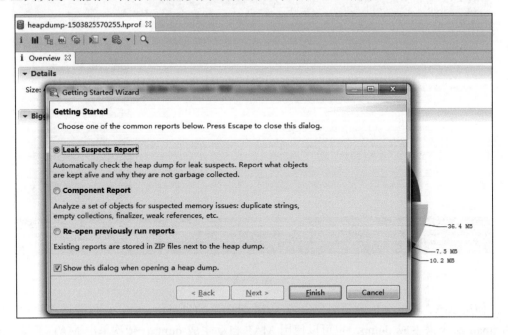

图 5-3-10

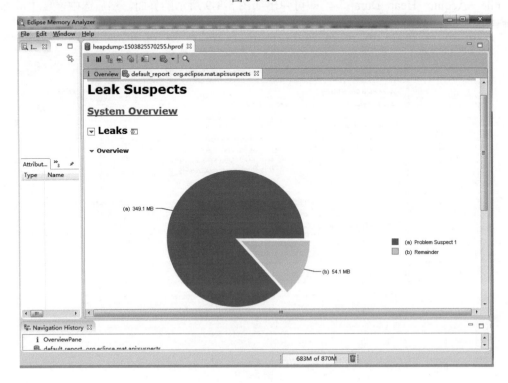

图 5-3-11

图 5-3-11 中会列出 MAT 分析出的可能存在内存泄漏的实例对象供用户参考，并且会给出可能存在内存泄漏的详细说明，如图 5-3-12 所示。

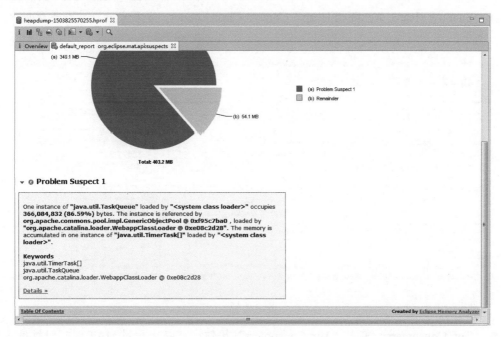

图 5-3-12

单击上图 5-3-12 中的"Table Of Contents"链接，可以查看这个图表对应的内容目录，如图 5-3-13 所示，目录中列出了 Thread Overview、Top Consumers、Leaks、Class Histogram 等有助于进行内存泄漏分析的重点数据图表信息。

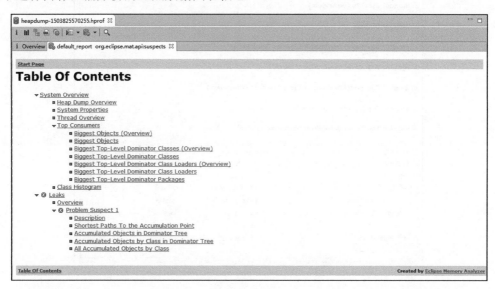

图 5-3-13

- Thread Overview：单击 "Thread Overview" 按钮，可以查看到 dump 文件中的线程视图，如图 5-3-14 所示。从图中可以看到所有的线程数据，包括每个线程的名称、Shallow Heap、Retained Heap、Context Class Loader、是否是守护线程等数据。

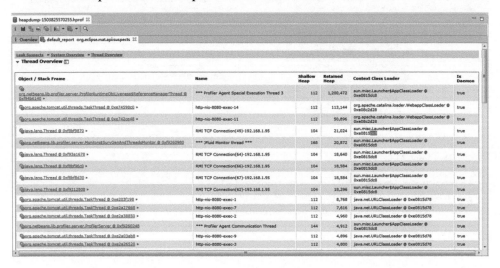

图 5-3-14

- Top Consumers：单击 "Top Consumers" 按钮，可以查看到 MAT 以不同维度显示的使用内存空间最多的实例对象，如图 5-3-15 所示。

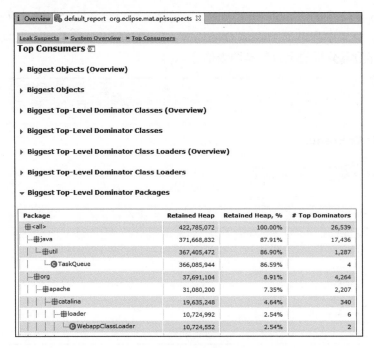

图 5-3-15

图 5-3-15 中显示的各个维度数据说明如表 5-11 所示。

表 5-11 各个维度数据说明

数据维度	说　　明
Biggest Objects (Overview)	以饼图形式显示使用堆内存最多的实例对象
Biggest Objects	以表格的形式显示使用堆内存最多的实例对象以及对应的每个实例对象的 Shallow Heap 和 Retained Heap 的大小
Biggest Top-Level Dominator Classes (Overview)	以饼图的形式显示支配使用堆内存最多的类
Biggest Top-Level Dominator Classes	以表格的形式显示支配使用堆内存最多的类以及对应的每个类被生成的实例对象数量、使用的堆内存大小、Retained Heap 的大小、Retained Heap 的占比
Biggest Top-Level Dominator Class Loaders (Overview)	以饼图的形式显示支配使用堆内存最多的类加载器
Biggest Top-Level Dominator Class Loaders	以表格的形式显示支配使用堆内存最多的类加载器以及对应的每个类加载器所加载生成的实例对象数量、使用的堆内存大小、Retained Heap 的大小、Retained Heap 的占比
Biggest Top-Level Dominator Packages	以表格的形式显示支配使用堆内存最多的包名以及对应的每个包占用的 Retained Heap 大小、Retained Heap 的占比、Top Dominators（最大堆内存支配者）的数量

● Leaks（疑似内存泄漏详情）：单击图 5-3-15 中的"Description"按钮，即可自动生成这些疑似内存泄漏对象更详细的信息，在这里先重点关注其中的 Dominator Tree（内存支配树）视图，如图 5-3-16 所示。从中可以看到 Shallow Heap、Retained Heap、Percentage 这 3 个指标。

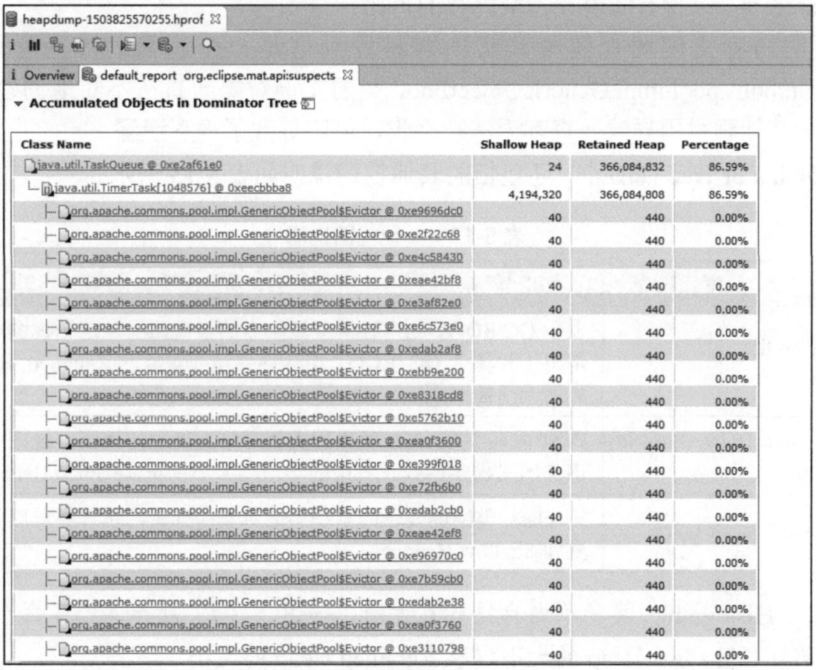

图 5-3-16

关于这 3 个指标的解释如下：

（1）Shallow Heap：表示该实例对象本身占用内存的大小，不包含对其他实例对象的引用，可以简单地认为是该实例对象本身存储在内存中时消耗的内存空间大小。

（2）Retained Heap：表示该实例对象自身的 Shallow Heap 大小再加上该对象能直接或间接访问到的其他实例对象的 Shallow Heap 之和。对象的直接和间接访问就是在 Java 编程中常说的实例对象引用，实例对象的引用按照从最强到最弱一般可以分为如表 5-12 所示的不同级别，不同的引用（GC ROOT 的可到达性）级别也间接地反映了实例对象自身的生命周期。

表 5-12　引用级别说明

引用级别	说　明
强引用（Strong Ref）	在代码程序中被调用就是强引用，对象被强引用后，垃圾回收器绝不会回收这个对象，当 JVM 内存不足时，JVM 只能抛出 OutOfMemoryError 错误
软引用（Soft Ref）	对应实例对象软可达性，只要 JVM 内存足够用就会一直保持着该种对象不被回收，只要垃圾回收器没有回收它，该对象就可以被程序使用，软引用可适用于实现内存敏感的高速缓存，当 JVM 内存不足时软引用对象才会被回收
弱引用（Weak Ref）	低于软引用的级别，当垃圾回收器发现不存在强引用的时候就会立即回收此类型的对象而不需要等到 JVM 内存不足的时候才回收。由于垃圾回收器一般是一个优先级很低的线程，　因此不一定会很快发现那些只具有弱引用的对象
虚引用（Phantom Ref）	顾名思义就是形同虚设，等同于没有任何引用一样，在任何时候都可能被垃圾回收器立即回收。虚引用一般主要用作跟踪 JVM 实例对象被垃圾回收的活动

（3）Percentage：持有的内存占堆内存的占比。

从上面的内存支配树视图中其实很容易看到这是一个明显的堆内存泄漏案例，org.apache.commons.pool.impl.GenericObjectPool 类的实例对象一直在不断地创建，并且由于被上层持有者持续强引用导致一直都无法被回收，最终导致了内存泄漏。

除了 Dominator Tree 视图外，还包括的其他视图说明如表 5-13 所示。

表 5-13　其他视图说明

视　图	说　明
Shortest Paths To the Accumulation Point	表示 GC ROOT 到内存消耗聚集点的最短路径，这个视图可以用于分析是由于和哪个 GC ROOT 相连导致当前对象的 Retained Heap 占用相当大而无法被回收
Accumulated Objects by Class in Dominator Tree	JVM 内存中按 class 类累积实例对象的支配树视图，视图中的数据包含该类的累积实例数、占用的堆内存大小以及 Retained Heap 的大小
All Accumulated Objects by Class	按 class 类维度显示的累积实例对象的列表，包含类对应的实例对象数量和 Shallow Heap 的大小

- Class Histogram：类的堆内存持有直方图，如图 5-3-17 所示显示了每个类被创建的实例数、Shallow Heap 的大小以及 Retained Heap 的大小。

Class Name	Objects	Shallow Heap	Retained Heap
java.util.TaskQueue All 3 objects	3	72	>= 366,085,944
java.util.TimerTask[] All 3 objects	3	4,195,376	>= 366,085,864
org.apache.commons.pool.impl.GenericObjectPool$Evictor All objects	942,428	37,697,120	>= 361,890,768
org.apache.commons.pool.impl.GenericObjectPool All objects	942,429	82,933,752	>= 309,116,264
java.lang.String All objects	2,016,979	48,407,496	>= 129,676,144
redis.clients.jedis.ShardedJedisPool$ShardedJedisFactory All objects	471,214	11,309,136	>= 124,400,176
java.util.ArrayList All objects	494,394	11,865,456	>= 118,431,904
java.lang.Object[] All objects	501,127	27,718,096	>= 115,913,128
char[] All objects	2,018,631	84,852,288	>= 84,852,288
redis.clients.jedis.JedisShardInfo All objects	471,214	18,848,560	>= 75,394,000
redis.clients.jedis.JedisPool$JedisFactory All objects	471,214	15,078,848	>= 71,624,288
java.util.LinkedList All objects	945,029	30,240,928	>= 30,598,600
java.util.HashMap$Entry[] All objects	7,035	945,696	>= 16,757,056
java.lang.Object All objects	950,563	15,209,008	>= 15,209,008
java.util.concurrent.ConcurrentHashMap All objects	404	19,392	>= 13,570,320

图 5-3-17

当无法通过疑似内存泄漏报告定位具有内存泄漏问题的实例时，可以单击 Overview 视图切换到 JVM 内存使用总览界面视图，如图 5-3-18 所示，图中描述了排名靠前的一些实例对象的内存使用饼图。

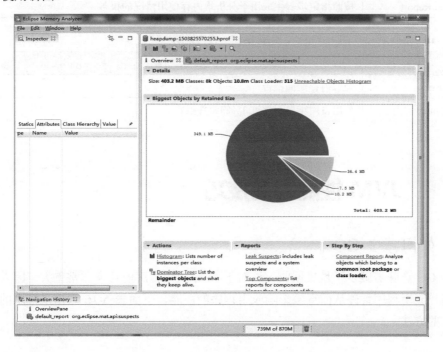

图 5-3-18

在饼图的下面，提供了一些常用的分析操作和报告，如图 5-3-19 所示。

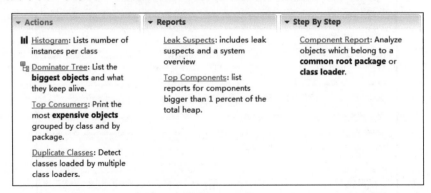

图 5-3-19

图 5-3-19 中包含的操作说明如表 5-14 所示，报告说明如表 5-15 所示。

表 5-14　操作和报告说明

操　作	说　明
Histogram	类的直方图，列出每个类创建的实例数，持有的堆内存大小和持有占比
Dominator Tree	类的支配树视图，描述类持有的堆内存情况
Top Consumers	堆内最大使用者视图
Duplicate Classes	多个不同类加载器加载的重复类
Component Report	按照指定步骤生成用于分析堆内存使用情况的报告

表 5-15　报告说明

报　告	说　明
Leak Suspects	疑似内存泄漏报告
Top Components	列出占用堆内存超过 1%的组件报告

5.4　JVM 性能调优技巧

5.4.1　如何减少 GC

减少 GC 意味着减少了垃圾回收，这对于 Java 应用程序的意义非常重大，因为垃圾回收会导致用户应用程序暂停从而直接影响应用程序的性能，下面表 5-16 列出了常用的可以减少垃圾回收的方法。

表 5-16　常用的可以减少垃圾回收的优化方法

gc 类型	优化措施
Metadata GC Threshold	一般是由于元数据区域不够用而导致，可以通过 JVM 参数适当增大元数据空间的大小
Allocation Failure	（1）如果此类型的 GC 原因经常出现，可以适当修改 JVM 中年轻代的堆内存大小以减少垃圾回收的次数，尤其是经常会出现大量的生命周期较短的实例对象或者经常会新创建占用内存较大的实例对象并且这些占用内存较大的实例对象生命周期又很短时 （2）查看年轻代所使用的垃圾回收器类型是否和应用程序中实例对象的使用特点相吻合，如果默认的垃圾回收器不适用于当前的应用程序，可以通过 JVM 参数指定年轻代的垃圾回收器 （3）当应用程序中经常会新创建占用内存较大的实例对象并且这些占用内存较大的实例对象生命周期又很长时可以调整 JVM 参数 -XX:PetenureSizeThreshold，让新创建的占用内存较大的对象直接在老年代区域分配内存
promotion failed（提升至老年代内存区失败）或者 concurrent mode failure（并发模式失败）	（1）一般出现在 CMS 垃圾回收器或者其他的多线程垃圾回收器中 （2）可以把永久代的大小固定下来，即通过 JVM 参数 -XX:PermSize 和 -XX:MaxPermSize 把永久代的最小值和最大值设置成一样（仅适用于 JDK1.8 以前的 JVM 虚拟机） （3）CMS 垃圾回收器默认情况下不会回收永久代区域（仅适用于 JDK1.8 以前的 JVM 虚拟机），可以通过设置 JVM 参数 CMSPermGenSweepingEnabled 和 CMSClassUnloadingEnabled，让 CMS 垃圾回收器在永久代内存区域容量不足时执行垃圾回收
老年代内存区域频繁出现其他原因的 Full GC	（1）排查是否存在内存泄漏 （2）如果不存在内存泄漏，可以通过 JVM 参数适当提高老年代内存区域的内存大小，但是不宜调整过大，因为如果过大的话，虽然 Full GC 的次数减少了，但是也会意味着完成一次 Full GC 的时间会变得更长 （3）让对象尽可能保留在年轻代区域，因为年轻代的垃圾回收成本比 Full GC 成本要小很多，可以通过设置 JVM 参数 –XX:MaxTenuringThreshold 来设置年轻代对象进入到老年代的年龄，默认为 15

5.4.2　另类 Java 内存泄漏

这里说的另类 Java 内存泄漏指的是 JNI 调用时出现的内存泄漏，一般具有如下特点：

● 通过监控 JVM 内存使用发现内存使用正常，没有明显泄漏。

● 通过 jmap 生成 heap dump 文件，用 MAT（Memory Analyzer Tool）工具分析时发现堆内存使用并不多，无法判断出内存泄漏。

● 分析 GC 日志时，发现 GC 垃圾回收正常，甚至很少会发生 Full GC。

● 监控 JVM 进程时，发现该进程使用的物理内存一直在缓慢增加，等到操作系统的物理内存不够用时，会发现操作系统的虚拟内存使用也开始一直在缓慢增加，此时会发现应用程序的响应时间越来越长。

- 如果一直运行下去，最终会发现 JVM 进程会自动被操作系统杀死。当发现 JVM 进程自动消失时，可以通过 Linux 操作系统的 dmesg 命令，查看原因发现是操作系统进程耗光了物理内存和虚拟内存而自动将进程杀死。

- JVM 进程的实际物理内存消耗已经远远大于 JVM 启动参数中指定的内存大小。

如果一个 Java 应用程序存在 JNI 调用，并且符合上面的特点，那么很可能是原生方法中的 C/C++代码内存泄漏了，因为原生方法的内存开销是 JVM 无法直接通过垃圾回收器回收的。当然也存在一种特殊情况就是：Java 代码中不存在内存泄漏，排查原生方法中的 C/C++代码也不存在内存泄漏，但是 JVM 进程的内存运行却符合上面列出的六个特点，笔者就曾经遇到过这么神奇的事情，最终发现是 Linux 操作系统内存分配器所致。Linux 操作系统中 C/C++代码的内存分配都会涉及 glibc 这个库包，glibc 从 2.11 版本后开始对每个线程引入内存池（默认情况下 64 位 Linux 操作系统的内存池大小是 64MB），在释放内存时 glibc 为了性能考虑，并没有真正把内存释放给操作系统，而是留下来放入内存池，这样就导致了使用的内存没有实际释放而是不断地增长，最终导致了所谓的"内存泄漏"。

第 6 章
◄ MySQL 数据库的性能分析 ►

6.1 MySQL 数据库的性能监控

6.1.1 如何查看 MySQL 数据库的连接数

连接数是指用户已经创建多少个连接，也就是 MySQL 中通过执行 SHOW PROCESSLIST 命令输出数据库中运行着的线程个数的详情，如图 6-1-1 所示。

```
MariaDB [information_schema]> FLUSH    PRIVILEGES;
Query OK, 0 rows affected (0.00 sec)

MariaDB [information_schema]> show processlist;
+----+------+--------------------+--------------------+---------+------+-------+------------------+----------+
| Id | User | Host               | db                 | Command | Time | State | Info             | Progress |
+----+------+--------------------+--------------------+---------+------+-------+------------------+----------+
|  2 | root | localhost          | information_schema  | Query   |    0 | NULL  | show processlist | 0.000    |
|  4 | root | 192.168.1.102:65189 | NULL               | Sleep   |   46 |       | NULL             | 0.000    |
|  5 | root | 192.168.1.102:65190 | NULL               | Sleep   |   46 |       | NULL             | 0.000    |
+----+------+--------------------+--------------------+---------+------+-------+------------------+----------+
3 rows in set (0.00 sec)
```

图 6-1-1

SHOW PROCESSLIST 默认情况下只显示前 100 条记录的详情，如果需要显示超过 100 条的所有记录，可以通过执行 SHOW FULL PROCESSLIST 命令来查看，如图 6-1-2 所示。

```
MariaDB [information_schema]> SHOW FULL PROCESSLIST;
+----+------+--------------------+--------------------+---------+------+-------+---------------------+----------+
| Id | User | Host               | db                 | Command | Time | State | Info                | Progress |
+----+------+--------------------+--------------------+---------+------+-------+---------------------+----------+
|  2 | root | localhost          | information_schema  | Query   |    0 | NULL  | SHOW FULL PROCESSLIST | 0.000  |
|  4 | root | 192.168.1.102:65189 | NULL               | Sleep   |  229 |       | NULL                | 0.000    |
|  5 | root | 192.168.1.102:65190 | NULL               | Sleep   |  229 |       | NULL                | 0.000    |
+----+------+--------------------+--------------------+---------+------+-------+---------------------+----------+
3 rows in set (0.00 sec)
```

图 6-1-2

show variables like 'max_connections'命令可以查询数据库中允许支持的最大连接数，如图 6-1-3 所示。

```
MariaDB [test]>  show variables like 'max_connections';
+-----------------+-------+
| Variable_name   | Value |
+-----------------+-------+
| max_connections | 151   |
+-----------------+-------+
1 row in set (0.00 sec)
```

图 6-1-3

show global status like 'max_used_connections'命令可以查询当前已经使用过的最大连接数，如图 6-1-4 所示。

```
MariaDB [test]> show global status like 'max_used_connections';
+----------------------+-------+
| Variable_name        | Value |
+----------------------+-------+
| Max_used_connections | 3     |
+----------------------+-------+
1 row in set (0.00 sec)
```

图 6-1-4

6.1.2　如何查看 MySQL 数据库当前运行的事务与锁

事务是对数据库执行一种带有原子性、一致性、隔离性、持久性的数据操作。在 MySQL 中如果需要使用事务，那么数据存储时必须选用 MySQL 的 innodb 引擎，使用 innodb 引擎后，在 MySQL 系统数据库 information_schema 的 innodb_trx 表中记录了数据库当前正在运行的事务。

innodb_trx 表中包含的常用字段说明如表 6-1 所示。

表 6-1　innodb_trx 表中包含的常用字段说明

字　段	说　明
trx_id	事务 ID
trx_state	事务的状态。一般包括 RUNNING、LOCK WAIT、ROLLING BACK 和 COMMITTING 等几种不同的状态
trx_started	事务开始运行的时间
trx_requested_lock_id	事务需要等待的、但已经被别的程序锁定的资源 id。一般可以和 INNODB_LOCKS 表关联在一起，获取更多的被锁定的资源的详细信息
trx_wait_started	事务开始等待时间
trx_mysql_thread_id	事务对应的 MySQL 线程 id
trx_query	事务正在执行的 SQL 语句
trx_operation_state	事务操作的状态
trx_tables_in_use	事务使用到的数据库表的数量
trx_tables_locked	事务锁定的数据库表的数量
trx_rows_locked	事务锁定的数据记录行数
trx_rows_modified	事务更改的数据记录行数
trx_unique_checks	事务是否打开唯一性检查的标识
trx_foreign_key_checks	事务是否打开外键检查的标识
trx_isolation_level	事务隔离级别。一般分为 Read Uncommitted（未提交读取）、Read Committed（已提交读取）、Repeatable Read（可重复读取）、Serializable（序列化）四种不同的级别
trx_weight	事务的权重
trx_lock_memory_bytes	事务锁住的内存大小，单位为字节
trx_concurrency_tickets	事务并发票数
trx_last_foreign_key_error	事务最后一次的外键检查的错误信息

MySQL 系统数据库 information_schema 的 innodb_locks 表中记录了 innodb 数据库引擎当

前产生的锁的情况。innodb_locks 表中包含的常用字段说明如表 6-2 所示。

表 6-2　innodb_locks 表中包含的常用字段说明

字　段	说　明
lock_id	锁的 id
lock_trx_id	拥有锁的事务 ID。可以和 INNODB_TRX 表关联查询，得到事务的详细信息
lock_mode	锁的模式，锁的模式一般包含： 行级锁：包括 S（共享锁）、X（排它锁）、IS（意向共享锁）、IX（意向排它锁）。 表级锁：包括 S_GAP（共享间隙锁）、X_GAP（排它间隙锁）、IS_GAP（意向共享间隙锁）、IX_GAP（意向排它间隙锁）和 AUTO_INC（自动递增锁） 页级锁：介于行级锁和表级锁中间的一种锁
lock_type	锁的类型。包括 RECORD（行级锁）、TABLE（表级锁）、PAGE（页级锁），innodb 引擎中主要采用行级锁
lock_table	当前被锁定的或者包含锁定记录的表的名称
lock_index	当 LOCK_TYPE 为 RECORD 时，表示锁定的索引的名称，否则直接返回 NULL
lock_space	当 LOCK_TYPE 为 RECORD 时，表示锁定行的表空间 ID，否则直接返回 NULL
lock_page	当 LOCK_TYPE 为 RECORD 时，表示锁定记录行的页数，否则直接返回 NULL
lock_rec	当 LOCK_TYPE 为 RECORD 时，表示锁定的数据行的数量
lock_data	当 LOCK_TYPE 为 RECORD 时，表示锁定记录行的主键

MySQL 系统数据库 information_schema 的 innodb_lock_waits 表中记录了 innodb 数据库引擎当前运行的数据库事务等待锁的情况。innodb_lock_waits 表中包含的常用字段说明如表 6-3 所示。

表 6-3　innodb_lock_waits 表中包含的常用字段说明

字　段	说　明
requesting_trx_id	请求事务的 ID
Requested_lock_id	事务所等待的锁定的 ID。可以和 INNODB_LOCKS 表关联查询
Blocking_trx_id	阻塞事务的 ID
Blocking_lock_id	阻塞了另一事务的、正在运行的事务的锁的 ID

在数据库中出现死锁时，经常需要通过查询 innodb_trx、innodb_locks 和 innodb_lock_waits 这三张表来找出在执行什么事务操作时导致了死锁，例如执行如下 SQL 语句可以列出数据库中所有事务的等待和锁定记录。

```
SELECT
 r.trx_isolation_level,/*事务隔离级别*/
 r.trx_id AS waiting_trx_id,/*正处于等待中的事务id*/
 r.trx_mysql_thread_id AS waiting_trx_thread, /*正处于等待中的数据库线程id*/
 r.trx_state AS waiting_trx_state, /*正处于等待中的事务的状态*/
 lr.lock_mode AS waiting_trx_lock_mode,/*正处于等待中的事务的锁定模式*/
```

```
  lr.lock_type AS waiting_trx_lock_type,/*正处于等待中的事务的锁定类型*/
  lr.lock_table AS waiting_trx_lock_table,/*正处于等待中的事务将锁定的表*/
  lr.lock_index AS waiting_trx_lock_index,/*正处于等待中的事务将锁定的索引*/
  r.trx_query AS waiting_trx_SQL,/*正处于等待中的事务将执行的 SQL*/
  b.trx_id AS blocking_trx_id,/*正处于锁定中的事务 id*/
  b.trx_mysql_thread_id AS blocking_trx_thread,/*正处于锁定中的线程 id*/
  b.trx_state AS blocking_trx_state,/*正处于锁定中的事务的状态*/
  lb.lock_mode AS blocking_trx_lock_mode,/*正处于锁定中的事务的锁定模式*/
  lb.lock_type AS blocking_trx_lock_type,/*正处于锁定中的事务的锁定类型*/
  lb.lock_table AS blocking_trx_lock_table,/*正处于锁定中的事务已经锁定的表*/
  lb.lock_index AS blocking_trx_lock_index,/*正处于锁定中的事务已经锁定的索引*/
  b.trx_query AS blocking_sql /*正处于锁定中的事务在执行的 SQL*/
FROM
  information_schema.innodb_lock_waits wt
  INNER JOIN information_schema.innodb_trx b
    ON b.trx_id = wt.blocking_trx_id
  INNER JOIN information_schema.innodb_trx r
    ON r.trx_id = wt.requesting_trx_id
  INNER JOIN information_schema.innodb_locks lb
    ON lb.lock_trx_id = wt.blocking_trx_id
  INNER JOIN information_schema.innodb_locks lr
    ON lr.lock_trx_id = wt.requesting_trx_id;
```

6.1.3 MySQL 中数据库表的监控

（1）查看数据库中当前打开了哪些表：show OPEN TABLES，如图 6-1-5 所示。另外，还可以通过 show OPEN TABLES where In_use > 0 过滤出当前已经被锁定的表。

```
MariaDB [information_schema]>  show OPEN TABLES ;
+--------------------+----------------------------------------------+--------+-------------+
| Database           | Table                                        | In_use | Name_locked |
+--------------------+----------------------------------------------+--------+-------------+
| mysql              | time_zone_transition_type                    |      0 |           0 |
| performance_schema | events_waits_summary_global_by_event_name    |      0 |           0 |
| performance_schema | setup_timers                                 |      0 |           0 |
| performance_schema | events_waits_history_long                    |      0 |           0 |
| mysql              | time_zone_name                               |      0 |           0 |
| mysql              | time_zone                                    |      0 |           0 |
| performance_schema | events_waits_summary_by_instance             |      0 |           0 |
| mysql              | db                                           |      0 |           0 |
| performance_schema | setup_consumers                              |      0 |           0 |
| mysql              | help_keyword                                 |      0 |           0 |
| mysql              | help_category                                |      0 |           0 |
| mysql              | help_relation                                |      0 |           0 |
| mysql              | user                                         |      0 |           0 |
| mysql              | slow_log                                     |      0 |           0 |
| performance_schema | file_instances                               |      0 |           0 |
| performance_schema | cond_instances                               |      0 |           0 |
| mysql              | plugin                                       |      0 |           0 |
| mysql              | proc                                         |      0 |           0 |
| mysql              | proxies_priv                                 |      0 |           0 |
| mysql              | help_topic                                   |      0 |           0 |
| performance_schema | rwlock_instances                             |      0 |           0 |
| mysql              | time_zone_transition                         |      0 |           0 |
| mysql              | event                                        |      0 |           0 |
| mysql              | columns_priv                                 |      0 |           0 |
| performance_schema | performance_timers                           |      0 |           0 |
| performance_schema | threads                                      |      0 |           0 |
| mysql              | general_log                                  |      0 |           0 |
| performance_schema | events_waits_summary_by_thread_by_event_name |      0 |           0 |
| performance_schema | file_summary_by_event_name                   |      0 |           0 |
| mysql              | time_zone_leap_second                        |      0 |           0 |
| performance_schema | file_summary_by_instance                     |      0 |           0 |
| performance_schema | setup_instruments                            |      0 |           0 |
| mysql              | servers                                      |      0 |           0 |
| mysql              | host                                         |      0 |           0 |
| performance_schema | events_waits_history                         |      0 |           0 |
| mysql              | func                                         |      0 |           0 |
| mysql              | ndb_binlog_index                             |      0 |           0 |
| performance_schema | mutex_instances                              |      0 |           0 |
| performance_schema | events_waits_current                         |      0 |           0 |
| mysql              | tables_priv                                  |      0 |           0 |
| mysql              | procs_priv                                   |      0 |           0 |
+--------------------+----------------------------------------------+--------+-------------+
41 rows in set (0.00 sec)
```

图 6-1-5

（2）查看数据库中表的状态：SHOW STATUS LIKE　'%table%'，如图 6-1-6 所示。需要特别注意的是，Table_locks_waited 指的是不能立即获取表级锁而需要等待的次数。如果等待的次数非常大，则说明可能存在锁争抢的情况；如果是频繁的出现锁争抢，则对应用程序的并发性能影响很大。

```
MariaDB [information_schema]> SHOW STATUS LIKE  '%table%';
+-------------------------------------------------+--------+
| Variable_name                                   | Value  |
+-------------------------------------------------+--------+
| Com_alter_table                                 | 0      |
| Com_alter_tablespace                            | 0      |
| Com_create_table                                | 0      |
| Com_drop_table                                  | 0      |
| Com_lock_tables                                 | 0      |
| Com_rename_table                                | 0      |
| Com_show_create_table                           | 0      |
| Com_show_open_tables                            | 4      |
| Com_show_table_statistics                       | 0      |
| Com_show_table_status                           | 0      |
| Com_show_tables                                 | 1      |
| Com_unlock_tables                               | 0      |
| Created_tmp_disk_tables                         | 9      |
| Created_tmp_tables                              | 70     |
| Innodb_dict_tables                              | 8      |
| Open_table_definitions                          | 41     |
| Open_tables                                     | 41     |
| Opened_table_definitions                        | 0      |
| Opened_tables                                   | 0      |
| Performance_schema_table_handles_lost           | 0      |
| Performance_schema_table_instances_lost         | 0      |
| Slave_open_temp_tables                          | 0      |
| Table_locks_immediate                           | 54     |
| Table_locks_waited                              | 0      |
+-------------------------------------------------+--------+
24 rows in set (0.00 sec)
```

图 6-1-6

（3）查看数据库中锁的信息：SHOW STATUS LIKE '%lock%'，如图 6-1-7 所示。

```
MariaDB [information_schema]> SHOW STATUS LIKE '%lock%';
+-------------------------------------------------+--------+
| Variable_name                                   | Value  |
+-------------------------------------------------+--------+
| Aria_pagecache_blocks_not_flushed               | 0      |
| Aria_pagecache_blocks_unused                    | 15737  |
| Aria_pagecache_blocks_used                      | 1      |
| Com_lock_tables                                 | 0      |
| Com_unlock_tables                               | 0      |
| Innodb_current_row_locks                        | 0      |
| Innodb_deadlocks                                | 0      |
| Innodb_row_lock_current_waits                   | 0      |
| Innodb_row_lock_time                            | 0      |
| Innodb_row_lock_time_avg                        | 0      |
| Innodb_row_lock_time_max                        | 0      |
| Innodb_row_lock_waits                           | 0      |
| Innodb_s_lock_os_waits                          | 7      |
| Innodb_s_lock_spin_rounds                       | 210    |
| Innodb_s_lock_spin_waits                        | 7      |
| Innodb_x_lock_os_waits                          | 1      |
| Innodb_x_lock_spin_rounds                       | 30     |
| Innodb_x_lock_spin_waits                        | 0      |
| Key_blocks_not_flushed                          | 0      |
| Key_blocks_unused                               | 107170 |
| Key_blocks_used                                 | 1      |
| Key_blocks_warm                                 | 0      |
| Performance_schema_locker_lost                  | 0      |
| Performance_schema_rwlock_classes_lost          | 0      |
| Performance_schema_rwlock_instances_lost        | 0      |
| Qcache_free_blocks                              | 0      |
| Qcache_total_blocks                             | 0      |
| Table_locks_immediate                           | 54     |
| Table_locks_waited                              | 0      |
+-------------------------------------------------+--------+
```

图 6-1-7

（4）查看数据库中的表被扫描的情况：show global status like 'handler_read%'，如图 6-1-8

所示。查询的结果数据也可以用来评估数据库中索引的使用情况。查询的结果数据说明如表6-4 所示。

```
MariaDB [test]> show global status like 'handler_read%';
+-----------------------+-------+
| Variable_name         | Value |
+-----------------------+-------+
| Handler_read_first    | 0     |
| Handler_read_key      | 210   |
| Handler_read_last     | 0     |
| Handler_read_next     | 0     |
| Handler_read_prev     | 0     |
| Handler_read_rnd      | 126   |
| Handler_read_rnd_deleted | 0  |
| Handler_read_rnd_next | 6339  |
+-----------------------+-------+
8 rows in set (0.00 sec)
```

图 6-1-8

表 6-4　数据库查询的结果数据

查询结果项	说　明
Handler_read_first	从索引中读取第一项的次数。如果该值非常高，表明服务器正在执行大量的全索引扫描。该值一般不宜太高
Handler_read_key	基于键读取数据行的请求数。该值如果越高，则表明大量的查询都使用了索引；如果越低，表示索引的利用很低。该值一般越高越好
Handler_read_last	读取索引中最后一个键的请求数
Handler_read_next	按键顺序读取下一行的请求数。如果查询都走了索引，那么该值将不断递增
Handler_read_prev	按键顺序读取前一行的请求数（倒序读取数据）。一般用于评估执行 ORDER BY … DESC 的次数
Handler_read_rnd	基于固定位置读取数据行的请求数。如果正在执行大量的需要对查询结果进行排序的查询，则此值很高。如果该值很高，则可能存在很多查询需要进行整表扫描，或者查询时一些表的关联连接没有正确使用主键或者索引
Handler_read_rnd_deleted	从数据库数据文件中读取被删除记录行的请求数
Handler_read_rnd_next	从数据库数据文件中读取下一行的请求数。如果 SQL 语句执行大量表扫描，则此值很高。如果该值很高，一般说明表没有正确添加索引或者 SQL 语句没有通过索引来查询

6.1.4　性能测试时 MySQL 中其他常用监控

（1）查看每秒事务的提交数：show global status like 'com_commit'，如图 6-1-9 所示。

```
MariaDB [test]> show global status like 'com_commit';
+---------------+-------+
| Variable_name | Value |
+---------------+-------+
| Com_commit    | 0     |
+---------------+-------+
```

图 6-1-9

（2）查看每秒事务的回滚数：show global status like 'com_rollback'，如图 6-1-10 所示。

```
MariaDB [test]> show global status like 'com_rollback';
+---------------+-------+
| Variable_name | Value |
+---------------+-------+
| Com_rollback  | 0     |
+---------------+-------+
1 row in set (0.00 sec)
```

图 6-1-10

（3）查看线程的运行情况：show global status like 'threads_%'，如图 6-1-11 所示。

```
MariaDB [test]> show global status like 'threads_%';
+-------------------+-------+
| variable_name     | value |
+-------------------+-------+
| Threads_cached    | 0     |
| Threads_connected | 3     |
| Threads_created   | 5     |
| Threads_running   | 1     |
+-------------------+-------+
```

图 6-1-11

查询结果的说明如表 6-5 所示。

表 6-5　查询结果的说明

查询结果项	说　明
Threads_cached	线程缓存中的线程数
Threads_connected	已经建立连接的线程数
Threads_created	已经创建的线程数
Threads_running	正在运行中的线程数

（4）查看数据库建立过的连接总数（包括连接中以及已经断开的连接）：show global status like 'Connections'，如图 6-1-12 所示。

```
MariaDB [test]> show global status like 'Connections';
+---------------+-------+
| Variable_name | Value |
+---------------+-------+
| Connections   | 7     |
+---------------+-------+
```

图 6-1-12

（5）查看 innodb 引擎缓存命中情况：show global status like 'innodb_buffer_pool_read%'，如图 6-1-13 所示。

```
MariaDB [test]> show global status like 'innodb_buffer_pool_read%';
+--------------------------------------+-------+
| variable_name                        | Value |
+--------------------------------------+-------+
| Innodb_buffer_pool_read_ahead        | 0     |
| Innodb_buffer_pool_read_ahead_evicted| 0     |
| Innodb_buffer_pool_read_ahead_rnd    | 0     |
| Innodb_buffer_pool_read_requests     | 459   |
| Innodb_buffer_pool_reads             | 144   |
+--------------------------------------+-------+
5 rows in set (0.00 sec)
```

图 6-1-13

（6）查看 join 操作时全表扫描的次数：show global status like 'select_full_join'，如图 6-1-14

169

所示。该值一般可以表示 SQL 语句中的 join 操作没有使用索引的次数，如果值非常大，那可能是 SQL 语句中的 join 操作存在性能问题。

```
MariaDB [test]> show global status like 'select_full_join';
+------------------+-------+
| variable_name    | Value |
+------------------+-------+
| Select_full_join | 24    |
+------------------+-------+
1 row in set (0.00 sec)
```

图 6-1-14

（7）查看 SQL 中排序使用情况：show global status like 'sort%'，如图 6-1-15 所示。

```
MariaDB [test]> show global status like 'sort%';
+-------------------+-------+
| variable_name     | Value |
+-------------------+-------+
| Sort_merge_passes | 0     |
| Sort_range        | 0     |
| Sort_rows         | 126   |
| Sort_scan         | 6     |
+-------------------+-------+
4 rows in set (0.00 sec)
```

图 6-1-15

（8）查看 SQL 查询缓存的命中情况：show global status like 'qcache%'，如图 6-1-16 所示。

```
MariaDB [test]> show global status like 'qcache%';
+-------------------------+-------+
| variable_name           | Value |
+-------------------------+-------+
| Qcache_free_blocks      | 0     |
| Qcache_free_memory      | 0     |
| Qcache_hits             | 0     |
| Qcache_inserts          | 0     |
| Qcache_lowmem_prunes    | 0     |
| Qcache_not_cached       | 0     |
| Qcache_queries_in_cache | 0     |
| Qcache_total_blocks     | 0     |
+-------------------------+-------+
8 rows in set (0.00 sec)
```

图 6-1-16

（9）如果需要查看数据库查询缓存的设置，可以通过 show variables like 'query_cache%'，如图 6-1-17 所示。

```
MariaDB [test]> show variables like 'query_cache%';
+------------------------------+---------+
| variable_name                | value   |
+------------------------------+---------+
| query_cache_limit            | 1048576 |
| query_cache_min_res_unit     | 4096    |
| query_cache_size             | 0       |
| query_cache_strip_comments   | OFF     |
| query_cache_type             | ON      |
| query_cache_wlock_invalidate | OFF     |
+------------------------------+---------+
6 rows in set (0.00 sec)
```

图 6-1-17

（10）如果需要查询数据库更多的状态信息，可以通过 SHOW GLOBAL STATUS 进行查看，如图 6-1-18 所示。

```
MariaDB [test]> SHOW GLOBAL STATUS;
+-----------------------------------+--------+
| variable_name                     | value  |
+-----------------------------------+--------+
| Aborted_clients                   | 0      |
| Aborted_connects                  | 0      |
| Access_denied_errors              | 0      |
| Aria_pagecache_blocks_not_flushed | 0      |
| Aria_pagecache_blocks_unused      | 15737  |
| Aria_pagecache_blocks_used        | 1      |
| Aria_pagecache_read_requests      | 1      |
| Aria_pagecache_reads              | 1      |
| Aria_pagecache_write_requests     | 0      |
| Aria_pagecache_writes             | 0      |
| Aria_transaction_log_syncs        | 0      |
| Binlog_commits                    | 0      |
| Binlog_group_commits              | 0      |
| Binlog_snapshot_file              |        |
| Binlog_snapshot_position          | 0      |
| Binlog_bytes_written              | 0      |
| Binlog_cache_disk_use             | 0      |
| Binlog_cache_use                  | 0      |
| Binlog_stmt_cache_disk_use        | 0      |
| Binlog_stmt_cache_use             | 0      |
| Busy_time                         | 0.000000 |
| Bytes_received                    | 17965  |
| Bytes_sent                        | 133991 |
| Com_admin_commands                | 1      |
| Com_alter_db                      | 0      |
| Com_alter_db_upgrade              | 0      |
| Com_alter_event                   | 0      |
| Com_alter_function                | 0      |
| Com_alter_procedure               | 0      |
| Com_alter_server                  | 0      |
| Com_alter_table                   | 0      |
| Com_alter_tablespace              | 0      |
| Com_analyze                       | 0      |
| Com_assign_to_keycache            | 0      |
| Com_begin                         | 0      |
| Com_binlog                        | 0      |
| Com_call_procedure                | 0      |
| Com_change_db                     | 2      |
| Com_change_master                 | 0      |
| Com_check                         | 0      |
| Com_checksum                      | 0      |
| Com_commit                        | 0      |
| Com_create_db                     | 0      |
| Com_create_event                  | 0      |
| Com_create_function               | 0      |
| Com_create_index                  | 0      |
| Com_create_procedure              | 0      |
| Com_create_server                 | 0      |
```

图 6-1-18

　　MySQL 数据库中大部分的运行状态都可以通过 show status 和 show global status 来查看。二者的区别在于前者是查询当前的运行状态，后者是查询全局的运行状态，也就是数据库开始启动运行到现在为止的状态。

6.2　MySQL 数据库的性能定位

6.2.1　慢 SQL

　　慢 SQL 一般指查询很慢的 SQL 语句。在 MySQL 数据库中，可以通过慢查询来查看所有执行超时的 SQL 语句。在默认情况下，一般慢 SQL 是关闭的，可以通过执行 show variables like 'slow_query%' 来查看数据库是否开启了慢查询，如图 6-2-1 所示。

```
MariaDB [(none)]> show variables like 'slow_query%';
+--------------------+-------------------+
| Variable_name      | Value             |
+--------------------+-------------------+
| slow_query_log     | OFF               |
| slow_query_log_file | localhost-slow.log |
+--------------------+-------------------+
```

图 6-2-1

从图 6-2-1 中看到 slow_query_log 的值为 OFF 表示慢查询未开启，可以通过执行"set global slow_query_log=1;"或者"set global slow_query_log=ON;"来临时开启慢查询，如图 6-2-2 所示。

```
MariaDB [(none)]> set global slow_query_log=ON;
Query OK, 0 rows affected (0.03 sec)
```

图 6-2-2

如果需要永久开启，就需要修改/etc/my.cnf 配置文件，在[mysqld]处加入如下配置，再重启数据库即可生效，如图 6-2-3 所示。

```
slow_query_log=ON
slow_query_log_file=/var/lib/mysql/localhost-slow.log
```

```
[mysqld]
datadir=/var/lib/mysql
socket=/var/lib/mysql/mysql.sock
slow_query_log=ON
slow_query_log_file=/var/lib/mysql/localhost-slow.log
# Disabling symbolic-links is recommended to prevent assorted security risks
symbolic-links=0
# Settings user and group are ignored when systemd is used.
# If you need to run mysqld under a different user or group,
# customize your systemd unit file for mariadb according to the
# instructions in http://fedoraproject.org/wiki/Systemd
```

图 6-2-3

修改完成重启数据库后，再次执行 show variables like 'slow_query%'，发现慢查询已经被开启，如图 6-2-4 所示。

```
MariaDB [(none)]> show variables like 'slow_query%';
+--------------------+-------------------------------------+
| Variable_name      | Value                               |
+--------------------+-------------------------------------+
| slow_query_log     | ON                                  |
| slow_query_log_file | /var/lib/mysql/localhost-slow.log  |
+--------------------+-------------------------------------+
2 rows in set (0.00 sec)
```

图 6-2-4

通过执行"show variables like 'long_query%';"可以查询慢查询的记录时间，如图 6-2-5 所示。慢查询的记录时间默认是 10 秒，可以通过执行"set long_query_time=需要修改的时长;"来修改慢查询的记录时间。

```
MariaDB [(none)]> show variables like 'long_query%';
+-----------------+-----------+
| Variable_name   | Value     |
+-----------------+-----------+
| long_query_time | 10.000000 |
+-----------------+-----------+
1 row in set (0.00 sec)
```

图 6-2-5

通过执行 "show status like 'slow_queries';" 可以查看慢查询发生的次数，如图 6-2-6 所示。

```
MariaDB [(none)]> show status like 'slow_queries';
+---------------+-------+
| Variable_name | Value |
+---------------+-------+
| Slow_queries  | 1     |
+---------------+-------+
1 row in set (0.00 sec)
```

图 6-2-6

从慢查询日志中，我们也可以看到慢查询发生的详细信息，如图 6-2-7 所示。慢查询口志中会记录每次慢查询发生的时间、执行查询时的数据库用户、线程 id、查询执行的 SQL 语句等信息。

```
/usr/libexec/mysqld, Version: 5.5.64-MariaDB (MariaDB Server). started with:
Tcp port: 3306  Unix socket: /var/lib/mysql/mysql.sock
Time                 Id Command    Argument
/usr/libexec/mysqld, Version: 5.5.64-MariaDB (MariaDB Server). started with:
Tcp port: 0  Unix socket: /var/lib/mysql/mysql.sock
Time                 Id Command    Argument
# Time: 200220  1:52:18
# User@Host: root[root] @ localhost []
# Thread_id: 2  Schema:    QC_hit: No
# Query_time: 0.008225  Lock_time: 0.000156  Rows_sent: 1  Rows_examined: 413
SET timestamp=1582181538;
select count(1) from information_schema.GLOBAL_STATUS;
```

图 6-2-7

在获取到慢查询的 SQL 语句后，就可以借助数据库的执行计划来对慢查询的 SQL 语句做进一步的分析。

6.2.2　执行计划

在 MySQL 中使用 explain 关键字可以模拟查看数据库是如何执行 SQL 查询语句，也就是常说的查看一条 SQL 语句在数据库中的执行计划。图 6-2-8 所示就是执行 EXPLAIN SELECT * FROM test.test 后返回的 SELECT * FROM test.test 查询的执行计划。

```
MariaDB [test]> EXPLAIN SELECT * FROM  test.test;
+------+-------------+-------+------+---------------+------+---------+------+------+-------+
| id   | select_type | table | type | possible_keys | key  | key_len | ref  | rows | Extra |
+------+-------------+-------+------+---------------+------+---------+------+------+-------+
|  1   | SIMPLE      | test  | ALL  | NULL          | NULL | NULL    | NULL |  1   |       |
+------+-------------+-------+------+---------------+------+---------+------+------+-------+
1 row in set (0.00 sec)
```

图 6-2-8

查询结果返回的字段说明如表 6-6 所示。

表 6-6　查询结果返回的字段说明

字　段	说　明
id	查询的顺序编号，表示查询中执行的顺序。id 的值越大，执行的优先级越高；如果 id 相同，则从上往下执行
select_type	查询类型，常见查询类型如下： SIMPLE：表示简单查询方式。SQL 语句中一般不会不使用 UNION 和子查询等。 PRIMARY：表示包含子查询的 SQL 语句的最外层查询语句的查询类型，即当查询中包含子查询时，最外层的查询语句就会显示为 PRIMARY。 UNION：在查询语句中，如果在 UNION 关键字之后出现了第二个 SELECT，则被标记为 UNION。 UNION RESULT：表示查询中有多个查询结果集执行 UNION 操作。 DEPENDENT UNION：表示在子查询中存在 UNION 操作时，从 UNION 之后的第二个及之后的 SELECT 语句都是 DEPENDENT UNION。 DEPENDENT SUBQUERY：子查询中 UNION 中第一个 SELECT 查询为 DEPENDENT SUBQUERY。 SUBQUERY：子查询内层查询的第一个 SELECT。 DERIVED：在查询语句中，如果 from 子句的子查询中出现了 union 关键字，则外层 select 查询将被标记为 DERIVED。 MATERIALIZED：表示子查询被物化，物化通过将子查询结果作为一个临时表来加快查询执行速，从而能够使得子查询只执行一次。 UNCACHEABLE SUBQUERY：表示查询结果集无法缓存的子查询，需要逐次查询。 UNCACHEABLE UNION：表示子查询不可被物化，需要逐次运行（即需要执行多次）
Table	查询涉及的表名或者表的别名
Type	表示表连接的类型，包括的类型如下所示。这些类型的性能从高到低的顺序是： null→system→const→eq_ref→ref→fulltext→ref_or_null→index_merge→unique_subquery→index_subquery→range→index→ALL null：表示不访问任何的表。 system：表示表中只有一条记录，相当于系统表。一般可以认为是 const 类型的特例。 const：表示主键或者唯一索引的常量查询，表中最多只有 1 行记录符合查询要求。通常 const 使用到主键或者唯一索引进行定值查询、常量查询，查询的速度非常快。 eq_ref：表示 join 查询过程中，关联条件字段使用主键或者唯一索引，出来的行数不止一行。eq_ref 是一种查询性能很高的 join 操作。 ref：表示非聚集索引的常量查询。 fulltext：表示查询的过程中，使用了 fulltext 类型的索引。 ref_or_null：跟 ref 查询类似，在 ref 的查询基础上会多加一个 null 值的条件查询。 index_merg：表示索引联合查询。 unique_subquery：表示查询使用主键的子查询。 index_subquery：表示查询使用非聚集索引的子查询。 range：表示查询通过使用索引范围的查询。一般包括：=、<>、>、>=、<、<=、IS NULL、BETWEEN、IN、<=> 等范围。 index：表示通过索引进行扫描查询。 ALL：表示全表扫描，性能最差

（续表）

字　段	说　明
possible_keys	查询时预计可能会使用的索引。这里说的索引只是可能会用到，实际查询不一定会用到
Key	实际查询时真实使用的索引
key_len	使用的索引长度
Ref	关联信息
Rows	查询时扫描的数据记录行数
Extra	表示查询特性的使用情况。常用的查询特性如下所示： Using index：表示使用了索引。 Using index condition：表示使用了索引进行过滤。 Using MRR：表示使用了索引进行内部排序。 Using where：表示使用了 where 条件。 Using temporary：表示使用了临时表。 Using filesort：表示使用文件排序。一般指无法利用索引来完成的排序

第 7 章
性能测试、分析与调优案例实践

7.1 JMeter 对 HTTP 服务的性能压测分析与调优

示例：以通过用户 id 来查询用户详情信息的 HTTP 接口为例进行性能压测分析。接口参数如图 7-1-1 所示，用户请求的调用过程如图 7-1-2 所示。

图 7-1-1

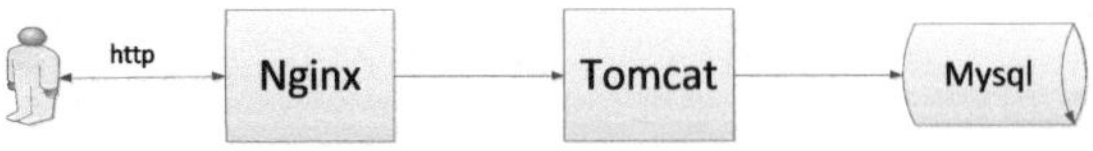

图 7-1-2

服务器的配置信息如表 7-1 所示。

表 7-1　服务器的配置信息

服务器类型	配置说明
Nginx 服务器	内存：2GB CPU：2 核 部署软件：Nginx 操作系统：CentOS 7

（续表）

服务器类型	配置说明
应用服务器（Tomcat）	内存：2GB CPU：2 核 部署软件：Tomcat、JDK 1.8 操作系统：CentOS 7
数据库服务器	内存：2GB CPU：2 核 部署软件：MySQL 操作系统：CentOS 7

准备好的用户 id 的参数化数据如图 7-1-3 所示，将 userid.dat 文件放入 d 盘的根目录下。

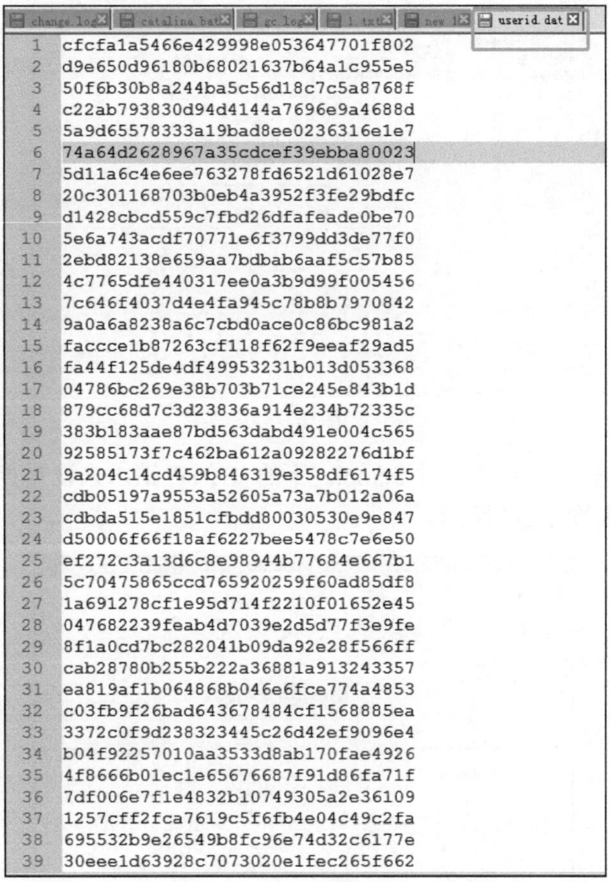


```
cfcfa1a5466e429998e053647701f802
d9e650d96180b68021637b64a1c955e5
50f6b30b8a244ba5c56d18c7c5a8768f
c22ab793830d94d4144a7696e9a4688d
5a9d65578333a19bad8ee0236316e1e7
74a64d2628967a35cdcef39ebba80023
5d11a6c4e6ee763278fd6521d61028e7
20c301168703b0eb4a3952f3fe29bdfc
d1428cbcd559c7fbd26dfafeade0be70
5e6a743acdf70771e6f3799dd3de77f0
2ebd82138e659aa7bdbab6aaf5c57b85
4c7765dfe440317ee0a3b9d99f005456
7c646f4037d4e4fa945c78b8b7970842
9a0a6a8238a6c7cbd0ace0c86bc981a2
facccе1b87263cf118f62f9eeaf29ad5
fa44f125de4df49953231b013d053368
04786bc269e38b703b71ce245e843b1d
879cc68d7c3d23836a914e234b72335c
383b183aae87bd563dabd491e004c565
92585173f7c462ba612a09282276d1bf
9a204c14cd459b846319e358df6174f5
cdb05197a9553a52605a73a7b012a06a
cdbda515e1851cfbdd80030530e9e847
d50006f66f18af6227bee5478c7e6e50
ef272c3a13d6c8e98944b77684e667b1
5c70475865ccd765920259f60ad85df8
1a691278cf1e95d714f2210f01652e45
047682239feab4d7039e2d5d77f3e9fe
8f1a0cd7bc282041b09da92e28f566ff
cab28780b255b222a36881a913243357
ea819af1b064868b046e6fce774a4853
c03fb9f26bad643678484cf1568885ea
3372c0f9d238323445c26d42ef9096e4
b04f92257010aa3533d8ab170fae4926
4f8666b01ec1e65676687f91d86fa71f
7df006e7f1e4832b10749305a2e36109
1257cff2fca7619c5f6fb4e04c49c2fa
695532b9e26549b8fc96e74d32c6177e
30eee1d63928c7073020e1fec265f662
```

图 7-1-3

在 JMeter 中，通过添加配置元件下的 CSV Data Set Config 来设置参数化配置，如图 7-1-4 和图 7-1-5 所示。

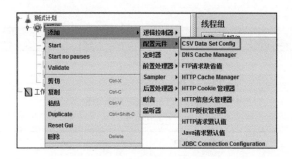

图 7-1-4

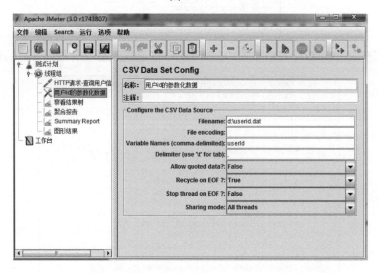

图 7-1-5

设置完参数化配置后，通过添加 Sample 下的 HTTP 请求来设置查询用户信息请求的请求参数，如图 7-1-6 和图 7-1-7 所示。

图 7-1-6

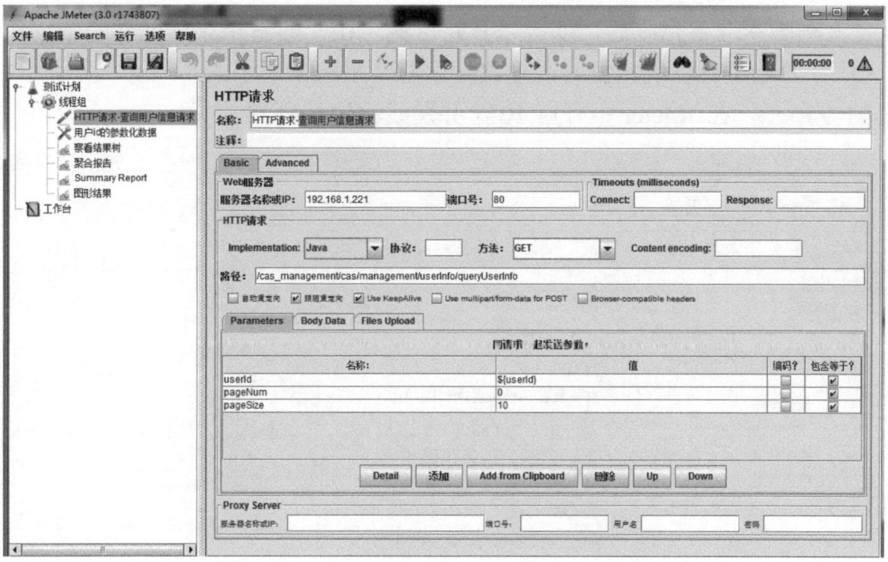

图 7-1-7

设置完 HTTP 请求后，在 JMeter 中增加响应断言、聚合报告、Summary Report、图形结果、察看结果树这几个元件。添加完成后，就可以调试压测脚本了，如图 7-1-8 所示，在察看结果树中可以看到，用户信息查询请求已经成功发送和响应成功。这样脚本就调试成功了，这是一个非常简单的请求流程。当然在实际工作中，可能遇到的会比这种场景要复杂很多，比如查询用户信息之前还需要先登录，登录成功后产生了 cookie 之后，才可以发起查询用户信息请求。由于本书重点内容为介绍性能测试中的分析与诊断，因此对于这种复杂场景在 JMeter 中如何编写脚本不是本书重点，就不做过多介绍，如果读者感兴趣可以参考笔者的博客文章 https://www.cnblogs.com/laoqing/p/9350416.html ，其中有关于这部分内容的介绍。

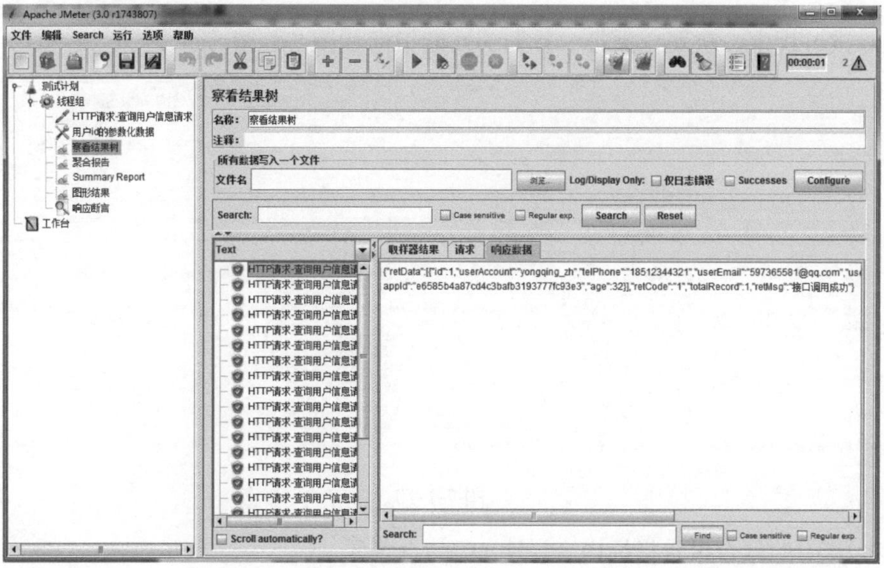

图 7-1-8

    JMeter 压测脚本准备完成后，就可以开始压测。由于察看结果树元件是辅助用于调试压测脚本，因此在开始进行性能压测时，建议把察看结果树禁用了。

    如图 7-1-9 所示，在 JMeter 中开启 10 个并发线程进行压测。

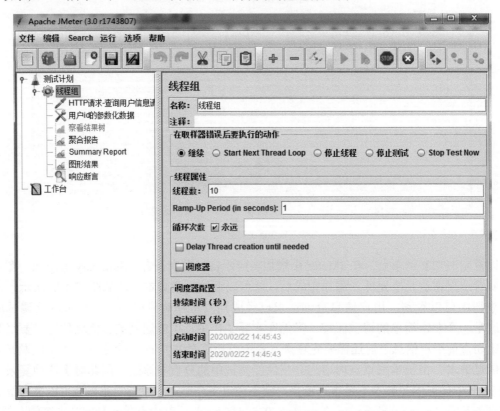

图 7-1-9

性能测试过程中，从聚合报告中看到的性能指标如图 7-1-10 所示。

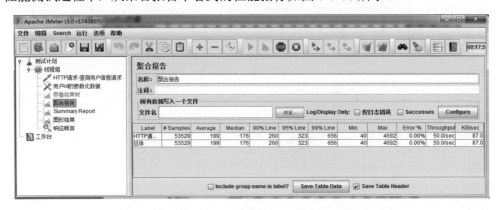

图 7-1-10

图 7-1-10 中的聚合报告指标内容说明如表 7-2 所示。

表 7-2　聚合报告指标及其说明

指　标	说　明
Samples	发起的 HTTP 请求调用数
Average	平均响应时间，单位为毫秒
Median	请求调用响应时间的中间值，也就是 50%请求调用的响应时间，单位为毫秒
90%Line	90%请求调用的响应时间，单位为毫秒
95%Line	95%请求调用的响应时间，单位为毫秒
99%Line	99%请求调用的响应时间，单位为毫秒
Min	请求调用的最小响应时间，单位为毫秒
Max	请求调用的最大响应时间，单位为毫秒
Error%	调用失败的请求占比。调用失败一般指响应断言失败或者请求调用出错
Throughput	TPS/QPS，每秒处理的事务数
KB/sec	每秒网络传输的流量大小，单位为 KB。这个指标是以网络传输的大小来衡量网络的吞吐量

Nginx 的监控页面数据显示如图 7-1-11 所示。

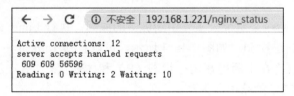

图 7-1-11

使用 nmon 工具监控应用服务器的资源消耗如图 7-1-12 所示。从图中可以看到系统模式下的 CPU 时间占比偏大。

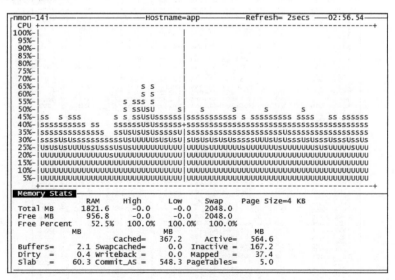

图 7-1-12

由于系统模式下的 CPU 时间占比偏大，使用 Linux 命令：mpstat 1 10000 查看一下具体的 CPU 消耗详情，如图 7-1-13 所示，可以看到%soft 指标偏大，可以发现 CPU 发生的软中断过多，导致了不断地进行上下文切换，由此引起了系统模式下的 CPU 时间占比偏高。

```
03:02:27 AM  CPU    %usr  %nice  %sys %iowait   %irq  %soft %steal %guest %gnice  %idle
03:02:28 AM  all   27.27   0.00 17.11    0.00   0.00   1.60   0.00   0.00   0.00  54.01
03:02:29 AM  all   25.53   0.00 21.28    0.00   0.00   3.19   0.00   0.00   0.00  50.00
03:02:30 AM  all   21.58   0.00 21.58    0.00   0.00   3.16   0.00   0.00   0.00  53.68
03:02:31 AM  all   31.05   0.00 11.58    0.00   0.00   3.16   0.00   0.00   0.00  54.21
03:02:32 AM  all   28.27   0.00 16.75    0.00   0.00   2.09   0.00   0.00   0.00  52.88
03:02:33 AM  all   19.79   0.00 16.15    0.00   0.00   2.08   0.00   0.00   0.00  61.98
03:02:34 AM  all   15.26   0.00 14.74    0.00   0.00   1.05   0.00   0.00   0.00  68.95
03:02:35 AM  all   27.66   0.00 10.11    0.00   0.00   2.13   0.00   0.00   0.00  60.11
03:02:36 AM  all   25.13   0.00 16.23    0.00   0.00   3.66   0.00   0.00   0.00  54.97
03:02:37 AM  all   20.30   0.00 18.78    0.00   0.00   2.03   0.00   0.00   0.00  58.88
03:02:38 AM  all   30.48   0.00 19.79    0.00   0.00   1.60   0.00   0.00   0.00  48.13
03:02:39 AM  all   29.74   0.00 10.77    0.00   0.00   2.56   0.00   0.00   0.00  56.92
03:02:40 AM  all   24.34   0.00 15.34    0.00   0.00   1.59   0.00   0.00   0.00  58.73
03:02:41 AM  all   21.16   0.00 16.93    0.00   0.00   2.12   0.00   0.00   0.00  59.79
03:02:42 AM  all   20.31   0.00 17.19    0.00   0.00   2.08   0.00   0.00   0.00  60.42
03:02:43 AM  all   22.63   0.00  8.42    0.00   0.00   1.58   0.00   0.00   0.00  67.37
03:02:44 AM  all   20.94   0.00 15.18    0.00   0.00   1.57   0.00   0.00   0.00  62.30
03:02:45 AM  all   22.51   0.00 21.99    0.00   0.00   3.14   0.00   0.00   0.00  52.36
03:02:46 AM  all   18.32   0.00 20.94    0.00   0.00   2.62   0.00   0.00   0.00  58.12
03:02:47 AM  all   25.00   0.00 10.94    0.00   0.00   2.60   0.00   0.00   0.00  61.46
03:02:48 AM  all   24.21   0.00 16.32    0.00   0.00   2.63   0.00   0.00   0.00  56.84
03:02:49 AM  all   20.74   0.00 20.21    0.00   0.00   1.60   0.00   0.00   0.00  57.45
03:02:50 AM  all   24.60   0.00 20.86    0.00   0.00   2.14   0.00   0.00   0.00  52.41
03:02:51 AM  all   31.77   0.00 10.94    0.00   0.00   2.08   0.00   0.00   0.00  55.21
03:02:52 AM  all   23.94   0.00 16.49    0.00   0.00   2.13   0.00   0.00   0.00  57.45
03:02:53 AM  all   20.00   0.00 22.63    0.00   0.00   1.58   0.00   0.00   0.00  55.79
03:02:54 AM  all   23.68   0.00 19.47    0.00   0.00   2.11   0.00   0.00   0.00  54.74
03:02:55 AM  all   31.77   0.00 13.54    0.00   0.00   3.12   0.00   0.00   0.00  51.56
03:02:56 AM  all   10.77   0.00  5.64    0.00   0.00   1.03   0.00   0.00   0.00  82.56
03:02:57 AM  all   18.32   0.00 18.85    0.00   0.00   1.05   0.00   0.00   0.00  61.78
03:02:58 AM  all   24.21   0.00 19.47    0.00   0.00   2.63   0.00   0.00   0.00  53.68
03:02:59 AM  all   28.80   0.00 12.57    0.00   0.00   2.09   0.00   0.00   0.00  56.54
03:03:00 AM  all   29.41   0.00 19.79    0.00   0.00   2.67   0.00   0.00   0.00  48.13
03:03:01 AM  all   24.61   0.00 23.04    0.00   0.00   1.57   0.00   0.00   0.00  50.79
03:03:02 AM  all   26.04   0.00 21.88    0.00   0.00   2.60   0.00   0.00   0.00  49.48
03:03:03 AM  all   24.48   0.00 10.94    0.00   0.00   1.56   0.00   0.00   0.00  63.02
03:03:04 AM  all   24.21   0.00 16.32    0.00   0.00   2.63   0.00   0.00   0.00  56.84
03:03:05 AM  all   19.58   0.00 19.05    0.00   0.00   1.59   0.00   0.00   0.00  59.79
03:03:06 AM  all   22.28   0.00 19.17    0.00   0.00   2.07   0.00   0.00   0.00  56.48
03:03:07 AM  all   28.95   0.00 13.16    0.00   0.00   1.58   0.00   0.00   0.00  56.32
```

图 7-1-13

我们可以通过 top 命令来定位一下软中断偏多的原因。执行 Linux 命令 top -H -p 1537，其中 1537 为 Tomcat 的进程 id。如图 7-1-14 所示，可以看到 Tomcat 进程总共开启了 45 个线程，其中大部分的线程都在不断地在运行状态（R）和休眠状态（S）之间来回切换。线程的频繁切换直接导致了 CPU 的软中断偏高。

```
top - 03:07:58 up  1:49,  5 users,  load average: 1.66, 1.64, 1.44
Threads:  45 total,   9 running,  36 sleeping,   0 stopped,   0 zombie
%Cpu(s): 28.1 us, 21.9 sy,  0.0 ni, 46.9 id,  0.0 wa,  0.0 hi,  3.1 si,
KiB Mem :  1865308 total,   944388 free,   539196 used,   381724 buff/cac
KiB Swap:  2097148 total,  2097148 free,        0 used.  1135892 avail Mem

  PID USER      PR  NI    VIRT    RES    SHR S %CPU %MEM     TIME+ COMMA
 1610 root      20   0 3053804 414484  14252 R 12.5 22.2   1:45.63 java
 1700 root      20   0 3053804 414484  14252 S 12.5 22.2   1:49.92 java
 1712 root      20   0 3053804 414484  14252 S 12.5 22.2   1:47.83 java
 1714 root      20   0 3053804 414484  14252 R 12.5 22.2   1:43.51 java
 1545 root      20   0 3053804 414484  14252 S  6.2 22.2   1:15.93 java
 1609 root      20   0 3053804 414484  14252 S  6.2 22.2   1:49.87 java
 1612 root      20   0 3053804 414484  14252 R  6.2 22.2   1:45.36 java
 1614 root      20   0 3053804 414484  14252 R  6.2 22.2   1:47.06 java
 1699 root      20   0 3053804 414484  14252 R  6.2 22.2   1:45.23 java
 1713 root      20   0 3053804 414484  14252 R  6.2 22.2   1:43.54 java
 1715 root      20   0 3053804 414484  14252 R  6.2 22.2   1:41.93 java
 1841 root      20   0 3053804 414484  14252 R  6.2 22.2   0:22.22 java
 1858 root      20   0 3053804 414484  14252 R  6.2 22.2   0:00.72 java
 1537 root      20   0 3053804 414484  14252 S  0.0 22.2   0:00.40 java
 1538 root      20   0 3053804 414484  14252 S  0.0 22.2   0:04.58 java
 1539 root      20   0 3053804 414484  14252 S  0.0 22.2   0:05.76 java
 1540 root      20   0 3053804 414484  14252 S  0.0 22.2   0:05.40 java
 1541 root      20   0 3053804 414484  14252 R  0.0 22.2   0:19.49 java
 1542 root      20   0 3053804 414484  14252 S  0.0 22.2   0:00.15 java
 1543 root      20   0 3053804 414484  14252 S  0.0 22.2   0:00.15 java
 1544 root      20   0 3053804 414484  14252 S  0.0 22.2   0:00.00 java
 1546 root      20   0 3053804 414484  14252 S  0.0 22.2   0:09.96 java
 1547 root      20   0 3053804 414484  14252 S  0.0 22.2   0:00.00 java
 1548 root      20   0 3053804 414484  14252 S  0.0 22.2   0:00.00 java
 1549 root      20   0 3053804 414484  14252 S  0.0 22.2   0:00.00 java
 1550 root      20   0 3053804 414484  14252 S  0.0 22.2   0:00.00 java
 1551 root      20   0 3053804 414484  14252 S  0.0 22.2   0:07.07 java
 1552 root      20   0 3053804 414484  14252 S  0.0 22.2   0:00.00 java
 1577 root      20   0 3053804 414484  14252 S  0.0 22.2   0:05.57 java
 1603 root      20   0 3053804 414484  14252 S  0.0 22.2   0:01.05 java
 1604 root      20   0 3053804 414484  14252 S  0.0 22.2   0:19.06 java
 1605 root      20   0 3053804 414484  14252 S  0.0 22.2   0:00.39 java
 1606 root      20   0 3053804 414484  14252 S  0.0 22.2   0:00.00 java
 1607 root      20   0 3053804 414484  14252 S  0.0 22.2   0:00.42 java
 1608 root      20   0 3053804 414484  14252 S  0.0 22.2   1:45.62 java
 1611 root      20   0 3053804 414484  14252 R  0.0 22.2   1:47.66 java
 1613 root      20   0 3053804 414484  14252 R  0.0 22.2   1:47.66 java
 1616 root      20   0 3053804 414484  14252 S  0.0 22.2   1:45.60 java
 1619 root      20   0 3053804 414484  14252 S  0.0 22.2   0:04.40 java
 1698 root      20   0 3053804 414484  14252 S  0.0 22.2   1:44.76 java
 1809 root      20   0 3053804 414484  14252 S  0.0 22.2   0:00.00 java
 1811 root      20   0 3053804 414484  14252 S  0.0 22.2   0:00.55 java
 1812 root      20   0 3053804 414484  14252 S  0.0 22.2   0:05.21 java
 1859 root      20   0 3053804 414484  14252 S  0.0 22.2   0:00.29 java
 1860 root      20   0 3053804 414484  14252 S  0.0 22.2   0:00.00 java
```

图 7-1-14

使用 jvisualvm 工具也可以进一步看到线程切换的情况。如图 7-1-15 所示，名称为 http-bio-8080-exec 开头的 Tomcat 请求执行线程运行状态在不断发生切换。而且还可以看到 Tomcat 使用的是 BIO（同步阻塞 I/O）方式来处理 HTTP 请求，这是一种性能很低的 I/O 处理模式。

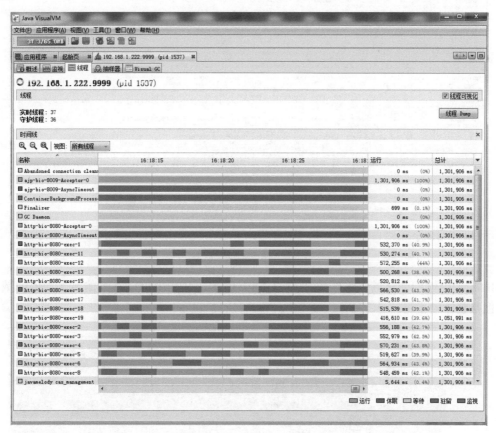

图 7-1-15

Tomcat 的 JVM 产生的 GC 垃圾回收日志如图 7-1-16 所示。从图中可以看到，在压测运行的 50 分钟内，Full GC 发生了 5 次，Full GC 的次数并不多，比较正常。主要是年轻代的 GC 过多，年轻代 GC 主要是由于 Allocation Failure（年轻代中没有足够的空间能够存储新的数据）引起的。

```
{Heap before GC invocations=1523 (full 5):
 PSYoungGen      total 154624K, used 154240K [0x00000000f6800000, 0x0000000100000000, 0x0000000100000000)
  eden space 153600K, 100% used [0x00000000f6800000,0x00000000ffe00000,0x00000000ffe00000)
  from space 1024K, 62% used [0x00000000ffe00000,0x00000000ffea0000,0x00000000fff00000)
  to   space 1024K, 0% used [0x00000000fff00000,0x00000000fff00000,0x0000000100000000)
 ParOldGen       total 70656K, used 47810K [0x00000000e3800000, 0x00000000e7d00000, 0x00000000f6800000)
  object space 70656K, 67% used [0x00000000e3800000,0x00000000e66b08e0,0x00000000e7d00000)
 Metaspace       used 49408K, capacity 50486K, committed 50688K, reserved 1093632K
  class space    used 5590K, capacity 5870K, committed 5888K, reserved 1048576K
2020-02-22T03:24:45.062-0500: 7386.288: [GC (Allocation Failure) [PSYoungGen: 154240K->608K(154624K)] 202050K->48434K(225280K), 0.00
73321 secs] [Times: user=0.01 sys=0.01, real=0.01 secs]
Heap after GC invocations=1523 (full 5):
 PSYoungGen      total 154624K, used 608K [0x00000000f6800000, 0x0000000100000000, 0x0000000100000000)
  eden space 153600K, 0% used [0x00000000f6800000,0x00000000f6800000,0x00000000ffe00000)
  from space 1024K, 59% used [0x00000000fff00000,0x00000000fff98000,0x0000000100000000)
  to   space 1024K, 0% used [0x00000000ffe00000,0x00000000ffe00000,0x00000000fff00000)
 ParOldGen       total 70656K, used 47826K [0x00000000e3800000, 0x00000000e7d00000, 0x00000000f6800000)
  object space 70656K, 67% used [0x00000000e3800000,0x00000000e66b48e0,0x00000000e7d00000)
 Metaspace       used 49408K, capacity 50486K, committed 50688K, reserved 1093632K
  class space    used 5590K, capacity 5870K, committed 5888K, reserved 1048576K
}
{Heap before GC invocations=1524 (full 5):
 PSYoungGen      total 154624K, used 154208K [0x00000000f6800000, 0x0000000100000000, 0x0000000100000000)
  eden space 153600K, 100% used [0x00000000f6800000,0x00000000ffe00000,0x00000000ffe00000)
  from space 1024K, 59% used [0x00000000fff00000,0x00000000fff98000,0x0000000100000000)
  to   space 1024K, 0% used [0x00000000ffe00000,0x00000000ffe00000,0x00000000fff00000)
 ParOldGen       total 70656K, used 47826K [0x00000000e3800000, 0x00000000e7d00000, 0x00000000f6800000)
  object space 70656K, 67% used [0x00000000e3800000,0x00000000e66b48e0,0x00000000e7d00000)
 Metaspace       used 49408K, capacity 50486K, committed 50688K, reserved 1093632K
  class space    used 5590K, capacity 5870K, committed 5888K, reserved 1048576K
2020-02-22T03:24:51.581-0500: 7392.807: [GC (Allocation Failure) [PSYoungGen: 154208K->576K(154624K)] 202034K->48410K(225280K), 0.00
82410 secs] [Times: user=0.01 sys=0.00, real=0.01 secs]
Heap after GC invocations=1524 (full 5):
 PSYoungGen      total 154624K, used 576K [0x00000000f6800000, 0x0000000100000000, 0x0000000100000000)
  eden space 153600K, 0% used [0x00000000f6800000,0x00000000f6800000,0x00000000ffe00000)
  from space 1024K, 56% used [0x00000000ffe00000,0x00000000ffe90000,0x00000000fff00000)
  to   space 1024K, 0% used [0x00000000fff00000,0x00000000fff00000,0x0000000100000000)
 ParOldGen       total 70656K, used 47834K [0x00000000e3800000, 0x00000000e7d00000, 0x00000000f6800000)
  object space 70656K, 67% used [0x00000000e3800000,0x00000000e66b68e0,0x00000000e7d00000)
 Metaspace       used 49408K, capacity 50486K, committed 50688K, reserved 1093632K
  class space    used 5590K, capacity 5870K, committed 5888K, reserved 1048576K
}
{Heap before GC invocations=1525 (full 5):
 PSYoungGen      total 154624K, used 154176K [0x00000000f6800000, 0x0000000100000000, 0x0000000100000000)
  eden space 153600K, 100% used [0x00000000f6800000,0x00000000ffe00000,0x00000000ffe00000)
  from space 1024K, 56% used [0x00000000ffe00000,0x00000000ffe90000,0x00000000fff00000)
  to   space 1024K, 0% used [0x00000000fff00000,0x00000000fff00000,0x0000000100000000)
 ParOldGen       total 70656K, used 47834K [0x00000000e3800000, 0x00000000e7d00000, 0x00000000f6800000)
  object space 70656K, 67% used [0x00000000e3800000,0x00000000e66b68e0,0x00000000e7d00000)
 Metaspace       used 49408K, capacity 50486K, committed 50688K, reserved 1093632K
  class space    used 5590K, capacity 5870K, committed 5888K, reserved 1048576K
2020-02-22T03:24:57.771-0500: 7398.997: [GC (Allocation Failure) [PSYoungGen: 154176K->576K(154624K)] 202010K->48418K(225
280K), 0.0087654 secs] [Times: user=0.01 sys=0.00, real=0.01 secs]
```

图 7-1-16

JMeter 中性能测试的图形结果如图 7-1-17 所示。从图中可以看到偏离平均值的数据较多，但是整体较平稳。

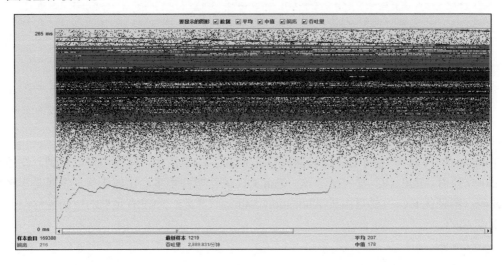

图 7-1-17

使用 jstack 查看线程堆栈时，发现名称为 http-bio-8080-exec 开头的大多 Tomcat 请求执行线程都是阻塞状态（java.lang.Thread.State: TIMED_WAITING），如图 7-1-18 所示。从线程堆栈中可以看到线程等待的原因是：parking to wait for <0x00000000e59944f0> (a java.util.concurrent.locks.AbstractQueuedSynchronizer$ConditionObject)，说明是在等待 0x00000000e59944f0 这个资源，这段堆栈的意思是 Tomcat 的执行线程需要不断地从任务队列中获取需要执行的任务，任务队列是一个 LinkedBlockingQueue 的阻塞队列，并且每次从任

务队列中获取任务时都需要加同步锁。没有获取到同步锁的话，就需要等待，直到别的执行线程释放了这个锁，然后当前线程才可以去获取这个同步锁。另外，由于任务使用的是阻塞队列，当任务队列中没有任务时，当前获得了同步锁的线程将会一直处于阻塞等待状态，直到从阻塞队列中获取到任务。

```
"http-bio-8080-exec-18" #43 daemon prio=5 os_prio=0 tid=0x00007f566c018800 nid=0x6b3 waiting on condition [0x00007f5655ce7000]
   java.lang.Thread.State: TIMED_WAITING (parking)
        at sun.misc.Unsafe.park(Native Method)
        - parking to wait for  <0x00000000e59944f0> (a java.util.concurrent.locks.AbstractQueuedSynchronizer$ConditionObject)
        at java.util.concurrent.locks.LockSupport.parkNanos(LockSupport.java:215)
        at java.util.concurrent.locks.AbstractQueuedSynchronizer$ConditionObject.awaitNanos(AbstractQueuedSynchronizer.java:2078)
        at java.util.concurrent.LinkedBlockingQueue.poll(LinkedBlockingQueue.java:467)
        at org.apache.tomcat.util.threads.TaskQueue.poll(TaskQueue.java:86)
        at org.apache.tomcat.util.threads.TaskQueue.poll(TaskQueue.java:32)
        at java.util.concurrent.ThreadPoolExecutor.getTask(ThreadPoolExecutor.java:1073)
        at java.util.concurrent.ThreadPoolExecutor.runWorker(ThreadPoolExecutor.java:1134)
        at java.util.concurrent.ThreadPoolExecutor$Worker.run(ThreadPoolExecutor.java:624)
        at java.lang.Thread.run(Thread.java:748)

"http-bio-8080-exec-17" #42 daemon prio=5 os_prio=0 tid=0x00007f566c010000 nid=0x6b2 waiting on condition [0x00007f5655fea000]
   java.lang.Thread.State: TIMED_WAITING (parking)
        at sun.misc.Unsafe.park(Native Method)
        - parking to wait for  <0x00000000e59944f0> (a java.util.concurrent.locks.AbstractQueuedSynchronizer$ConditionObject)
        at java.util.concurrent.locks.LockSupport.parkNanos(LockSupport.java:215)
        at java.util.concurrent.locks.AbstractQueuedSynchronizer$ConditionObject.awaitNanos(AbstractQueuedSynchronizer.java:2078)
        at java.util.concurrent.LinkedBlockingQueue.poll(LinkedBlockingQueue.java:467)
        at org.apache.tomcat.util.threads.TaskQueue.poll(TaskQueue.java:86)
        at org.apache.tomcat.util.threads.TaskQueue.poll(TaskQueue.java:32)
        at java.util.concurrent.ThreadPoolExecutor.getTask(ThreadPoolExecutor.java:1073)
        at java.util.concurrent.ThreadPoolExecutor.runWorker(ThreadPoolExecutor.java:1134)
        at java.util.concurrent.ThreadPoolExecutor$Worker.run(ThreadPoolExecutor.java:624)
        at java.lang.Thread.run(Thread.java:748)

"http-bio-8080-exec-16" #41 daemon prio=5 os_prio=0 tid=0x00007f566c00e800 nid=0x6b1 waiting on condition [0x00007f5655de8000]
   java.lang.Thread.State: TIMED_WAITING (parking)
        at sun.misc.Unsafe.park(Native Method)
        - parking to wait for  <0x00000000e59944f0> (a java.util.concurrent.locks.AbstractQueuedSynchronizer$ConditionObject)
        at java.util.concurrent.locks.LockSupport.parkNanos(LockSupport.java:215)
        at java.util.concurrent.locks.AbstractQueuedSynchronizer$ConditionObject.awaitNanos(AbstractQueuedSynchronizer.java:2078)
        at java.util.concurrent.LinkedBlockingQueue.poll(LinkedBlockingQueue.java:467)
        at org.apache.tomcat.util.threads.TaskQueue.poll(TaskQueue.java:86)
        at org.apache.tomcat.util.threads.TaskQueue.poll(TaskQueue.java:32)
        at java.util.concurrent.ThreadPoolExecutor.getTask(ThreadPoolExecutor.java:1073)
        at java.util.concurrent.ThreadPoolExecutor.runWorker(ThreadPoolExecutor.java:1134)
        at java.util.concurrent.ThreadPoolExecutor$Worker.run(ThreadPoolExecutor.java:624)
        at java.lang.Thread.run(Thread.java:748)

"http-bio-8080-exec-15" #40 daemon prio=5 os_prio=0 tid=0x00007f566c00b000 nid=0x6b0 waiting on condition [0x00007f56552e3000]
   java.lang.Thread.State: TIMED_WAITING (parking)
        at sun.misc.Unsafe.park(Native Method)
        - parking to wait for  <0x00000000e59944f0> (a java.util.concurrent.locks.AbstractQueuedSynchronizer$ConditionObject)
```

图 7-1-18

从上面的线程堆栈日志的分析中，基本可以分析定位到本次性能压测的瓶颈在于 Tomcat 应用接收到的请求数不够、客户端给予服务器的点击率不够，也可以理解为 Tomcat 受到的压力不够造成了性能瓶颈，以至于 Tomcat 中很多执行线程都在轮询等待获取待执行的任务而造成阻塞。造成这一瓶颈的原因可能有以下几个方面：

● 网络流量造成。笔者的 JMeter 压测机是采用的无线网卡，无线网络的传输速度较慢，使得每秒能够通过无线网卡传输的请求数据受到限制。

● Tomcat 应用配置的并发连接数不够，以至于并发连接受到限制。Tomcat 每秒实际接受收的请求数有限。

● 由于 Web 服务器采用了 Nginx，因此也有可能是 Nginx 的并发连接数受到了限制，导致接收的请求数有限。

针对第 1 点：需要去调整网络传输，比如不要采用无线网卡，换成通过网线连接网口进行传输。最终笔者更换成网线接入网络后，发现 TPS 立即出现了较高的上涨，说明网络传输造成了性能瓶颈。在调整了网络传输后，也可以适当增加 JMeter 的并发连接数，从原来 10 个并发调整为 15 个并发。调整完网络传输和并发连接数后重新执行压测，再次使用 jstack 查看 Tomcat 的 JVM 进程的线程堆栈，发现图 7-1-18 中因为获取任务队列阻塞而发生的线程等待堆栈再也不会出现了，此时大部分的 Tomcat 执行线程的堆栈都如图 7-1-19 所示，都处于 RUNNABLE 状态了。

```
"http-bio-8080-exec-19" #42 daemon prio=5 os_prio=0 tid=0x00007f1360026000 nid=0x11dc runnable [0x00007f134a9a1000]
   java.lang.Thread.State: RUNNABLE
      at java.net.SocketInputStream.socketRead0(Native Method)
      at java.net.SocketInputStream.socketRead(SocketInputStream.java:116)
      at java.net.SocketInputStream.read(SocketInputStream.java:171)
      at java.net.SocketInputStream.read(SocketInputStream.java:141)
      at com.mysql.jdbc.util.ReadAheadInputStream.fill(ReadAheadInputStream.java:100)
      at com.mysql.jdbc.util.ReadAheadInputStream.readFromUnderlyingStreamIfNecessary(ReadAheadInputStream.java:143)
      at com.mysql.jdbc.util.ReadAheadInputStream.read(ReadAheadInputStream.java:173)
      - locked <0x00000000ff832950> (a com.mysql.jdbc.util.ReadAheadInputStream)
      at com.mysql.jdbc.MysqlIO.readFully(MysqlIO.java:2911)
      at com.mysql.jdbc.MysqlIO.reuseAndReadPacket(MysqlIO.java:3332)
      at com.mysql.jdbc.MysqlIO.reuseAndReadPacket(MysqlIO.java:3322)
      at com.mysql.jdbc.MysqlIO.checkErrorPacket(MysqlIO.java:3762)
      at com.mysql.jdbc.MysqlIO.sendCommand(MysqlIO.java:2435)
      at com.mysql.jdbc.MysqlIO.sqlQueryDirect(MysqlIO.java:2582)
      at com.mysql.jdbc.ConnectionImpl.execSQL(ConnectionImpl.java:2531)
      - locked <0x00000000ff825828> (a com.mysql.jdbc.JDBC4Connection)
      at com.mysql.jdbc.ConnectionImpl.setAutoCommit(ConnectionImpl.java:4852)
      - locked <0x00000000ff825828> (a com.mysql.jdbc.JDBC4Connection)
      at org.apache.commons.dbcp2.DelegatingConnection.setAutoCommit(DelegatingConnection.java:540)
      at org.apache.commons.dbcp2.PoolableConnectionFactory.activateObject(PoolableConnectionFactory.java:348)
      at org.apache.commons.pool2.impl.GenericObjectPool.borrowObject(GenericObjectPool.java:469)
      at org.apache.commons.pool2.impl.GenericObjectPool.borrowObject(GenericObjectPool.java:361)
      at org.apache.commons.dbcp2.PoolingDataSource.getConnection(PoolingDataSource.java:119)
      at org.apache.commons.dbcp2.BasicDataSource.getConnection(BasicDataSource.java:1413)
      at org.springframework.jdbc.datasource.DataSourceUtils.doGetConnection(DataSourceUtils.java:111)
      at org.springframework.jdbc.datasource.DataSourceUtils.getConnection(DataSourceUtils.java:77)
      at org.mybatis.spring.transaction.SpringManagedTransaction.openConnection(SpringManagedTransaction.java:84)
      at org.mybatis.spring.transaction.SpringManagedTransaction.getConnection(SpringManagedTransaction.java:70)
      at org.apache.ibatis.executor.BaseExecutor.getConnection(BaseExecutor.java:336)
      at org.apache.ibatis.executor.SimpleExecutor.prepareStatement(SimpleExecutor.java:84)
      at org.apache.ibatis.executor.SimpleExecutor.doQuery(SimpleExecutor.java:62)
      at org.apache.ibatis.executor.BaseExecutor.queryFromDatabase(BaseExecutor.java:324)
      at org.apache.ibatis.executor.BaseExecutor.query(BaseExecutor.java:156)
      at org.apache.ibatis.executor.CachingExecutor.query(CachingExecutor.java:109)
      at org.apache.ibatis.executor.CachingExecutor.query(CachingExecutor.java:83)
      at org.apache.ibatis.session.defaults.DefaultSqlSession.selectList(DefaultSqlSession.java:148)
      at org.apache.ibatis.session.defaults.DefaultSqlSession.selectList(DefaultSqlSession.java:141)
      at org.apache.ibatis.session.defaults.DefaultSqlSession.selectOne(DefaultSqlSession.java:77)
      at sun.reflect.GeneratedMethodAccessor47.invoke(Unknown Source)
      at sun.reflect.DelegatingMethodAccessorImpl.invoke(DelegatingMethodAccessorImpl.java:43)
      at java.lang.reflect.Method.invoke(Method.java:498)
      at org.mybatis.spring.SqlSessionTemplate$SqlSessionInterceptor.invoke(SqlSessionTemplate.java:434)
      at com.sun.proxy.$Proxy45.selectOne(Unknown Source)
      at org.mybatis.spring.SqlSessionTemplate.selectOne(SqlSessionTemplate.java:167)
      at org.apache.ibatis.binding.MapperMethod.execute(MapperMethod.java:82)
      at org.apache.ibatis.binding.MapperProxy.invoke(MapperProxy.java:53)
      at com.sun.proxy.$Proxy56.queryUserInfoCount(Unknown Source)
      at com.cf.cas.management.service.impl.UserInfoServiceImpl.queryUserInfo(UserInfoServiceImpl.java:22)
      at com.cf.cas.management.controller.UserInfoController.querySsoUser(UserInfoController.java:43)
      at sun.reflect.GeneratedMethodAccessor48.invoke(Unknown Source)
      at sun.reflect.DelegatingMethodAccessorImpl.invoke(DelegatingMethodAccessorImpl.java:43)
      at java.lang.reflect.Method.invoke(Method.java:498)
```

图 7-1-19

针对第 2 点：可以通过修改 Tomcat 的 server.xml 配置文件中的 Connector 参数来调整 Tomcat 的并发连接数，可以参考 4.1.2 小节中有关 Tomcat 容器 Connector 性能参数优化的相关内容进行调整，如果调整完后通过执行 Linux 命令：lsof -i:8080（8080 为 Tomcat 的端口）来查看当前的连接数，如果连接数还是不够，那说明就是 JMeter 的并发连接数不够，此时可以适当地增加 JMeter 的并发连接数。

针对第 3 点：可以通过修改 Nginx 的 nginx.conf 配置文件中的参数来进行调整，详情可以参考 3.1.4 小节中的介绍。

对于上面所说的 CPU 软中断过多，从而导致系统模式下的 CPU 使用占比过多。可以理解为当前服务器仅仅有 2 核的 CPU，但是 Tomcat 的执行线程却有 20 个，那么操作系统必须不断地调度 CPU 时间片分配给 20 个线程，所以必然会造成 CPU 的软中断过多。针对这种情况可以做如下优化调整：

● 扩展 CPU 的核数，使得有更多的 CPU 核供 20 个线程使用，这是一种硬件扩展的方式。
● 通过修改 Tomcat 的 server.xml 配置文件，调整 Connector 中的 maxThreads 参数，减少最大的并发执行线程数。一般建议并发执行线程数和 CPU 核数的比例关系要适中，不然的话，CPU 核数不够而并发执行线程数又非常多，那么 CPU 就需要花很多时间来不断地在这么多线程中进行来回切换，从而就导致 CPU 的系统模式使用占比过高。系统模式下的 CPU 占比过高并不是一件好事，因为系统模式下的 CPU 占比越高，那么用户模式下的 CPU 占比就减少了，分给并发执行线程的 CPU 时间占比就更少了。

7.2 LoadRunner 对 HTTP 服务的性能压测分析与调优

示例：以通过用户账号和密码来校验账号和密码是否正确的 HTTP post 请求接口为例，进行性能压测分析。接口参数如图 7-2-1 所示，用户请求的调用过程如图 7-2-2 所示。

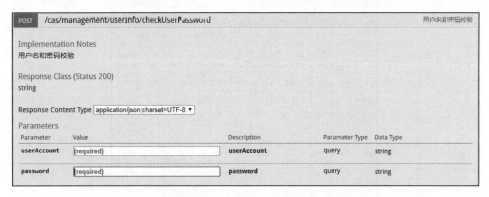

图 7-2-1

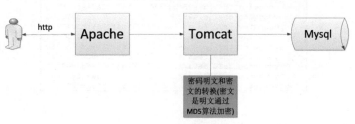

图 7-2-2

服务器的配置信息如表 7-3 所示。

表 7-3　服务器的配置说明

服务器类型	配置说明
Apache 服务器	内存：2GB CPU：2 核 部署软件：Apache 2.4.6 操作系统：CentOS 7
应用服务器（Tomcat）	内存：2GB CPU：4 核 部署软件：Tomcat、JDK 1.8 操作系统：CentOS 7
数据库服务器	内存：2GB CPU：2 核 部署软件：MySQL 操作系统：CentOS 7

准备好的用户账号和密码的参数化数据如图 7-2-3 所示，我们将 user.dat 文件放入 D 盘的根目录下。

```
yongqing_zh,cfcfa1a5466e429998e053647701f802
yongqing_zh1,d9e650d96180b68021637b64a1c955e5
yongqing_zh2,d9e650d96180b68021637b64a1c955e5
yongqing_zh3,d9e650d96180b68021637b64a1c955e5
yongqing_zh4,50f6b30b8a244ba5c56d18c7c5a8768f
yongqing_zh5,50f6b30b8a244ba5c56d18c7c5a8768f
yongqing_zh6,50f6b30b8a244ba5c56d18c7c5a8768f
yongqing_zh7,50f6b30b8a244ba5c56d18c7c5a8768f
yongqing_zh8,c22ab793830d94d4144a7696e9a4688d
yongqing_zh9,c22ab793830d94d4144a7696e9a4688d
yongqing_zh10,c22ab793830d94d4144a7696e9a4688d
yongqing_zh11,c22ab793830d94d4144a7696e9a4688d
yongqing_zh12,5a9d65578333a19bad8ee0236316e1e7
yongqing_zh13,5a9d65578333a19bad8ee0236316e1e7
yongqing_zh14,5a9d65578333a19bad8ee0236316e1e7
yongqing_zh15,5a9d65578333a19bad8ee0236316e1e7
yongqing_zh16,74a64d2628967a35cdcef39ebba80023
yongqing_zh17,74a64d2628967a35cdcef39ebba80023
yongqing_zh18,74a64d2628967a35cdcef39ebba80023
yongqing_zh19,74a64d2628967a35cdcef39ebba80023
yongqing_zh20,5d11a6c4e6ee763278fd6521d61028e7
yongqing_zh21,5d11a6c4e6ee763278fd6521d61028e7
yongqing_zh22,5d11a6c4e6ee763278fd6521d61028e7
yongqing_zh23,5d11a6c4e6ee763278fd6521d61028e7
yongqing_zh24,20c301168703b0eb4a3952f3fe29bdfc
yongqing_zh25,20c301168703b0eb4a3952f3fe29bdfc
yongqing_zh26,20c301168703b0eb4a3952f3fe29bdfc
yongqing_zh27,20c301168703b0eb4a3952f3fe29bdfc
yongqing_zh28,d1428cbcd559c7fbd26dfafeade0be70
yongqing_zh29,d1428cbcd559c7fbd26dfafeade0be70
yongqing_zh30,d1428cbcd559c7fbd26dfafeade0be70
yongqing_zh31,d1428cbcd559c7fbd26dfafeade0be70
yongqing_zh32,5e6a743acdf70771e6f3799dd3de77f0
yongqing_zh33,5e6a743acdf70771e6f3799dd3de77f0
yongqing_zh34,5e6a743acdf70771e6f3799dd3de77f0
yongqing_zh35,5e6a743acdf70771e6f3799dd3de77f0
yongqing_zh36,5e6a743acdf70771e6f3799dd3de77f0
yongqing_zh37,2ebd82138e659aa7bdbab6aaf5c57b85
yongqing_zh38,2ebd82138e659aa7bdbab6aaf5c57b85
```

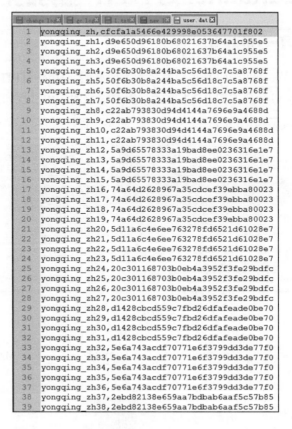

图 7-2-3

在 LoadRunner 中准备好的性能压测脚本如图 7-2-4 所示，并且在脚本中需要使用上面准备好的参数化数据对用户账号和密码进行参数化。

```
Action()
{
    //LoadRunner调用开始事务
    lr_start_transaction("checkpasswd");
    //发起用户名和密码校验请求
    web_reg_save_param("success","LB=\"retCode\":\"","RB=\",", "NOTFOUND=error",LAST);
    web_submit_data("web_submit_data",
        "Action=http://192.168.1.221/cas_management/cas/management/userInfo/checkUserPassword",
        "Method=POST",
        "TargetFrame=",
        "Referer=",
        ITEMDATA,
        //用户名
        "Name=userAccount", "Value={userAccount}", ENDITEM,
        //密码
        "Name=password", "Value={password}", ENDITEM,
        LAST);
    //判断事务是否执行成功
  if (atoi(lr_eval_string("{success}"))==0||atoi(lr_eval_string("{success}"))==1)
{
    lr_end_transaction("checkpasswd", LR_PASS);
}
else
{
    lr_end_transaction("checkpasswd", LR_FAIL);
}
    return 0;
}
```

图 7-2-4

脚本编写完成后，对脚本进行调试运行，调试运行的日志如下：

```
Virtual User Script started at : 2020-02-24 13:59:10
Starting action vuser_init.
Web Turbo Replay of LoadRunner 11.0.0 for WIN2003; build 8859 (Aug 18 2010
20:14:31)     [MsgId: MMSG-27143]
Run Mode: HTML     [MsgId: MMSG-26000]
Run-Time Settings file: "C:\script\checkpasswd\\default.cfg"     [MsgId:
MMSG-27141]
Vuser directory: "C:\script\checkpasswd"     [MsgId: MMSG-27052]
Vuser output directory: "C:\script\checkpasswd"     [MsgId: MMSG-27050]
Operating system's current working directory: "C:\script\checkpasswd"
    [MsgId: MMSG-27048]
UTC (GMT) start date/time   : 2020-02-24 05:59:10     [MsgId: MMSG-26000]
LOCAL start date/time       : 2020-02-24 13:59:10     [MsgId: MMSG-26000]
Local daylight-Savings-Time : No   [MsgId: MMSG-26000]
Some of the Run-Time Settings:     [MsgId: MMSG-27142]
    Download non-HTML resources: Yes   [MsgId: MMSG-26845]
    Verification checks: No    [MsgId: MMSG-26845]
    Convert from/to UTF-8: No     [MsgId: MMSG-26845]
    Simulate a new user each iteration: Yes    [MsgId: MMSG-26845]
    Non-critical item errors as warnings: Yes     [MsgId: MMSG-26845]
    HTTP errors as warnings: No    [MsgId: MMSG-26845]
    WinInet replay instead of Sockets: No     [MsgId: MMSG-26845]
    HTTP version: 1.1  [MsgId: MMSG-26845]
    Keep-Alive HTTP connections: Yes   [MsgId: MMSG-26845]
    Max self Meta refresh updates: 2   [MsgId: MMSG-26844]
    No proxy is used (direct connection to the Internet)   [MsgId: MMSG-27171]
    DNS caching: Yes   [MsgId: MMSG-26845]
    Simulate browser cache: Yes    [MsgId: MMSG-26845]
        Cache URLs requiring content (e.g., HTMLs): Yes    [MsgId: MMSG-26845]
            Additional URLs requiring content: None    [MsgId: MMSG-26845]
        Check for newer versions every visit to the page: No   [MsgId: MMSG-
26845]
    Page download timeout (sec): 120   [MsgId: MMSG-26844]
    Resource Page Timeout is a Warning: No     [MsgId: MMSG-26845]
    ContentCheck enabled: Yes     [MsgId: MMSG-26845]
    ContentCheck script-level file: "C:\script\checkpasswd\LrwiAedScript.xml"
    [MsgId: MMSG-26842]
    Enable Web Page Breakdown: No     [MsgId: MMSG-26845]
    Enable connection data points: Yes    [MsgId: MMSG-26845]
    Process socket after reschedule: Yes    [MsgId: MMSG-26845]
    Snapshot on error: No  [MsgId: MMSG-26845]
    Define each step as a transaction: No     [MsgId: MMSG-26845]
    Read beyond Content-Length: No    [MsgId: MMSG-26845]
    Parse HTML Content-Type: TEXT     [MsgId: MMSG-26845]
    Graph hits per second and HTTP status codes: Yes   [MsgId: MMSG-26845]
    Graph response bytes per second: Yes   [MsgId: MMSG-26845]
    Graph pages per second: No    [MsgId: MMSG-26845]
    Web recorder version ID: 8     [MsgId: MMSG-26844]
Ending action vuser_init.
Running Vuser...
Starting iteration 1.
```

```
Starting action Action.
Action.c(4): Notify: Transaction "checkpasswd" started.
Action.c(6): web_reg_save_param started    [MsgId: MMSG-26355]
Action.c(6): Registering web_reg_save_param was successful    [MsgId: MMSG-
26390]
Action.c(7): web_submit_data("web_submit_data") started    [MsgId: MMSG-26355]
Action.c(7): Notify: Parameter Substitution: parameter "userAccount" =
"yongqing_zh1"
Action.c(7): Notify: Parameter Substitution: parameter "password" =
"d9e650d96180b68021637b64a1c955e5"
Action.c(7): t=532ms: Connecting [0] to host 192.168.1.221:80    [MsgId:
MMSG-26000]
Action.c(7): t=536ms: Connected socket [0] from 192.168.1.223:1090 to
192.168.1.221:80 in 1 ms  [MsgId: MMSG-26000]
Action.c(7): t=538ms: 319-byte request headers for
"http://192.168.1.221/cas_management/cas/management/userInfo/checkUserPasswor
d" (RelFrameId=1, Internal ID=1)
Action.c(7):     POST
/cas_management/cas/management/userInfo/checkUserPassword HTTP/1.1\r\n
Action.c(7):     Content-Type: application/x-www-form-urlencoded\r\n
Action.c(7):     Cache-Control: no-cache\r\n
Action.c(7):     User-Agent: Mozilla/4.0 (compatible; MSIE 6.0; Windows
NT)\r\n
Action.c(7):     Accept-Encoding: gzip, deflate\r\n
Action.c(7):     Accept: */*\r\n
Action.c(7):     Connection: Keep-Alive\r\n
Action.c(7):     Host: 192.168.1.221\r\n
Action.c(7):     Content-Length: 66\r\n
Action.c(7):     \r\n
Action.c(7): t=557ms: 66-byte request body for
"http://192.168.1.221/cas_management/cas/management/userInfo/checkUserPasswor
d" (RelFrameId=1, Internal ID=1)
Action.c(7):
userAccount=yongqing_zh1&password=d9e650d96180b68021637b64a1c955e5
Action.c(7): t=603ms: 348-byte response headers for
"http://192.168.1.221/cas_management/cas/management/userInfo/checkUserPasswor
d" (RelFrameId=1, Internal ID=1)
Action.c(7):     HTTP/1.1 200 OK\r\n
Action.c(7):     Date: Mon, 24 Feb 2020 05:59:13 GMT\r\n
Action.c(7):     Server: Apache-Coyote/1.1\r\n
Action.c(7):     Access-Control-Allow-Origin: *\r\n
Action.c(7):     Access-Control-Allow-Headers: accept,content-type\r\n
Action.c(7):     Access-Control-Allow-Methods: OPTIONS,GET,POST,DELETE,PUT\r\n
Action.c(7):     Content-Type: application/json;charset=UTF-8\r\n
Action.c(7):     Content-Length: 45\r\n
Action.c(7):     Keep-Alive: timeout=15, max=100\r\n
Action.c(7):     Connection: Keep-Alive\r\n
Action.c(7):     \r\n
Action.c(7): t=623ms: 45-byte response body for
"http://192.168.1.221/cas_management/cas/management/userInfo/checkUserPasswor
d" (RelFrameId=1, Internal ID=1)
Action.c(7):     {"retCode":"1","retMsg":"用户名或者密码输入错误"}
Action.c(7): Notify: Saving Parameter "success = 1".
```

```
Action.c(7): HTML parsing not performed for Content-Type "application/json"
("ParseHtmlContentType" Run-Time Setting is "TEXT").
URL="http://192.168.1.221/cas_management/cas/management/userInfo/checkUserPas
sword"     [MsgId: MMSG-26548]
Action.c(7): t=631ms: Request done
"http://192.168.1.221/cas_management/cas/management/userInfo/checkUserPasswor
d"     [MsgId: MMSG-26000]
Action.c(7): web_submit_data("web_submit_data") was successful, 45 body
bytes, 348 header bytes    [MsgId: MMSG-26386]
Action.c(19): Notify: Parameter Substitution: parameter "success" =  "1"
Action.c(19): Notify: Parameter Substitution: parameter "success" =  "1"
Action.c(21): Notify: Transaction "checkpasswd" ended with "Pass" status
(Duration: 0.6579 Wasted Time: 0.5051).
Ending action Action.
Ending iteration 1.
Ending Vuser...
Starting action vuser_end.
Ending action vuser_end.
Vuser Terminated.
t=1021ms: Closed connection [0] to 192.168.1.221:80 after completing 1
request    [MsgId: MMSG-26000]
```

脚本调试运行成功后，开始进行性能压测场景设置，一开始以 10 个并发用户运行，如图 7-2-5 所示。

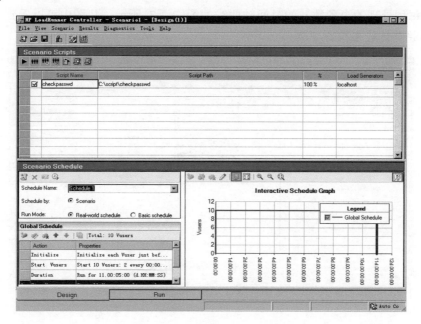

图 7-2-5

在 LoadRunner 性能压测过程中，性能指标的总体显示如图 7-2-6 所示。

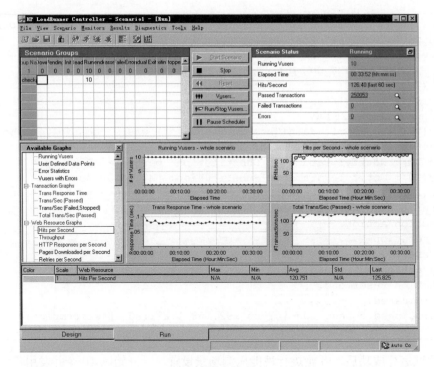

图 7-2-6

TPS（每秒处理的事务数）的时间轴曲线如图 7-2-7 所示，从图中可以看到曲线略有波动，但总体趋势比较平稳。

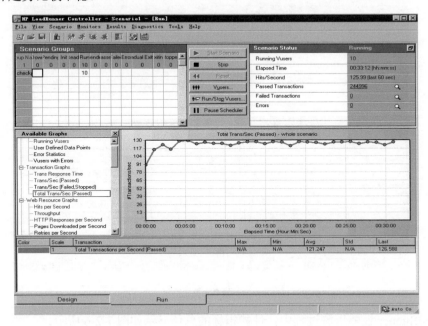

图 7-2-7

平均响应时间的时间轴曲线如图 7-2-8 所示，从图中可以看到曲线略有波动，但总体趋势也比较平稳。

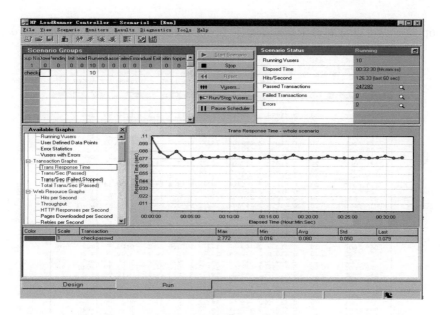

图 7-2-8

使用 jvisualvm 工具，查看 JVM 进程的线程运行情况如图 7-2-9 所示，可以看到 Tomcat
启用了 12 个执行线程负责任务处理。

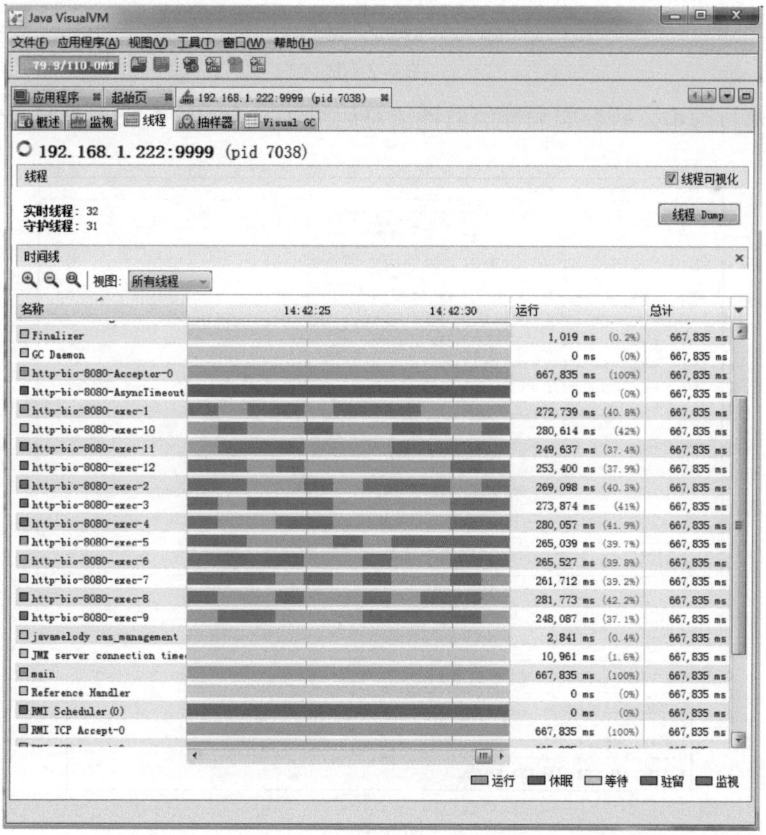

图 7-2-9

使用 top 命令也可以看到每个线程的运行情况以及资源占用情况，如图 7-2-10 所示。

```
top - 01:43:05 up 2 days, 23 min,  8 users,  load average: 1.81, 1.87, 1.56
Threads:  43 total,   5 running,  38 sleeping,   0 stopped,   0 zombie
%Cpu(s): 11.9 us, 16.8 sy,  0.0 ni, 70.3 id,  0.0 wa,  0.0 hi,  1.0 si,  0.0 st
KiB Mem :  1865308 total,   818840 free,   588668 used,   457800 buff/cache
KiB Swap:  2097148 total,  2097148 free,        0 used.  1075588 avail Mem

  PID USER      PR  NI    VIRT    RES    SHR S %CPU %MEM     TIME+ COMMAND
 7044 root      20   0 4105972 449404  14272 S 23.1 24.1   0:14.36 java
 7113 root      20   0 4105972 449404  14272 S 11.5 24.1   2:02.49 java
 7126 root      20   0 4105972 449404  14272 R 11.5 24.1   1:59.89 java
 7127 root      20   0 4105972 449404  14272 S 11.5 24.1   2:04.05 java
 7115 root      20   0 4105972 449404  14272 S  7.7 24.1   2:00.38 java
 7116 root      20   0 4105972 449404  14272 S  7.7 24.1   2:00.57 java
 7124 root      20   0 4105972 449404  14272 R  7.7 24.1   2:00.92 java
 7129 root      20   0 4105972 449404  14272 S  7.7 24.1   1:59.74 java
 7130 root      20   0 4105972 449404  14272 R  7.7 24.1   2:03.32 java
 7131 root      20   0 4105972 449404  14272 R  7.7 24.1   2:01.25 java
 7132 root      20   0 4105972 449404  14272 S  7.7 24.1   2:01.99 java
 7063 root      20   0 4105972 449404  14272 S  3.8 24.1   0:29.76 java
 7125 root      20   0 4105972 449404  14272 R  3.8 24.1   2:00.38 java
 7128 root      20   0 4105972 449404  14272 S  3.8 24.1   2:01.92 java
 7038 root      20   0 4105972 449404  14272 S  0.0 24.1   0:00.01 java
 7039 root      20   0 4105972 449404  14272 S  0.0 24.1   0:01.85 java
 7040 root      20   0 4105972 449404  14272 S  0.0 24.1   0:02.58 java
 7041 root      20   0 4105972 449404  14272 S  0.0 24.1   0:02.66 java
 7042 root      20   0 4105972 449404  14272 S  0.0 24.1   0:02.55 java
 7043 root      20   0 4105972 449404  14272 S  0.0 24.1   0:02.52 java
 7045 root      20   0 4105972 449404  14272 S  0.0 24.1   0:00.14 java
 7046 root      20   0 4105972 449404  14272 S  0.0 24.1   0:00.32 java
 7047 root      20   0 4105972 449404  14272 S  0.0 24.1   0:00.00 java
 7048 root      20   0 4105972 449404  14272 S  0.0 24.1   0:58.82 java
 7049 root      20   0 4105972 449404  14272 S  0.0 24.1   1:05.49 java
 7050 root      20   0 4105972 449404  14272 S  0.0 24.1   0:12.08 java
 7051 root      20   0 4105972 449404  14272 S  0.0 24.1   0:00.00 java
 7052 root      20   0 4105972 449404  14272 S  0.0 24.1   0:00.00 java
 7053 root      20   0 4105972 449404  14272 S  0.0 24.1   0:00.00 java
 7054 root      20   0 4105972 449404  14272 S  0.0 24.1   0:00.00 java
 7055 root      20   0 4105972 449404  14272 S  0.0 24.1   0:01.67 java
 7056 root      20   0 4105972 449404  14272 S  0.0 24.1   0:00.00 java
 7059 root      20   0 4105972 449404  14272 S  0.0 24.1   0:00.00 java
 7060 root      20   0 4105972 449404  14272 S  0.0 24.1   0:03.00 java
 7062 root      20   0 4105972 449404  14272 S  0.0 24.1   0:00.53 java
 7064 root      20   0 4105972 449404  14272 S  0.0 24.1   0:00.10 java
 7065 root      20   0 4105972 449404  14272 S  0.0 24.1   0:00.00 java
 7066 root      20   0 4105972 449404  14272 S  0.0 24.1   0:00.09 java
 7114 root      20   0 4105972 449404  14272 S  0.0 24.1   0:00.86 java
 7181 root      20   0 4105972 449404  14272 S  0.0 24.1   0:00.00 java
 7207 root      20   0 4105972 449404  14272 S  0.0 24.1   0:00.00 java
 7208 root      20   0 4105972 449404  14272 S  0.0 24.1   0:06.53 java
 7209 root      20   0 4105972 449404  14272 S  0.0 24.1   0:00.73 java
```

图 7-2-10

在性能压测过程中，数据库的性能监控情况如图 7-2-11、图 7-2-12 和图 7-2-13 所示。

```
MariaDB [cas]> show processlist;
+------+------+--------------------+------+---------+------+--------------+---------------------
------------------------------------------+----------+
| Id   | User | Host               | db   | Command | Time | State        | Info
                                          | Progress |
+------+------+--------------------+------+---------+------+--------------+---------------------
------------------------------------------+----------+
| 2543 | root | 192.168.1.222:36080 | cas | Sleep   |    0 |              | NULL
                                          |    0.000 |
| 2544 | root | 192.168.1.222:36082 | cas | Sleep   |    0 |              | NULL
                                          |    0.000 |
| 2545 | root | 192.168.1.222:36084 | cas | Sleep   |    0 |              | NULL
                                          |    0.000 |
| 2546 | root | 192.168.1.222:36086 | cas | Sleep   |    0 |              | NULL
                                          |    0.000 |
| 2547 | root | 192.168.1.222:36088 | cas | Sleep   |    0 |              | NULL
                                          |    0.000 |
| 2548 | root | 192.168.1.222:36090 | cas | Query   |    0 | Sending data | select
      id,user_account,password,tel_phone,user_email,user_name,create_time,age,us |    0.000 |
| 2549 | root | 192.168.1.222:36092 | cas | Sleep   |    0 |              | NULL
                                          |    0.000 |
| 2550 | root | 192.168.1.222:36094 | cas | Sleep   |    0 |              | NULL
                                          |    0.000 |
| 2551 | root | 192.168.1.222:36096 | cas | Sleep   |    0 |              | NULL
                                          |    0.000 |
| 2552 | root | 192.168.1.222:36098 | cas | Sleep   |    0 |              | NULL
                                          |    0.000 |
| 2553 | root | localhost          | cas  | Query   |    0 | NULL         | show processlist
                                          |    0.000 |
+------+------+--------------------+------+---------+------+--------------+---------------------
------------------------------------------+----------+
11 rows in set (0.00 sec)
```

图 7-2-11

```
MariaDB [cas]>  show global status like 'max_used_connections';
+----------------------+-------+
| Variable_name        | Value |
+----------------------+-------+
| Max_used_connections | 21    |
+----------------------+-------+
1 row in set (0.00 sec)
```

图 7-2-12

```
MariaDB [cas]> show global status like 'handler_read%';
+-----------------------+------------+
| Variable_name         | Value      |
+-----------------------+------------+
| Handler_read_first    | 3          |
| Handler_read_key      | 290        |
| Handler_read_last     | 0          |
| Handler_read_next     | 28116      |
| Handler_read_prev     | 0          |
| Handler_read_rnd      | 287        |
| Handler_read_rnd_deleted | 1       |
| Handler_read_rnd_next | 7809638843 |
+-----------------------+------------+
8 rows in set (0.00 sec)
```

图 7-2-13

从图 7-2-13 中可以看到指标 Handler_read_rnd_next 非常高，根据 6.1.3 小节中的介绍，说明性能压测过程中，执行的 SQL 语句进行了大量的表扫描。一般出现这种情况可能就是表缺少索引，或者 SQL 语句执行时没有通过索引。通过执行计划也可以看到应用程序执行的 SQL 语句没有使用索引，如图 7-2-14 所示，最终去查看用户表时发现表中的用户账号这个字段确实没有加索引。

```
MariaDB [cas]>  EXPLAIN SELECT PASSWORD FROM user_info WHERE user_account='yongqing_zh17';
+----+-------------+-----------+------+---------------+------+---------+------+------+-------------+
| id | select_type | table     | type | possible_keys | key  | key_len | ref  | rows | Extra       |
+----+-------------+-----------+------+---------------+------+---------+------+------+-------------+
|  1 | SIMPLE      | user_info | ALL  | NULL          | NULL | NULL    | NULL | 9411 | Using where |
+----+-------------+-----------+------+---------------+------+---------+------+------+-------------+
1 row in set (0.00 sec)
```

图 7-2-14

将用户表的用户账号字段增加索引后，再次执行数据库的执行计划，可以看到 SQL 语句已经可以正常通过索引查询了，如图 7-2-15 所示。

```
MariaDB [cas]> EXPLAIN SELECT PASSWORD FROM user_info WHERE user_account='yongqing_zh17';
+----+-------------+-----------+------+---------------------+---------------------+---------+-------+------+-----------------------+
| id | select_type | table     | type | possible_keys       | key                 | key_len | ref   | rows | Extra                 |
+----+-------------+-----------+------+---------------------+---------------------+---------+-------+------+-----------------------+
|  1 | SIMPLE      | user_info | ref  | user_info_account_index | user_info_account_index | 99  | const |    1 | Using index condition |
+----+-------------+-----------+------+---------------------+---------------------+---------+-------+------+-----------------------+
1 row in set (0.00 sec)
```

图 7-2-15

使用 jstack 查看 Tomcat 的线程堆栈时，发现 JVM 中名称以 http-bio-8080-exec 开头的执行线程经常处于阻塞状态，如下所示：

```
"http-bio-8080-exec-11" #36 daemon prio=5 os_prio=0 tid=0x00007fea5c004000
nid=0x1bdb waiting for monitor entry [0x00007feaa4b45000]
   java.lang.Thread.State: BLOCKED (on object monitor)
   at
ch.qos.logback.core.OutputStreamAppender.subAppend(OutputStreamAppender.java:
211)
   - waiting to lock <0x00000000e44a0b88> (a
ch.qos.logback.core.spi.LogbackLock)
   at
ch.qos.logback.core.rolling.RollingFileAppender.subAppend(RollingFileAppender
.java:175)
   at
```

```
ch.qos.logback.core.OutputStreamAppender.append(OutputStreamAppender.java:103
)
    at
ch.qos.logback.core.UnsynchronizedAppenderBase.doAppend(UnsynchronizedAppende
rBase.java:88)
    at
ch.qos.logback.core.spi.AppenderAttachableImpl.appendLoopOnAppenders(Appender
AttachableImpl.java:48)
    at ch.qos.logback.classic.Logger.appendLoopOnAppenders(Logger.java:273)
    at ch.qos.logback.classic.Logger.callAppenders(Logger.java:260)
    at
ch.qos.logback.classic.Logger.buildLoggingEventAndAppend(Logger.java:442)
    at ch.qos.logback.classic.Logger.filterAndLog_0_Or3Plus(Logger.java:396)
    at ch.qos.logback.classic.Logger.log(Logger.java:788)
    at
org.apache.ibatis.logging.slf4j.Slf4jLocationAwareLoggerImpl.debug(Slf4jLocat
ionAwareLoggerImpl.java:61)
    at org.apache.ibatis.logging.slf4j.Slf4jImpl.debug(Slf4jImpl.java:74)
    at
org.apache.ibatis.logging.jdbc.BaseJdbcLogger.debug(BaseJdbcLogger.java:145)
    at
org.apache.ibatis.logging.jdbc.ResultSetLogger.invoke(ResultSetLogger.java:82
)
    at com.sun.proxy.$Proxy66.next(Unknown Source)
    at
org.apache.ibatis.executor.resultset.DefaultResultSetHandler.handleRowValuesF
orSimpleResultMap(DefaultResultSetHandler.java:336)
    at
org.apache.ibatis.executor.resultset.DefaultResultSetHandler.handleRowValues(
DefaultResultSetHandler.java:313)
    at
org.apache.ibatis.executor.resultset.DefaultResultSetHandler.handleResultSet(
DefaultResultSetHandler.java:286)
    at
org.apache.ibatis.executor.resultset.DefaultResultSetHandler.handleResultSets
(DefaultResultSetHandler.java:183)
    at
org.apache.ibatis.executor.statement.PreparedStatementHandler.query(PreparedS
tatementHandler.java:64)
    at
org.apache.ibatis.executor.statement.RoutingStatementHandler.query(RoutingSta
tementHandler.java:79)
    at
org.apache.ibatis.executor.SimpleExecutor.doQuery(SimpleExecutor.java:63)
    at
org.apache.ibatis.executor.BaseExecutor.queryFromDatabase(BaseExecutor.java:3
24)
    at org.apache.ibatis.executor.BaseExecutor.query(BaseExecutor.java:156)
    at
org.apache.ibatis.executor.CachingExecutor.query(CachingExecutor.java:109)
```

```
    at
org.apache.ibatis.executor.CachingExecutor.query(CachingExecutor.java:83)
    at
org.apache.ibatis.session.defaults.DefaultSqlSession.selectList(DefaultSqlSes
sion.java:148)
    at
org.apache.ibatis.session.defaults.DefaultSqlSession.selectList(DefaultSqlSes
sion.java:141)
    at sun.reflect.GeneratedMethodAccessor51.invoke(Unknown Source)
    at
sun.reflect.DelegatingMethodAccessorImpl.invoke(DelegatingMethodAccessorImpl.
java:43)
    at java.lang.reflect.Method.invoke(Method.java:498)
    at
org.mybatis.spring.SqlSessionTemplate$SqlSessionInterceptor.invoke(SqlSession
Template.java:434)
    at com.sun.proxy.$Proxy45.selectList(Unknown Source)
    at
org.mybatis.spring.SqlSessionTemplate.selectList(SqlSessionTemplate.java:231)
    at
org.apache.ibatis.binding.MapperMethod.executeForMany(MapperMethod.java:137)
    at org.apache.ibatis.binding.MapperMethod.execute(MapperMethod.java:75)
    at org.apache.ibatis.binding.MapperProxy.invoke(MapperProxy.java:53)
    at com.sun.proxy.$Proxy56.checkUserPassword(Unknown Source)
    at
com.cf.cas.management.service.impl.UserInfoServiceImpl.checkUserPassword(User
InfoServiceImpl.java:31)
    at
com.cf.cas.management.controller.UserInfoController.checkUserPassword(UserInf
oController.java:64)
    at sun.reflect.GeneratedMethodAccessor50.invoke(Unknown Source)
    at
sun.reflect.DelegatingMethodAccessorImpl.invoke(DelegatingMethodAccessorImpl.
java:43)
    at java.lang.reflect.Method.invoke(Method.java:498)
    at
org.springframework.web.method.support.InvocableHandlerMethod.doInvoke(Invoca
bleHandlerMethod.java:221)
    at
org.springframework.web.method.support.InvocableHandlerMethod.invokeForReques
t(InvocableHandlerMethod.java:137)
    at
org.springframework.web.servlet.mvc.method.annotation.ServletInvocableHandler
Method.invokeAndHandle(ServletInvocableHandlerMethod.java:110)
    at
org.springframework.web.servlet.mvc.method.annotation.RequestMappingHandlerAd
apter.invokeHandleMethod(RequestMappingHandlerAdapter.java:776)
    at
org.springframework.web.servlet.mvc.method.annotation.RequestMappingHandlerAd
apter.handleInternal(RequestMappingHandlerAdapter.java:705)
```

```
    at
org.springframework.web.servlet.mvc.method.AbstractHandlerMethodAdapter.handl
e(AbstractHandlerMethodAdapter.java:85)
    at
org.springframework.web.servlet.DispatcherServlet.doDispatch(DispatcherServle
t.java:959)
    at
org.springframework.web.servlet.DispatcherServlet.doService(DispatcherServlet
.java:893)
    at
org.springframework.web.servlet.FrameworkServlet.processRequest(FrameworkServ
let.java:966)
    at
org.springframework.web.servlet.FrameworkServlet.doPost(FrameworkServlet.java
:868)
    at javax.servlet.http.HttpServlet.service(HttpServlet.java:647)
    at
org.springframework.web.servlet.FrameworkServlet.service(FrameworkServlet.jav
a:842)
    at javax.servlet.http.HttpServlet.service(HttpServlet.java:728)
    at
org.apache.catalina.core.ApplicationFilterChain.internalDoFilter(ApplicationF
ilterChain.java:305)
    at
org.apache.catalina.core.ApplicationFilterChain.doFilter(ApplicationFilterCha
in.java:210)
    at org.apache.tomcat.websocket.server.WsFilter.doFilter(WsFilter.java:51)
    at
org.apache.catalina.core.ApplicationFilterChain.internalDoFilter(ApplicationF
ilterChain.java:243)
    at
org.apache.catalina.core.ApplicationFilterChain.doFilter(ApplicationFilterCha
in.java:210)
    at
net.bull.javamelody.MonitoringFilter.doFilter(MonitoringFilter.java:237)
    at
net.bull.javamelody.MonitoringFilter.doFilter(MonitoringFilter.java:209)
    at
org.apache.catalina.core.ApplicationFilterChain.internalDoFilter(ApplicationF
ilterChain.java:243)
    at
org.apache.catalina.core.ApplicationFilterChain.doFilter(ApplicationFilterCha
in.java:210)
    at
com.cf.cas.management.filter.WebContextFilter.doFilter(WebContextFilter.java:
21)
    at
org.apache.catalina.core.ApplicationFilterChain.internalDoFilter(ApplicationF
ilterChain.java:243)
    at
```

```
org.apache.catalina.core.ApplicationFilterChain.doFilter(ApplicationFilterCha
in.java:210)
    at
org.springframework.web.filter.CharacterEncodingFilter.doFilterInternal(Chara
cterEncodingFilter.java:85)
    at
org.springframework.web.filter.OncePerRequestFilter.doFilter(OncePerRequestFi
lter.java:107)
    at
org.apache.catalina.core.ApplicationFilterChain.internalDoFilter(ApplicationF
ilterChain.java:243)
    at
org.apache.catalina.core.ApplicationFilterChain.doFilter(ApplicationFilterCha
in.java:210)
    at
org.apache.catalina.core.StandardWrapperValve.invoke(StandardWrapperValve.jav
a:222)
    at
org.apache.catalina.core.StandardContextValve.invoke(StandardContextValve.jav
a:123)
    at
org.apache.catalina.authenticator.AuthenticatorBase.invoke(AuthenticatorBase.
java:502)
    at
org.apache.catalina.core.StandardHostValve.invoke(StandardHostValve.java:171)
    at
org.apache.catalina.valves.ErrorReportValve.invoke(ErrorReportValve.java:100)
    at
org.apache.catalina.valves.AccessLogValve.invoke(AccessLogValve.java:953)
    at
org.apache.catalina.core.StandardEngineValve.invoke(StandardEngineValve.java:
118)
    at
org.apache.catalina.connector.CoyoteAdapter.service(CoyoteAdapter.java:408)
    at
org.apache.coyote.http11.AbstractHttp11Processor.process(AbstractHttp11Proces
sor.java:1041)
    at
org.apache.coyote.AbstractProtocol$AbstractConnectionHandler.process(Abstract
Protocol.java:603)
    at
org.apache.tomcat.util.net.JIoEndpoint$SocketProcessor.run(JIoEndpoint.java:3
10)
    - locked <0x00000000fefd4f30> (a org.apache.tomcat.util.net.SocketWrapper)
    at
java.util.concurrent.ThreadPoolExecutor.runWorker(ThreadPoolExecutor.java:114
9)
    at
java.util.concurrent.ThreadPoolExecutor$Worker.run(ThreadPoolExecutor.java:62
4)
    at java.lang.Thread.run(Thread.java:748)

    Locked ownable synchronizers:
- <0x00000000e55eee08> (a java.util.concurrent.ThreadPoolExecutor$Worker)
```

从线程堆栈日志中可以看到"- waiting to lock <0x00000000e44a0b88> (a ch.qos.logback.core.spi.LogbackLock)",由此可见是因为 logback 的日志输出对日志文件写锁导致阻塞。查看应用程序的 logback.xml 日志配置文件,发现配置文件中配置的日志输出为同步输出。同步输出就意味着存在线程同步,线程同步就势必会导致在多线程并发时为了争抢锁而导致效率低下。此时,可以将配置文件中日志的同步输出改为异步输出,如下所示,这样就不存在"waiting to lock"的问题了。

```xml
<?xml version="1.0" encoding="UTF-8"?>
……
<!--日志异步输出 -->
<appender name="ASYNC" class="ch.qos.logback.classic.AsyncAppender">
    <discardingThreshold>0</discardingThreshold>
    <queueSize>500</queueSize>
    <appender-ref ref="RollingFile"/>
    <appender-ref ref="stdout"/>
</appender>
……
```

修改完日志的配置文件后,再次进行性能压测,再次使用 jstack 查看 Tomcat 的线程堆栈时,发现 JVM 中名称以 http-bio-8080-exec 开头的执行线程大部分都处于 RUNNABLE 状态,如图 7-2-16 所示。

图 7-2-16

而且,如果此时使用 jvisualvm 工具,查看 JVM 进程的线程运行情况,也可以看到名称以 http-bio-8080-exec 开头的执行线程大部分都处于绿色的运行状态了，如图 7-2-17 所示。

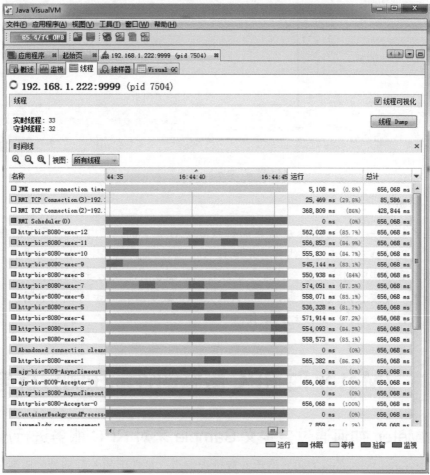

图 7-2-17

在对数据库表做完索引优化，以及将应用程序的输出日志从同步输出改为异步输出后，性能压测时平均响应时间和 TPS 也有了成倍的提高，如图 7-2-18 和图 7-2-19 所示。

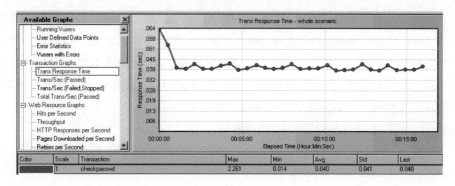

图 7-2-18

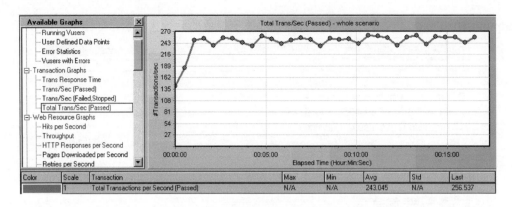

图 7-2-19

最终总结如下：

● 在多线程并发运行中，应该在保证线程运行安全的情况下，尽量少使用线程同步锁，因为线程同步对多线程并发运行的性能影响很大，比如本示例中的日志输出可以不要求实时同步，那么就可以把线程同步输出日志改为异步输出。

● 如果一定要使用线程同步锁，那么应该尽量减少线程同步的代码范围，只对必须保证线程安全的代码加线程同步锁。

7.3 JMeter 对 RPC 服务的性能压测分析与调优

7.3.1 JMeter 如何通过自定义 Sample 来对 RPC 服务进行压测

RPC（Remote Procedure Call）俗称远程过程调用，是常用的一种高效的服务调用方式，也是性能压测时经常遇到的一种服务调用形式。常见的 RPC 有 GRPC、Thrift、Dubbo 等。这里以 GRPC 为例介绍在 JMeter 中如何添加自定义的 Sample 来对 GRPC 服务进行压测，JMeter 中提供的 Sample 如图 7-3-1 所示，从中可以看到并没有我们需要进行压测 GRPC 的 Sampler。

但是，从图 7-3-1 中可以看到，JMeter 中提供了 Java 请求 Sample，因此我们可以编写一个自定义的 Java 请求的 Sample 来实现 GRPC 调用，由于需要自定义，自然就需要新建一个 Java 语言的 Maven 项目，在项目中引入如下 jar 包依赖，jar 包的版本需要跟压测时的 JMeter 工具版本保持一致。由于笔者用的 JMeter 工具的版本是 3.0，因此如下依赖包选择的也是 3.0 版本。因为本节需要一些 Java 语言和 Maven 项目管理的基础，所以对于这块不熟悉的读者可以预先阅读一些关于这方面内容的基础参考书。

```
<dependency>
    <groupId>org.apache.jmeter</groupId>
    <artifactId>ApacheJMeter_java</artifactId>
    <version>3.0</version>
</dependency>
```

图 7-3-1

项目中除了需要增加 JMeter 的依赖外，还需要增加 GRPC 的依赖，Maven 项目完整的 pom 内容如下所示：

```xml
<?xml version="1.0" encoding="UTF-8"?>
<project xmlns="http://maven.apache.org/POM/4.0.0"
        xmlns:xsi="http://www.w3.org/2001/XMLSchema-instance"
        xsi:schemaLocation="http://maven.apache.org/POM/4.0.0
http://maven.apache.org/xsd/maven-4.0.0.xsd">
    <modelVersion>4.0.0</modelVersion>
    <groupId>jmeter.tools</groupId>
    <artifactId>jmeter-grpc</artifactId>
    <packaging>jar</packaging>
    <version>1.0-SNAPSHOT</version>
    <properties>
        <grpc.version>1.27.0</grpc.version>
    </properties>
    <dependencies>
        <dependency>
            <groupId>io.grpc</groupId>
            <artifactId>grpc-netty</artifactId>
            <version>${grpc.version}</version>
        </dependency>
        <dependency>
            <groupId>io.grpc</groupId>
            <artifactId>grpc-protobuf</artifactId>
```

```
                <version>${grpc.version}</version>
        </dependency>
        <dependency>
            <groupId>io.grpc</groupId>
            <artifactId>grpc-stub</artifactId>
            <version>${grpc.version}</version>
        </dependency>
        <!--
https://mvnrepository.com/artifact/org.apache.jmeter/ApacheJMeter_java -->
        <dependency>
            <groupId>org.apache.jmeter</groupId>
            <artifactId>ApacheJMeter_java</artifactId>
            <version>3.0</version>
        </dependency>
        <!--
https://mvnrepository.com/artifact/org.apache.jmeter/ApacheJMeter_core -->
        <dependency>
            <groupId>org.apache.jmeter</groupId>
            <artifactId>ApacheJMeter_core</artifactId>
            <version>3.0</version>
        </dependency>
    </dependencies>
    <build>
        <plugins>
            <plugin>
                <groupId>org.apache.maven.plugins</groupId>
                <artifactId>maven-compiler-plugin</artifactId>
                <configuration>
                    <source>${java.version}</source>
                    <target>${java.version}</target>
                    <skip>true</skip>
                    <encoding>${project.build.sourceEncoding}</encoding>
                </configuration>
            </plugin>
            <plugin>
                <groupId>org.apache.maven.plugins</groupId>
                <artifactId>maven-dependency-plugin</artifactId>
                <version>2.8</version>
                <executions>
                    <execution>
                        <id>copy-dependencies</id>
                        <phase>package</phase>
                        <goals>
                            <goal>copy-dependencies</goal>
                        </goals>
                        <configuration>

<outputDirectory>${project.build.directory}</outputDirectory>
                        <overWriteReleases>true</overWriteReleases>
                        <overWriteSnapshots>true</overWriteSnapshots>
```

```
                            <overWriteIfNewer>true</overWriteIfNewer>
                            <useSubDirectoryPerType>true</useSubDirectoryPerType>
                            <includeArtifactIds>
                                guava
                            </includeArtifactIds>
                            <silent>true</silent>
                        </configuration>
                    </execution>
                </executions>
            </plugin>
            <plugin>
                <artifactId>maven-assembly-plugin</artifactId>
                <configuration>
                    <appendAssemblyId>false</appendAssemblyId>
                    <descriptorRefs>
                        <descriptorRef>jar-with-dependencies</descriptorRef>
                    </descriptorRefs>
                </configuration>
            </plugin>
        </plugins>
        <defaultGoal>compile</defaultGoal>
    </build>
</project>
```

编写一个自定义的 Java 请求 Sample，只需要实现 JMeter 提供的 JavaSamplerClient 接口即可，如下所示：

```java
import org.apache.jmeter.config.Arguments;
import org.apache.jmeter.protocol.java.sampler.JavaSamplerClient;
import org.apache.jmeter.protocol.java.sampler.JavaSamplerContext;
import org.apache.jmeter.samplers.SampleResult;

public class ExampleSample implements JavaSamplerClient {
    @Override
    public void setupTest(JavaSamplerContext javaSamplerContext) {
        //初始化方法，对数据进行初始化，该方法只会执行一次
    }

    @Override
    public SampleResult runTest(JavaSamplerContext javaSamplerContext) {
        //Sample 请求的具体实现
        return null;
    }

    @Override
    public void teardownTest(JavaSamplerContext javaSamplerContext) {
        //数据或者资源销毁接口，一般用于压测停止时，需要执行的操作。
    }

    @Override
```

```
public Arguments getDefaultParameters() {
    //参数设置方法，一般用于设置传递参数
    return null;
    }
}
```

JMeter 提供的 JavaSamplerClient 接口需要实现的四个方法，如表 7-4 所示。

表 7-4　JavaSamplerClient 接口需要实现的四个方法说明

方　　法	说　　明
setupTest(JavaSamplerContext javaSamplerContext)	初始化方法。一般用于对数据进行初始化。性能压测时该方法只会被执行一次，方法体里面的内容可以为空
runTest(JavaSamplerContext javaSamplerContext)	Sample 请求的具体实现。比如调用 GRPC 服务就需要在该方法中编写调用 GRPC 服务的代码
teardownTest(JavaSamplerContext javaSamplerContext)	用于数据或者资源销毁的方法。一般用于压测停止时，需要执行的数据或者资源的释放操作。性能压测时该方法也只会被执行一次，方法体里面的内容同样可以为空
getDefaultParameters()	参数设置方法。一般用于设置传递的参数

GRPC 示例：以传入用户名和密码进行用户注册的 GRPC 服务作为示例，该 GRPC 接口请求输入和响应输出都是 JSON 的文本形式，GRPC 服务的 proto 文件内容如下（proto 是 GRPC 提供的接口协议定义标准文档）：

```
syntax = "proto3";
package com.zyq.example.cas.management.grpc;
message RequestData {
  string text = 1;
}
message ResponseData {
  string text = 1;
}
service StreamService {
 //rpc 服务的方法
 rpc SimpleFun(RequestData) returns (ResponseData){}
}
```

服务接口详细说明如表 7-5 所示。

表 7-5　服务接口详细说明

参　　数	说　　明
RequestData	定义了文本类型的参数用于 GRPC 服务的请求入参使用，比如传入 JSON：{"userAccount":"zyq","password":"mima"}
ResponseData	定义了文本类型的参数用于请求响应使用，用于存储 GRPC 服务调用后响应的文本内容
StreamService	定义了一个 GRPC 服务，并且服务里面包含了 SimpleFun 这个方法，方法中请求传入 RequestData，调用完成后返回 ResponseData

请求调用过程如图 7-3-2 所示。

图 7-3-2

服务器的配置信息如表 7-6 所示。

表 7-6　服务器的配置说明

服务器类型	配置说明
应用服务器（GRPC）	内存：2GB CPU：4 核 部署软件：GRPC Java 应用服务、JDK 1.8 操作系统：CentOS 7
数据库服务器	内存：2GB CPU：2 核 部署软件：MySQL 操作系统：CentOS 7

笔者这里实现的 GRPC 服务的 Sample 具体示例代码如下：

```java
import com.cf.cas.management.grpc.Example;
import com.cf.cas.management.grpc.StreamServiceGrpc;
import com.google.gson.Gson;
import io.grpc.ManagedChannel;
import io.grpc.ManagedChannelBuilder;
import org.apache.jmeter.config.Arguments;
import org.apache.jmeter.protocol.java.sampler.JavaSamplerClient;
import org.apache.jmeter.protocol.java.sampler.JavaSamplerContext;
import org.apache.jmeter.samplers.SampleResult;

import java.util.HashMap;
import java.util.Map;

/**
 * Created by zyq on 2020/3/4.
 */
public class GrpcJmeter implements JavaSamplerClient {
    private String userAccount;
    private String password;
    private String address;
    private Integer port;
    @Override
    public void setupTest(JavaSamplerContext javaSamplerContext) {

    }
    @Override
    public SampleResult runTest(JavaSamplerContext javaSamplerContext) {
```

```
        SampleResult results = new SampleResult();
        userAccount = javaSamplerContext.getParameter("userAccount"); // 获取在
JMeter 中设置的参数值
            password = javaSamplerContext.getParameter("password"); // 获取在
JMeter 中设置的参数值
        address = javaSamplerContext.getParameter("address"); // 获取在 JMeter 中
设置的参数值
        port =Integer.valueOf(javaSamplerContext.getParameter("port")) ; // 获
取在 JMeter 中设置的参数值
        results.sampleStart();// JMeter 开始统计响应时间标记
        ManagedChannel channel=null;
        try {
            //grpc 调用的具体实现
            channel = ManagedChannelBuilder.forAddress(address,
port).usePlaintext().build();
            StreamServiceGrpc.StreamServiceBlockingStub stub =
StreamServiceGrpc.newBlockingStub(channel);
            Map<String,Object> map = new HashMap<>();
            map.put("userAccount",userAccount);
            map.put("password",password);
            Gson gson = new Gson();
            Example.RequestData requestData =
Example.RequestData.newBuilder().setText(gson.toJson(map)).build();
            Example.ResponseData responseData = stub.simpleFun(requestData);
            //设置请求的数据, 这里设置后, 在 JMeter 的察看结果树中才可显示
            results.setRequestHeaders(gson.toJson(map));
            if(null!=responseData && null!=responseData.getText() &&
responseData.getText().contains("success")){
                results.setSuccessful(true);
            }
            else {
                results.setSuccessful(false);
            }
            //设置响应的数据, 这里设置后, 在 JMeter 的察看结果树中才可显示
            results.setResponseMessage(responseData.getText());
            results.setResponseData(responseData.getText(),"UTF-8");
        } catch (Exception e) {
            results.setSuccessful(false);
            e.printStackTrace();
        }
        finally {
            if(null!=channel){
                channel.shutdown();
            }
            results.sampleEnd();// JMeter 结束统计响应时间标记
        }
        return results;
    }
    @Override
    public void teardownTest(JavaSamplerContext javaSamplerContext) {
    }
    @Override
    public Arguments getDefaultParameters() {
        Arguments params = new Arguments();
        params.addArgument("userAccount", "zyq");        //设置参数,并赋予默认值
```

```
        params.addArgument("password", "111");          //设置参数，并赋予默认值
        params.addArgument("address", "127.0.0.1");      //设置参数，并赋予默认值
        params.addArgument("port", "8883");              //设置参数，并赋予默认值
        return params;
    }
}
```

　　示例编写完成后，执行 Maven 项目打包命令 mvn assembly:assembly，即可生成性能压测时需要放入 JMeter 中的 jar 包，如图 7-3-3 所示。

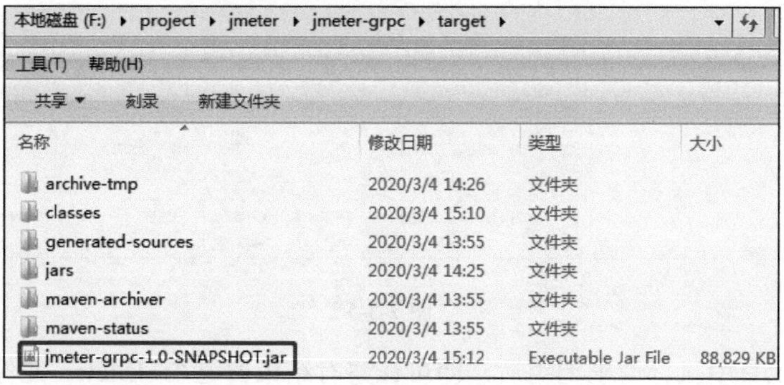

图 7-3-3

　　将生成的 jmeter-grpc-1.0-SNAPSHOT.jar 放入 JMeter 工具的 apache-jmeter-3.0\apache-jmeter-3.0\lib\ext 目录下，如图 7-3-4 所示，JMeter 的 ext 目录专门用于存放扩展的 JMeter 自定义 jar 包。

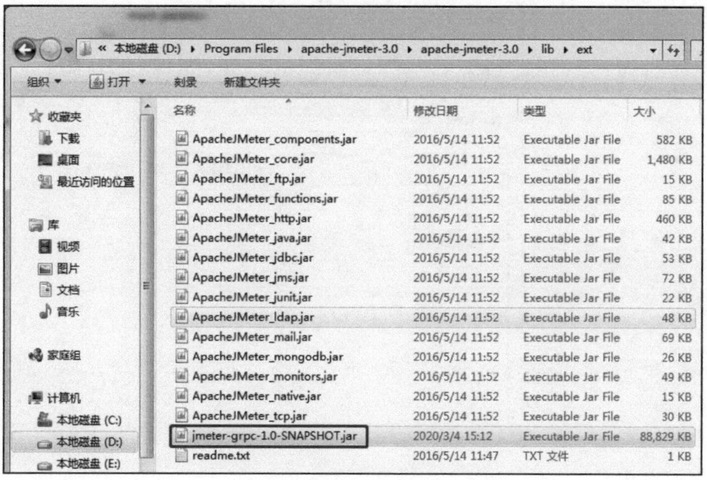

图 7-3-4

　　放入后打开 JMeter 工具，在添加 Java 请求 Sample 后，即可看到我们自己编写的自定义 GRPC 服务 Sample 了，如图 7-3-5 所示。

209

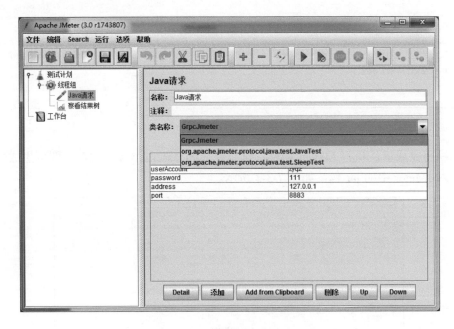

图 7-3-5

在 JMeter 工具中执行请求调用后，即可在察看结果树这个 JMeter 元件中看到请求调用的结果，如图 7-3-6 所示。

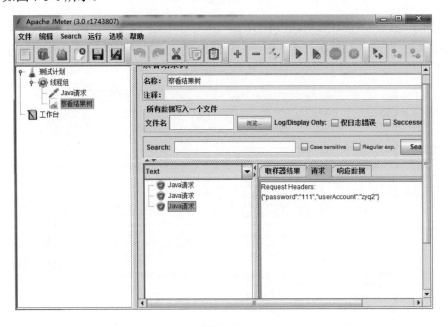

图 7-3-6

由此可见，JMeter 支持的功能其实非常强大，理论上只要 Java 语言可以调用的服务都可以使用 JMeter 来做性能压测。

7.3.2　JMeter 对 GRPC 服务的性能压测分析与调优

在添加完 GRPC 服务的 Sample 后，我们在图 7-3-6 的基础上，增加 Summary Report、聚合报告、图形结果、响应断言、计数器这几个 JMeter 元件，以辅助我们做性能压测。其中计数器是本次用来辅助做参数化的，如图 7-3-7 和图 7-3-8 所示，在图 7-3-8 中 userAccount 和 password 这两个参数都用到了计数器产生的 counter 变量来构造数据，由于计数器是递增的，因此保证了构造出来的数据不会重复。

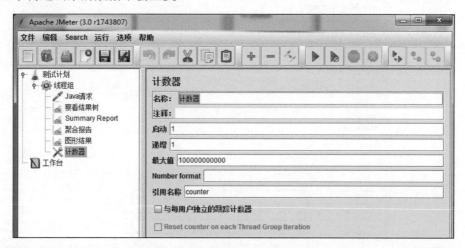

图 7-3-7

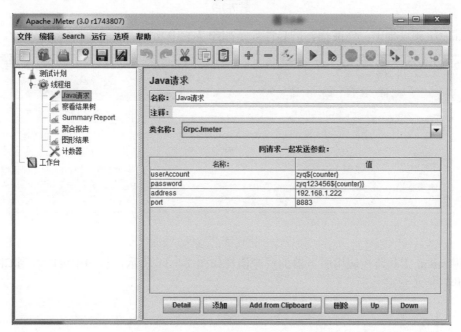

图 7-3-8

JMeter 的性能压测脚本准备完成后，采用 10 个并发用户开始进行压测，如图 7-3-9 所示。

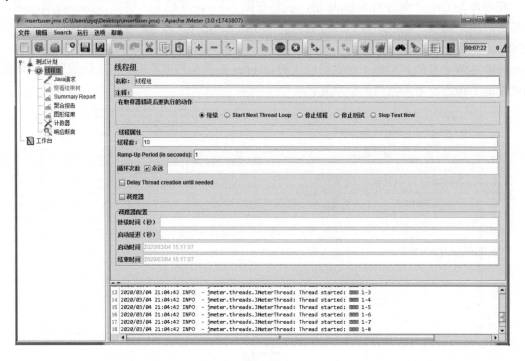

图 7-3-9

在性能压测过程中，性能指标的总体显示如图 7-3-10 所示。

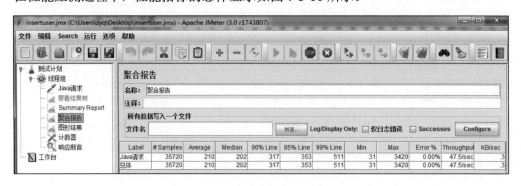

图 7-3-10

使用 nmon 工具监控应用服务器的资源消耗如图 7-3-11 所示，从图中可以看到 CPU 的资源占用并不是非常高。

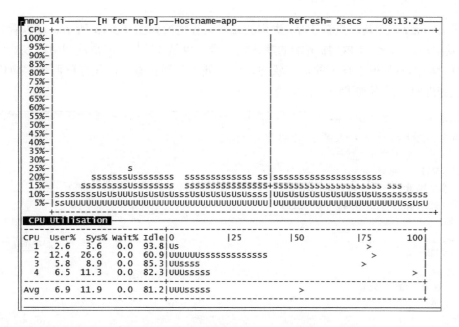

图 7-3-11

使用 top 命令查看 JVM 进程中每个线程的运行状态以及资源的占用情况。如图 7-3-12 所示，可以看到线程基本大部分都处于休眠状态。

```
top - 08:13:50 up 10:28,  3 users,  load average: 1.04, 0.77, 0.46
Threads:   45 total,    0 running,   45 sleeping,    0 stopped,    0 zombie
%Cpu(s):   3.2 us,   5.5 sy,   0.0 ni,  91.0 id,   0.0 wa,   0.0 hi,   0.3 si,   0.0 st
KiB Mem :  1865308 total,   903576 free,   521832 used,   439900 buff/cache
KiB Swap:  2097148 total,  2097148 free,        0 used.  1144928 avail Mem

  PID USER      PR  NI    VIRT    RES    SHR S %CPU %MEM     TIME+ COMMAND
 2448 root      20   0 4110200 393612  14272 S  7.6 21.1   0:09.83 java
 2244 root      20   0 4110200 393612  14272 S  7.0 21.1   1:15.67 java
 2279 root      20   0 4110200 393612  14272 S  5.6 21.1   0:59.26 java
 2418 root      20   0 4110200 393612  14272 S  5.3 21.1   0:26.81 java
 2406 root      20   0 4110200 393612  14272 S  5.0 21.1   0:30.51 java
 2274 root      20   0 4110200 393612  14272 S  3.0 21.1   1:01.06 java
 2277 root      20   0 4110200 393612  14272 S  3.0 21.1   0:58.68 java
 2280 root      20   0 4110200 393612  14272 S  3.0 21.1   1:00.40 java
 2419 root      20   0 4110200 393612  14272 S  2.0 21.1   0:24.79 java
 2247 root      20   0 4110200 393612  14272 S  0.3 21.1   0:13.36 java
 2219 root      20   0 4110200 393612  14272 S  0.0 21.1   0:00.45 java
 2220 root      20   0 4110200 393612  14272 S  0.0 21.1   0:04.42 java
 2221 root      20   0 4110200 393612  14272 S  0.0 21.1   0:03.64 java
 2222 root      20   0 4110200 393612  14272 S  0.0 21.1   0:03.40 java
 2223 root      20   0 4110200 393612  14272 S  0.0 21.1   0:03.28 java
 2224 root      20   0 4110200 393612  14272 S  0.0 21.1   0:03.50 java
 2225 root      20   0 4110200 393612  14272 S  0.0 21.1   0:10.89 java
 2226 root      20   0 4110200 393612  14272 S  0.0 21.1   0:00.06 java
 2227 root      20   0 4110200 393612  14272 S  0.0 21.1   0:00.12 java
 2228 root      20   0 4110200 393612  14272 S  0.0 21.1   0:00.00 java
 2229 root      20   0 4110200 393612  14272 S  0.0 21.1   0:42.71 java
 2230 root      20   0 4110200 393612  14272 S  0.0 21.1   0:48.71 java
 2231 root      20   0 4110200 393612  14272 S  0.0 21.1   0:10.55 java
 2232 root      20   0 4110200 393612  14272 S  0.0 21.1   0:00.00 java
 2234 root      20   0 4110200 393612  14272 S  0.0 21.1   0:00.00 java
 2235 root      20   0 4110200 393612  14272 S  0.0 21.1   0:00.00 java
 2236 root      20   0 4110200 393612  14272 S  0.0 21.1   0:00.00 java
 2237 root      20   0 4110200 393612  14272 S  0.0 21.1   0:03.95 java
 2239 root      20   0 4110200 393612  14272 S  0.0 21.1   0:00.00 java
 2243 root      20   0 4110200 393612  14272 S  0.0 21.1   0:00.00 java
 2248 root      20   0 4110200 393612  14272 S  0.0 21.1   0:05.54 java
 2249 root      20   0 4110200 393612  14272 S  0.0 21.1   0:00.79 java
 2250 root      20   0 4110200 393612  14272 S  0.0 21.1   0:00.36 java
 2251 root      20   0 4110200 393612  14272 S  0.0 21.1   0:00.36 java
 2252 root      20   0 4110200 393612  14272 S  0.0 21.1   0:00.30 java
 2253 root      20   0 4110200 393612  14272 S  0.0 21.1   0:00.25 java
 2276 root      20   0 4110200 393612  14272 S  0.0 21.1   0:02.28 java
 2408 root      20   0 4110200 393612  14272 S  0.0 21.1   0:29.74 java
 2410 root      20   0 4110200 393612  14272 S  0.0 21.1   0:30.52 java
 2420 root      20   0 4110200 393612  14272 S  0.0 21.1   0:23.12 java
 2421 root      20   0 4110200 393612  14272 S  0.0 21.1   0:22.04 java
 2422 root      20   0 4110200 393612  14272 S  0.0 21.1   0:21.38 java
 2447 root      20   0 4110200 393612  14272 S  0.0 21.1   0:00.00 java
 2487 root      20   0 4110200 393612  14272 S  0.0 21.1   0:06.05 java
 2489 root      20   0 4110200 393612  14272 S  0.0 21.1   0:01.59 java
```

图 7-3-12

使用 jvisualvm 工具，查看 JVM 进程的线程运行情况如图 7-3-13 所示。可以看到由于是 10 个并发用户，因此 GRPC 服务端的默认执行线程也是 10 个，但是从图中可以看到这些线程大部分时间都不是处于真正的运行状态，而是处于监视状态，由此怀疑服务端应用程序多线程并发处理时可能遇到了同步锁争抢。

图 7-3-13

使用 jstack 查看服务端 JVM 进程的线程堆栈时，发现 JVM 中名称以 grpc-default-executor 开头的执行线程经常处于阻塞状态，如下所示，原因都是因为 at com.cf.cas.management.service.impl.StreamServiceImpl.simpleFun(StreamServiceImpl.java:33) - waiting to lock <0x00000000e5aba4e0> (a java.lang.Class for com.cf.cas.management.service.impl. StreamServiceImpl)，即在等待锁定资源，而且从堆栈中可以看到代码运行到 StreamServiceImpl.java 中的第 33 行发生了阻塞。

```
......
"grpc-default-executor-16" #49 daemon prio=5 os_prio=0 tid=0x00007fb5dd114000
```

```
 nid=0x974 waiting on condition [0x00007fb6046f8000]
   java.lang.Thread.State: TIMED_WAITING (parking)
       at sun.misc.Unsafe.park(Native Method)
       - parking to wait for  <0x00000000e5a5f0c8> (a
java.util.concurrent.SynchronousQueue$TransferStack)
       at
java.util.concurrent.locks.LockSupport.parkNanos(LockSupport.java:215)
       at
java.util.concurrent.SynchronousQueue$TransferStack.awaitFulfill(SynchronousQ
ueue.java:460)
       at
java.util.concurrent.SynchronousQueue$TransferStack.transfer(SynchronousQueue
.java:362)
       at
java.util.concurrent.SynchronousQueue.poll(SynchronousQueue.java:941)
       at
java.util.concurrent.ThreadPoolExecutor.getTask(ThreadPoolExecutor.java:1073)
       at
java.util.concurrent.ThreadPoolExecutor.runWorker(ThreadPoolExecutor.java:113
4)
       at
java.util.concurrent.ThreadPoolExecutor$Worker.run(ThreadPoolExecutor.java:62
4)
       at java.lang.Thread.run(Thread.java:748)

   Locked ownable synchronizers:
       - None

"grpc-default-executor-15" #48 daemon prio=5 os_prio=0 tid=0x000000000145a800
nid=0x973 waiting for monitor entry [0x00007fb6047f9000]
   java.lang.Thread.State: BLOCKED (on object monitor)
       at
com.cf.cas.management.service.impl.StreamServiceImpl.simpleFun(StreamServiceI
mpl.java:33)
       - waiting to lock <0x00000000e5aba4e0> (a java.lang.Class for
com.cf.cas.management.service.impl.StreamServiceImpl)
       at
com.cf.cas.management.grpc.StreamServiceGrpc$MethodHandlers.invoke(StreamServ
iceGrpc.java:229)
       at
io.grpc.stub.ServerCalls$UnaryServerCallHandler$UnaryServerCallListener.onHal
fClose(ServerCalls.java:172)
       at
io.grpc.internal.ServerCallImpl$ServerStreamListenerImpl.halfClosed(ServerCal
lImpl.java:331)
       at
io.grpc.internal.ServerImpl$JumpToApplicationThreadServerStreamListener$1Half
Closed.runInContext(ServerImpl.java:817)
       at io.grpc.internal.ContextRunnable.run(ContextRunnable.java:37)
       at
```

```
io.grpc.internal.SerializingExecutor.run(SerializingExecutor.java:123)
        at
java.util.concurrent.ThreadPoolExecutor.runWorker(ThreadPoolExecutor.java:114
9)
        at
java.util.concurrent.ThreadPoolExecutor$Worker.run(ThreadPoolExecutor.java:62
4)
        at java.lang.Thread.run(Thread.java:748)

   Locked ownable synchronizers:
        - <0x00000000e706cb88> (a
java.util.concurrent.ThreadPoolExecutor$Worker)

"grpc-default-executor-14" #47 daemon prio=5 os_prio=0 tid=0x00007fb5d83fc000
nid=0x972 waiting for monitor entry [0x00007fb6048fa000]
   java.lang.Thread.State: BLOCKED (on object monitor)
        at
com.cf.cas.management.service.impl.StreamServiceImpl.simpleFun(StreamServiceI
mpl.java:33)
        - waiting to lock <0x00000000e5aba4e0> (a java.lang.Class for
com.cf.cas.management.service.impl.StreamServiceImpl)
        at
com.cf.cas.management.grpc.StreamServiceGrpc$MethodHandlers.invoke(StreamServ
iceGrpc.java:229)
        at
io.grpc.stub.ServerCalls$UnaryServerCallHandler$UnaryServerCallListener.onHal
fClose(ServerCalls.java:172)
        at
io.grpc.internal.ServerCallImpl$ServerStreamListenerImpl.halfClosed(ServerCal
lImpl.java:331)
        at
io.grpc.internal.ServerImpl$JumpToApplicationThreadServerStreamListener$1Half
Closed.runInContext(ServerImpl.java:817)
        at io.grpc.internal.ContextRunnable.run(ContextRunnable.java:37)
        at
io.grpc.internal.SerializingExecutor.run(SerializingExecutor.java:123)
        at
java.util.concurrent.ThreadPoolExecutor.runWorker(ThreadPoolExecutor.java:114
9)
        at
java.util.concurrent.ThreadPoolExecutor$Worker.run(ThreadPoolExecutor.java:62
4)
        at java.lang.Thread.run(Thread.java:748)

   Locked ownable synchronizers:
        - <0x00000000e706fd70> (a
java.util.concurrent.ThreadPoolExecutor$Worker)

"grpc-default-executor-12" #45 daemon prio=5 os_prio=0 tid=0x000000000143c800
nid=0x96a waiting for monitor entry [0x00007fb604e06000]
......
```

查看 GRPC 服务端的 StreamServiceImpl.java 文件，发现第 33 行的代码为 synchronized

(StreamServiceImpl.class)，正好使用了类级别的同步锁，如图 7-3-14 所示。

```java
public class StreamServiceImpl extends StreamServiceGrpc.StreamServiceImplBase {
    private static final Logger LOGGER = LoggerFactory.getLogger(StreamServiceImpl.class);
    private static  Gson  gson = new Gson();

    public void simpleFun(com.cf.cas.management.grpc.Example.RequestData request,
                    io.grpc.stub.StreamObserver<com.cf.cas.management.grpc.Example.ResponseData> responseObserver) {
        LOGGER.info("receive grpc request:{}",request.getText());
        String message="success";
        UserInfo userInfo;
        try{
            userInfo= gson.fromJson(request.getText(), UserInfo.class);
            synchronized (StreamServiceImpl.class){
                if(SpringUtil.getServiceBean(UserInfoDAO.class).queryUserInfoCount( id: null,userInfo.getUserAccount(), userId: null, appId: null, userName: null)<=0){
                    userInfo.setUserId(StringUtil.getUUID32());
                    userInfo.setAppId(StringUtil.getUUID32());
                    if(StringUtils.isNotBlank(userInfo.getPassword())){
                        userInfo.setPassword(PasswordEncoderUtil.encodemd5(userInfo.getPassword(), characterEncoding: "UTF-8"));
                    }
                    SpringUtil.getServiceBean(UserInfoDAO.class).insertUserInfo(userInfo);
                }
            }
        }
        catch (Exception e){
            e.printStackTrace();
            message="fail"+e.getMessage();
        }
        responseObserver.onNext(Example.ResponseData.newBuilder().setText(message).build());
        responseObserver.onCompleted();
    }
}
```

图 7-3-14

从代码中可以看到，这段代码使用同步锁来保证插入到数据中的用户账号不会重复，每次插入前都需要先查询数据库中是否存在该账号，如果不存在才插入，同步锁是用来保证并发调用时线程安全的，确保数据库中不会出现重复的脏数据。

针对上述情况，分析总结如下：

- 代码中虽然使用了同步锁保证了线程安全，使数据库中不出现重复的脏数据，但是却影响了多线程并发时的性能。而且此种线程安全只能适用单个应用服务器节点的部署情况，如果是分布式的多个节点部署方案，则此种同步锁无法奏效，此时一般需要借助分布式同步锁，比如借助 Redis、ZooKeeper 来实现分布式同步锁。但是使用这种分布式同步锁，其并发性能一般也很低效。
- 除了使用同步锁来保证数据不重复插入这种方式外，还可以使用数据库的唯一索引来保证数据库的数据唯一。比如针对本示例中的情况，可以对数据库表中的用户账号字段建立唯一索引，确保不重复插入，虽然使用唯一索引后，数据库肯定会有性能消耗，但是在数据量不是非常大的时候，这种方式性能效果应该更佳，而且由于需要根据用户账号查询，所以在查询时，需要索引来提高查询效率。
- 针对数据库中用户表中的数据量非常大的情况，还可以采用分表的方案。比如可以针对用户账号基于某种算法做分表处理，确保同一个用户账号采用算法计算时每次都是进入同一个表中，这样还是可以对每张分表中的用户账号字段建立唯一索引来提高性能。

第 8 章

◀ 安卓APP的性能分析 ▶

8.1　adb

adb 的全称为 Android Debug Bridge，是安卓 SDK（可以通过网站：https://android-sdk.en.softonic.com/ 下载安卓 SDK）提供的重要工具之一，一般在安卓 SDK 的 platform-tools 目录下，如图 8-1-1 所示。可以通过检测计算机的 USB 端口感知安卓手机连接到计算机和从计算机拔除，从而起到调试桥的作用。adb 是一个功能非常全的命令行工具，可用于执行 APP 安装、APP 调试等各种安卓手机的操作，并且提供了对底层安卓操作系统的命令行 shell 的访问权限。

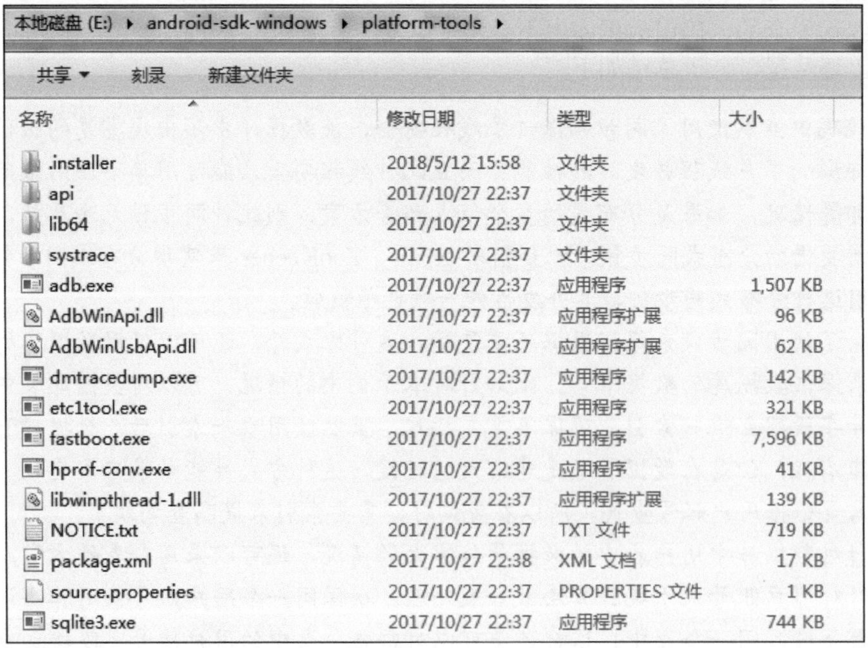

本地磁盘 (E:) ▸ android-sdk-windows ▸ platform-tools ▸			
共享 ▾　　刻录　　新建文件夹			
名称	修改日期	类型	大小
📁 .installer	2018/5/12 15:58	文件夹	
📁 api	2017/10/27 22:37	文件夹	
📁 lib64	2017/10/27 22:37	文件夹	
📁 systrace	2017/10/27 22:37	文件夹	
▣ adb.exe	2017/10/27 22:37	应用程序	1,507 KB
▤ AdbWinApi.dll	2017/10/27 22:37	应用程序扩展	96 KB
▤ AdbWinUsbApi.dll	2017/10/27 22:37	应用程序扩展	62 KB
▣ dmtracedump.exe	2017/10/27 22:37	应用程序	142 KB
▣ etc1tool.exe	2017/10/27 22:37	应用程序	321 KB
▣ fastboot.exe	2017/10/27 22:37	应用程序	7,596 KB
▣ hprof-conv.exe	2017/10/27 22:37	应用程序	41 KB
▤ libwinpthread-1.dll	2017/10/27 22:37	应用程序扩展	139 KB
📄 NOTICE.txt	2017/10/27 22:37	TXT 文件	719 KB
📄 package.xml	2017/10/27 22:38	XML 文档	17 KB
📄 source.properties	2017/10/27 22:37	PROPERTIES 文件	1 KB
▣ sqlite3.exe	2017/10/27 22:37	应用程序	744 KB

图 8-1-1

adb 工具在操作的过程中主要涉及如下 3 个组件。

- Client: 用于通过 adb 工具发送命令行操作。客户端一般就是计算机等 PC 设备上的命令行。
- 守护进程服务（adbd）：运行在安卓手机、安卓模拟器等设备上的后端服务，负责在设备上执行 Client 发出的命令。
- Server 服务：运行在计算机等 PC 设备上的后台进程服务，负责客户端和安卓手机、安卓模拟器等设备上守护进程服务之间的通信。Server 服务在启动后，就开始自动扫描连接到 PC 设备上的安卓手机、模拟器，扫描时通过扫描 5555~5585 之间的奇数号端口来搜索安卓手机或者模拟器，一旦发现 adbd 守护进程服务，就通过此端口进行连接。需要说明的是，每一部安卓手机或者模拟器都会使用一对有序的端口，偶数号端口用于控制台连接，奇数号端口用于 adb 连接。

adb 的整个通信流程如图 8-1-2 所示。当在某台 PC 计算机上启动 adb 客户端时，adb 客户端会先检查该 PC 计算机上是否有 adb Server 服务进程正在运行，如果没有就自动启动 TCP 端口为 5037 的 Server 服务（见图 8-1-3），并且监听 adb 客户端发出的命令，在此之后，adb 客户端的所有命令均通过 5037 端口与安卓手机、安卓模拟器等设备上守护进程服务进行通信。

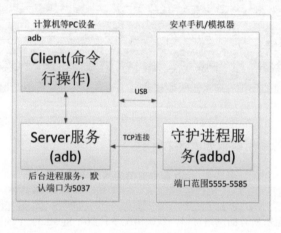

图 8-1-2

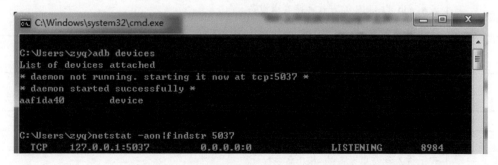

图 8-1-3

在 adb Server 服务中维护的安卓手机或者模拟器的状态如表 8-1 所示。

表 8-1　安卓手机或者模拟器的状态

状　态	说　明
Online	表示 adb Server 与安卓设备或模拟器上的 adbd 守护进程建立连接成功
Offline	表示 adb Server 服务侦测到一个新的安卓设备或者模拟器，但是无法与该设备或模拟器上的 adbd 守护进程建立连接
Bootloader	表示连接的安卓设备或者模拟器当前处于 Bootloader 状态
Recovery	表示连接的安卓设备或者模拟器当前处于 Recovery 状态
no device	表示未连接任何的安卓设备或者模拟器

可以通过执行 adb kill-server 命令停止 Server 服务进程，如图 8-1-4 所示。

图 8-1-4

adb 命令支持的其他常用参数如表 8-2 所示。

表 8-2　adb 命令支持的其他常用参数

参　数	说　明
-a	表示 adb 监听所有的网络接口，默认情况下只监听 localhost 上的网络接口。 命令示例：adb -a devices
-d	表示 adb 以 USB 的方式连接安卓设备。 命令示例：adb -d devices
-e	表示 adb 以 TCP/IP 协议的方式连接安卓设备。 命令示例：adb -e devices
-s	表示连接到指定的 device 安卓设备上，例如： adb -s aaf1da40 shell 表示连接到 deviceId 为 aaf1da40 的安卓设备的 shell 命令行上
-H	表示指定 adb 启动的后端 Server 服务的主机名，默认为 localhost
-P	表示指定 adb 启动的后端 Server 服务的端口，默认为 5037
shell	表示进入到安卓设备的 shell 命令行
install	用于安装安卓 APP 的 apk 包。 例如：adb install xxx.apk
forward	用于设定本地 PC 计算机的端口和安卓设备端口之间的端口映射转发

8.2　DDMS

DDMS 是 Dalvik Debug Monitor Service 的简称，同样是安卓 SDK 提供的重要工具之一，一般在安卓 SDK 的 tools 目录下。早期的 SDK 中该工具的名称为 ddms.bat，如图 8-2-1 所示。在新的 SDK 中 ddms.bat 已经被谷歌移除了，但是还是可以通过运行 monitor.bat 打开，如图 8-2-2 和 8-2-3 所示，工具主要用于对安卓设备的 Dalvik 虚拟机进行调试监控。

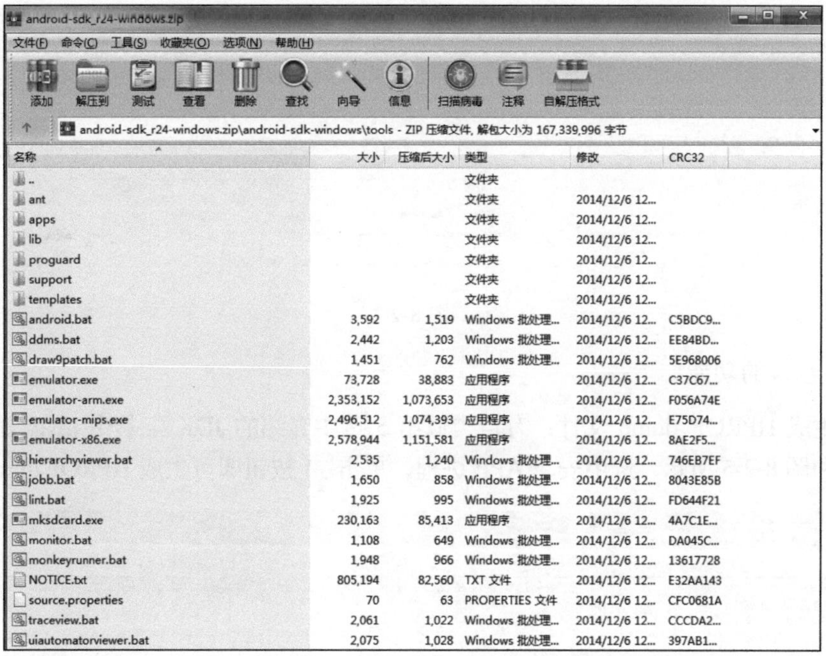

图 8-2-1

图 8-2-2

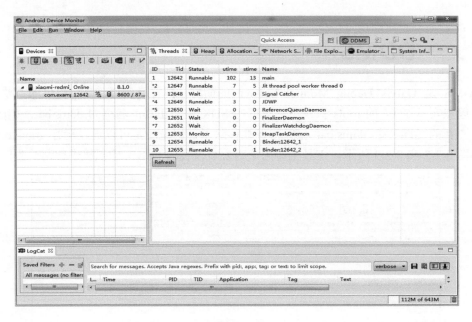

图 8-2-3

DDMS 包含的功能如下：

（1）生成 HPROF dump 文件：有点类似第 5 章中介绍的 JDK 工具中 jmap 命令的作用，如图 8-2-4 和图 8-2-5 所示，选中安卓 APP 进程，单击 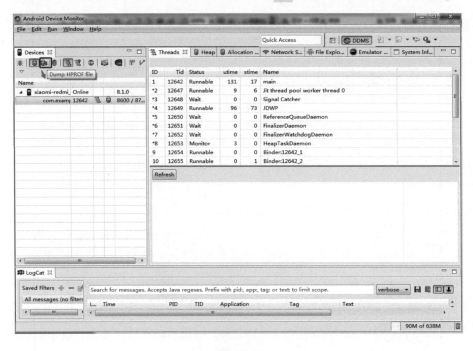 按钮即可生成 HPROF dump 文件。

图 8-2-4

图 8-2-5

生成的 HPROF dump 文件使用第 5 章中介绍的 MAT 工具是无法打开的，因为安卓 APP 虽然也是运行在虚拟机上，但是和第 5 章中提到的 JVM 却是不一样类型的虚拟机，安卓中 APP 运行的是 Dalvik 虚拟机，JVM 和 Dalvik 的底层实现完全不一样。安卓 SDK 的 platform-tools 目录下提供了 hprof-conv.exe 工具用于进行格式转换，如图 8-2-6 所示。

名称	修改日期	类型	大小
.installer	2018/5/12 15:58	文件夹	
api	2017/10/27 22:37	文件夹	
lib64	2017/10/27 22:37	文件夹	
systrace	2017/10/27 22:37	文件夹	
adb.exe	2017/10/27 22:37	应用程序	1,507 KB
AdbWinApi.dll	2017/10/27 22:37	应用程序扩展	96 KB
AdbWinUsbApi.dll	2017/10/27 22:37	应用程序扩展	62 KB
dmtracedump.exe	2017/10/27 22:37	应用程序	142 KB
etc1tool.exe	2017/10/27 22:37	应用程序	321 KB
fastboot.exe	2017/10/27 22:37	应用程序	7,596 KB
hprof-conv.exe	2017/10/27 22:37	应用程序	41 KB
libwinpthread-1.dll	2017/10/27 22:37	应用程序扩展	139 KB
NOTICE.txt	2017/10/27 22:37	TXT 文件	719 KB
package.xml	2017/10/27 22:38	XML 文档	17 KB
source.properties	2017/10/27 22:37	PROPERTIES 文件	1 KB
sqlite3.exe	2017/10/27 22:37	应用程序	744 KB

图 8-2-6

我们可以在命令行中执行 hprof-conv.exe，对刚刚生成的 dump 文件进行转换，如图 8-2-7 所示。

图 8-2-7

转换完成后，就可以使用 MAT 打开转换后的 dump 文件了，如图 8-2-8 所示。然后就可以通过 MAT 工具来分析内存使用情况，特别是可以通过 MAT 工具来分析 APP 是否存在内存泄漏的情况。

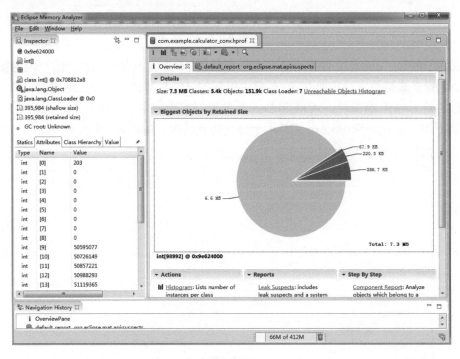

图 8-2-8

（2）Method Profiling：用于采集和分析安卓 APP 方法运行轨迹，单击 按钮开始 Method Profiling，在采集结束后，单击 按钮停止 Method Profiling，即可生成如图 8-2-9 所示的方法运行轨迹分析。Method Profiling 对我们分析很多 APP 的性能问题帮助非常大。

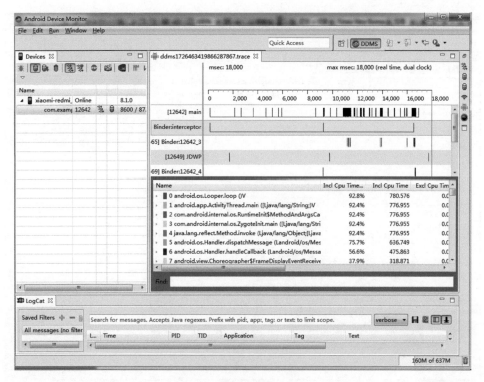

图 8-2-9

（3）Threads：显示当前 APP 进程的线程运行信息，包括线程 id、线程运行状态、线程运行时间、线程名称等信息，如图 8-2-10 所示。

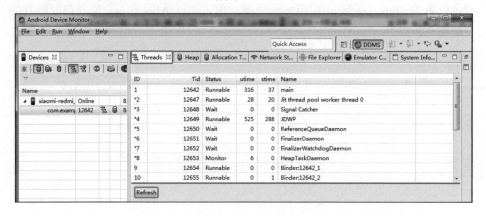

图 8-2-10

（4）Heap：显示当前 APP 进程的 Heap 信息，如图 8-2-11 所示。

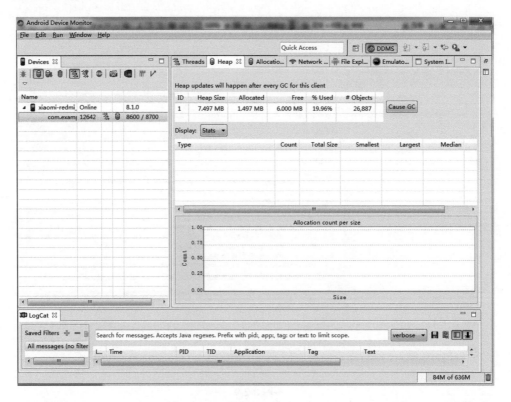

图 8-2-11

（5）Allocation Tracker：安卓内存分配的跟踪工具，单击 Start Tracking 按钮可以开始跟踪，之后可以单击 Stop Tracking 按钮结束跟踪。单击 Get Allocations 可以获取所有的内存分配记录，如图 8-2-12 所示。

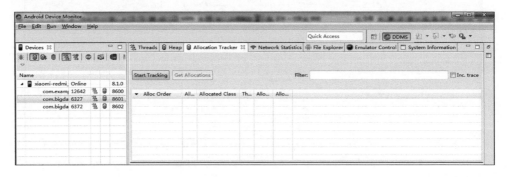

图 8-2-12

（6）Network Statistics：网络流量分析工具，如图 8-2-13 所示，图中的 TX 代表发送，RX 代表接收。

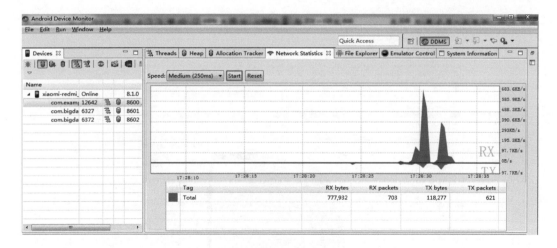

图 8-2-13

（7）File Explorer：安卓设备文件浏览工具，如图 8-2-14 所示。

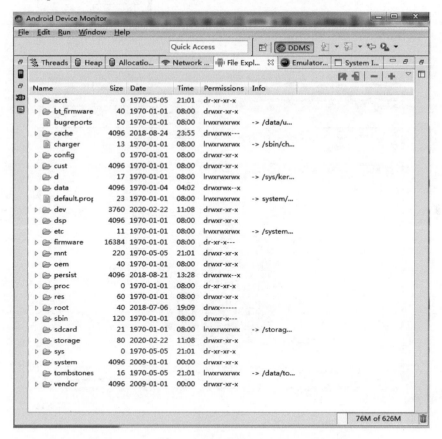

图 8-2-14

（8）System Information：安卓设备系统信息查看工具，包含 CPU load 使用、内存使用、Frame Render 时间分析，如图 8-2-15、图 8-2-16 和图 8-2-17 所示。

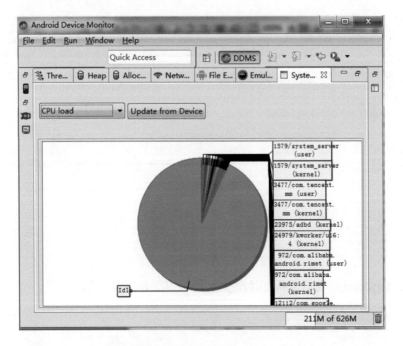

图 8-2-15

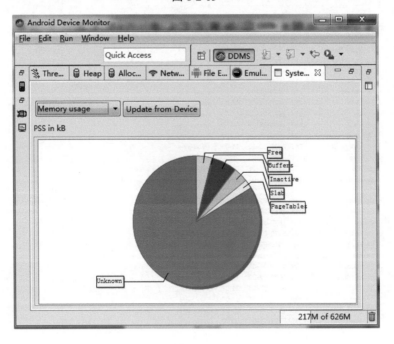

图 8-2-16

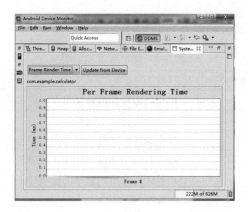

图 8-2-17

（9）Capture system wide trace using Android systrace：使用安卓系统轨迹来进行系统跟踪，如图 8-2-18 所示。单击　按钮，即可弹出如图 8-2-19 所示的安卓系统轨迹跟踪对话框。

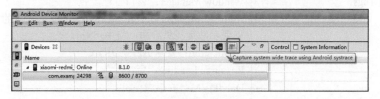

图 8-2-18

图 8-2-19

图 8-2-19 中弹出框选项说明如表 8-3 所示。

表 8-3　弹出框选项说明

选　项	说　明
Destination File	设置轨迹跟踪报告结果保存的位置
Trace duration(seconds)	设置跟踪持续的时长
Trace Buffer Size(kb)	设置跟踪时文件的缓存大小
Enable Application Traces from	设置从哪个 APP 应用进行跟踪
Commonly Used Tags	设置跟踪选项，包括的选项如下： Graphics：图形。 Input：输入。 View System：安卓显示管理，比如 UI 元素尺寸、位置等。 WebView：WebView 是安卓的一个组件，一般用于加载和显示 Web 页面。 Window Manager：窗口管理。 Activity Manager：交互管理，Activity 为安卓的一个重要组件，主要功能是提供界面，与用户进行交互。 Application：安卓 APP 应用。 Resource Loading：资源加载。 Dalvik VM：安卓虚拟机。 CPU Scheduling：CPU 调度
Advanced Options	设置高级选项，包括摄像头、音频、视频、安卓内置数据库、网络、CPU、电源管理等

从图 8-2-19 所示界面中选中需要跟踪的选项后，单击 OK 按钮等待跟踪完成后，即可生成跟踪报告。使用浏览器打开跟踪报告，如图 8-2-20 所示，报告中显示了非常多的图形数据来辅助进行性能分析定位，通过下拉右侧的滚动条，还可以获取到更多的图形数据。

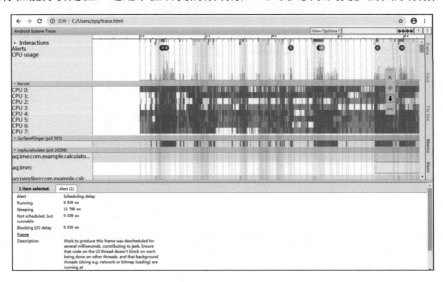

图 8-2-20

第 8 章　安卓 APP 的性能分析

单击图 8-2-20 所示界面中每个需要关注的区域，都可获取该区域的图形数据的详细描述信息，如图 8-2-21 和图 8-2-22 所示。

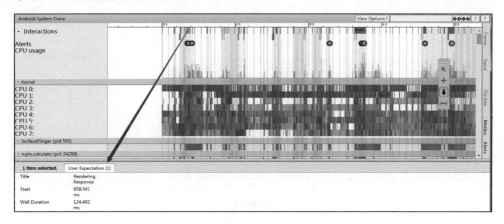

图 8-2-21

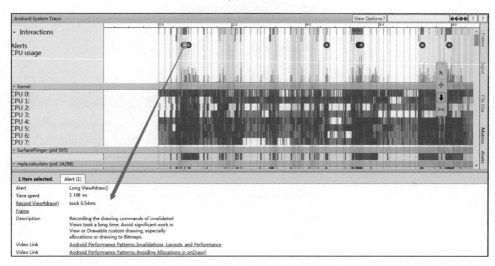

图 8-2-22

8.3 Android Studio profiler

在新的 Android Studio 开发工具中移除了对 DDMS 工具的支持（可以通过网站：https://developer.android.google.cn/studio 下载 Android Studio 这个工具），而引入了 profiler 分析器，如图 8-3-1 所示。打开 Android Studio 后，依次单击菜单选项"Run→Profile"，即可对某个指定的 APP 进行 profiler 分析，如图 8-3-2 和图 8-3-3 所示。

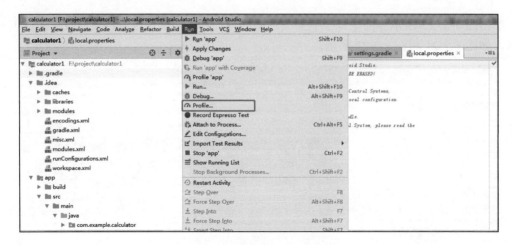

图 8-3-1

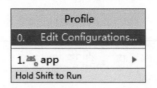

图 8-3-2

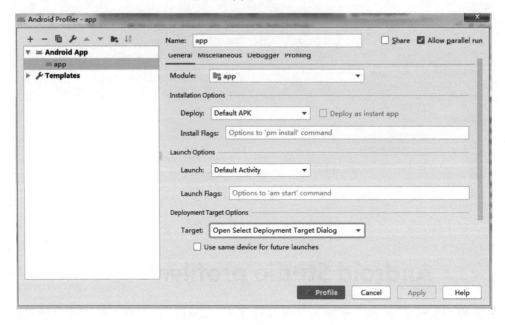

图 8-3-3

选中需要分析的 APP，单击 profiler 按钮后，即可进入分析器界面，如图 8-3-4 所示。之后在安卓设备上对该 APP 执行的任何操作，都可以同步看到 profiler 上显示的 CPU、MEMORY、NETWORK、ENERGY 等数据分析结果。

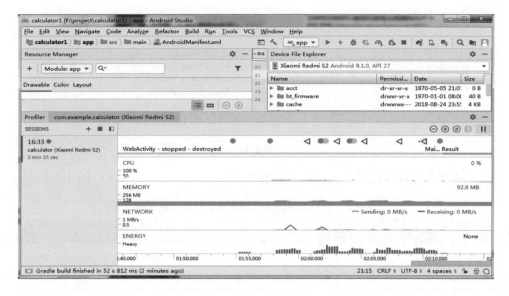

图 8-3-4

（1）CPU：单击 profiler 上的 CPU 区域，即可切换到 CPU 的详情分析结果界面，如图 8-3-5 所示，在图中除了可以看到当前 APP 的 CPU 使用占比之外，还可以看到对应的线程的活动信息情况。对于 CPU 使用的采样，分析器提供了 Sample Java Methods、Trace Java Methods、Sample C/C++ Functions 和 Trace System Calls 共四种采样录制模式，如图 8-3-6 所示。

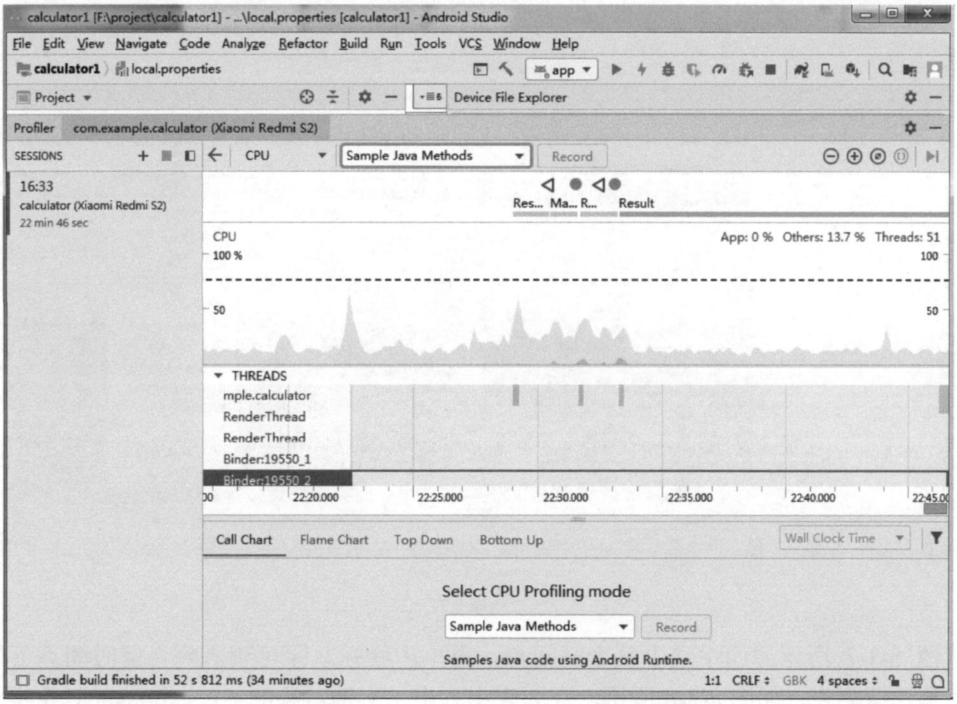

图 8-3-5

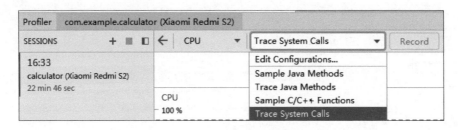

图 8-3-6

分析器提供的四种数据采集模式说明如表 8-4 所示。

表 8-4　分析器提供的四种数据采集模式的说明

选　项	说　明
Sample Java Methods	用于抽样采集 Java 方法调用的资源消耗
Trace Java Methods	用于跟踪 Java 代码中的方法调用
Sample C/C++ Functions	用于抽样采集底层 native 的 C/C++方法调用的资源消耗
Trace System Calls	用于跟踪安卓系统的调用

（2）MEMORY：单击 profiler 上的 MEMORY 区域，即可切换到内存使用的详情分析结果界面，如图 8-3-7 所示。图中可以看到每个时间点的内存数据消耗详情。

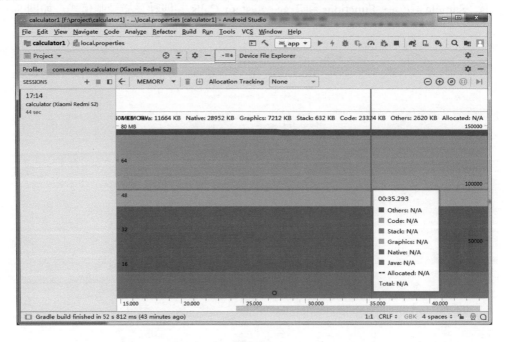

图 8-3-7

从图 8-3-7 所示界面中选中某个时间点，再单击鼠标，即可查看到当前时间点下的内存实例对象详情列表，如图 8-3-8 所示，在列表中列出了实例对象的 Allocations（对象实例分配的内存个数）、Deallocations（对象实例回收的内存个数）、Total Count（对象实例的数量）、Shallow Size（所有对象实例持久的内存大小）等分析数据。而且还可以通过界面中所示的下拉框切换到其他选项查看分析数据，如图 8-3-9 所示。

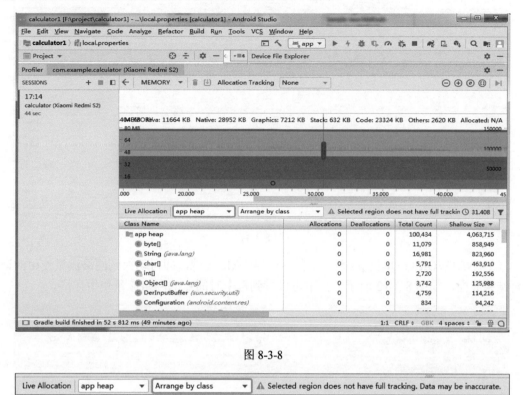

图 8-3-8

图 8-3-9

从图 8-3-7 显示的内存区域中，单击鼠标右键，选择 Dump Java Heap，即可生成 Java 虚拟机内存的 dump 文件，如图 8-3-10 和图 8-3-11 所示。

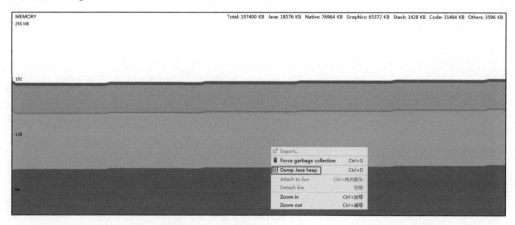

图 8-3-10

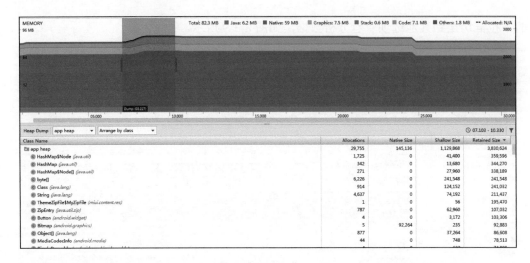

图 8-3-11

（3）NETWORK：单击 profiler 上的 NETWORK 区域，即可切换到网络流量使用的详情分析结果界面，如图 8-3-12 所示。图中可以看到每个时间点的网络流量使用详情。

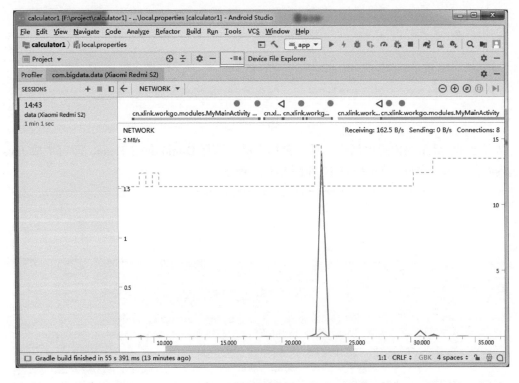

图 8-3-12

在图 8-3-9 所示的界面中，通过单击鼠标选中某个时间点或者某个时间范围，即可查看到对应时间点或者时间范围内的网络连接调用列表和线程调用耗时列表，如图 8-3-13 和图 8-3-14 所示。

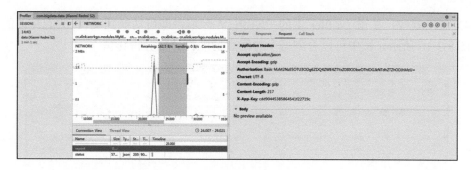

图 8-3-13

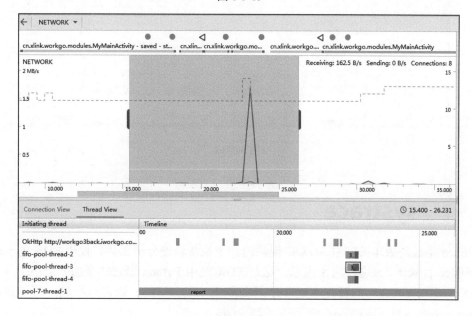

图 8-3-14

从图 8-3-13 所示的网络连接列表中，选中一条调用记录，即可从界面的右侧看到 HTTP
请求的详细请求报文和响应报文，如图 8-3-15 所示。

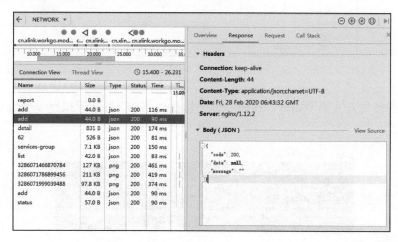

图 8-3-15

（4）ENERGY：单击 profiler 上的 ENERGY 区域，即可切换到 APP 的能耗评估分析界面，如图 8-3-16 所示。图中可以看到每个时间点的能耗评估分析详情。

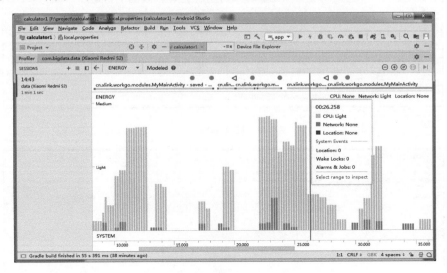

图 8-3-16

8.4 systrace

systrace 是最新版本的安卓 SDK 中提供的一个系统轨迹分析工具，位于 SDK 的 platform-tools\systrace 目录下，如图 8-4-1 所示。这是 SDK 使用 Python 语言实现的一个小工具，因此如果需要使用 systrace，需要在本地 PC 计算机上安装 Python 语言运行包，可以通过网站 https://www.python.org/downloads/进行下载和安装。

图 8-4-1

systrace 的使用方式说明如下。在命令行中切换到 SDK 目录下执行 systrace 分析命令，如图 8-4-2 所示。

图 8-4-2

systrace 支持的参数如表 8-5 所示。

表 8-5　systrace 支持的参数及其说明

参　　数	说　　明
-h | --help	显示帮助信息
-l | --list-categories	代表列出可用于所连接安卓设备的跟踪类别
-o file 文件名称	将 HTML 跟踪报告写入指定的文件。如果未指定此参数，则 systrace 会将报表文件保存到与 systrace.py 文件所在的相同目录中，并将其命名为 trace.html
-t *N* | --time=*N*	设置跟踪设备活动 *N* 秒。如果未指定此选项，systrace 会在命令行中按 Enter 键提示用户结束跟踪
-b *N* | --buf-size=*N*	使用 N KB（千字节）的跟踪缓冲区大小。此参数允许设定限制跟踪期间收集的数据的总大小
-k *functions* | --ktrace=*functions*	指定需要跟踪的特定内核函数方法的活动情况。多个函数以逗号隔开
-a *app-name* | --app=*app-name*	为应用程序启用跟踪，可以指定以逗号分隔的多个 APP 进程名称。如果要跟踪运行 Android9（API 级别为 28）或更高版本的安卓设备上的所有应用程序，可以使用通配符 "*"，传参时包括引号
--from-file=*file-path*	从文件（例如包含原始跟踪数据的 TXT 文件）创建交互式 HTML 报表，而不是运行实时跟踪，这个参数用于离线分析
-e *device-serial* | --serial=*device-serial*	在特定连接的安卓设备上执行跟踪，该设备由其设备序列号标识
Categories	包括指定安卓系统进程的跟踪信息，例如用于呈现图形的系统进程的 gfx。可以使用-l 参数运行 systrace 来查看连接设备可用的服务列表

备注：表 8-5 部分内容参考自 https://developer.android.google.cn/网站中关于 systrace 的参数介绍。

通过 systrace 获取到的跟踪报告与通过 DDMS 中的 Capture system wide trace using Android systrace 功能获取到的跟踪报告基本是一致的，这两种方式都可以生成系统轨迹跟踪报告。